Christian Schlieder

Autodesk® Inventor® 2016

Einsteiger-Tutorial

Viele praktische Übungen am
Konstruktionsobjekt HOLZRÜCKMASCHINE

Christian Schlieder

Autodesk® Inventor® 2016

Einsteiger-Tutorial

Viele praktische Übungen am Konstruktionsobjekt HOLZRÜCKMASCHINE

Verfügbare Literatur

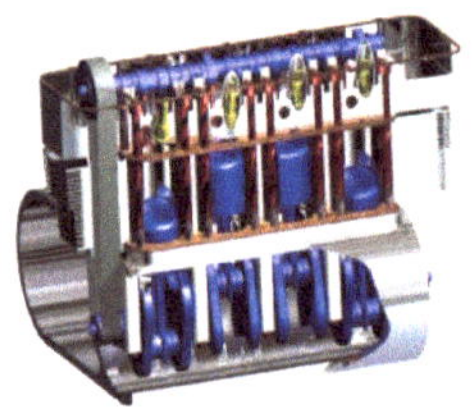

Autodesk® Inventor® - Grundlagen in Theorie und Praxis

Das Grundlagenbuch vermittelt das notwendige Basiswissen in den Bereichen 2D-Skizze, 3D-Modellierung, Baugruppe, Zeichnungserstellung und Präsentation, um den Aufbaukurs KONSTRUKTION bearbeiten zu können.

Autodesk® Inventor® - Aufbaukurs KONSTRUKTION

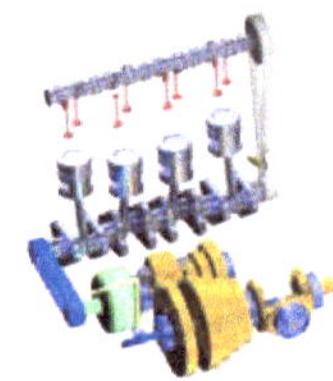

Dieses Buch ist ein Aufbaukurs für Fortgeschrittene, die mit den Grundlagen des Programms bereits vertraut sind. In einem komplexen Übungsbeispiel wird der 4-Takt-Motor aus dem Grundlagenbuch um ein komplettes Getriebe erweitert.

Autodesk® Inventor® - Tutorial HUBSCHRAUBER

In diesem Tutorial wird ein Hubschrauber konstruiert. Das Buch ist für Neueinsteiger geschrieben worden. Inhalt: Projektverwaltung, Skizzen, Modelle, Baugruppen, Inhaltscenter.

Autodesk® Inventor® - Tutorial HYBRIDJACHT

In diesem Tutorial werden eine Motorjacht und ein Segelboot konstruiert. Das Buch ist für Neueinsteiger geschrieben worden. Inhalt: Projektverwaltung, Skizzen, Modelle, Baugruppen, Inhaltscenter.

Autodesk® AutoCAD® - Grundlagen in Theorie und Praxis

Mit diesem Buch wird der Leser anhand des komplexen Übungsbeispiels Digitale Fabrikplanung das Programm Autodesk® AutoCAD® kennenlernen. Das Projekt wird im 2D-Bereich gezeichnet und danach in den 3D-Bereich übertragen.

Mehr im Internet unter:

http://www.cad-trainings.de/html/Literatur.html

ISBN

978-3-7386-2207-2

IMPRESSUM

Dipl.- Ing. Christian Schlieder
www.cad-trainings.de
Fax: +49 (0) 3212 - 1122290

HERSTELLUNG UND VERLAG

BoD - Books on Demand, Norderstedt
www.BoD.de

INHALTSVERZEICHNIS

1 Grundlegendes zum Buch   **8**

   1.1   Zielgruppe und Aufbau des Buches   8

   1.2   Erzeugen des Projektordners   8

2 Installation von Autodesk® Inventor® 2016   **9**

   2.1   Systemanforderungen   9

   2.2   Anforderungen an das Betriebssystem   10

   2.3   Download des Programms   10

   2.4   Installationsvoraussetzungen   11

   2.5   Installation von Autodesk® Inventor® 2016   12

   2.6   Aktivierung von Autodesk® Inventor® 2016   12

3 Programmaufbau und Programmoberfläche   **14**

   3.1   Programmaufbau   14

   3.2   Hauptmenü   15

   3.3   Schnellzugriff-Werkzeuge   16

   3.4   Multifunktionsleiste   16

   3.5   Modellbaum (Browser)   17

   3.6   Arbeitsbereich   18

      3.6.1   Startbildschirm   18

4 Die ersten Schritte   **19**

   4.1   Programmhilfe und Neue Funktionen   19

   4.2   Videos und Lernprogramme   20

   4.3   Zusatzmodule (empfohlene Einstellungen)   21

   4.4   Anwendungsoptionen (empfohlene Einstellungen)   22

5 Erstellen eines Einzelbenutzerprojekts   **32**

6 Aufbau einer Holzrückmaschine   **34**

7   Bauteil: Oberwagen   **35**

7.1   Bauteil „01-Oberwagen" erstellen   36

7.2   2D-Skizze auf XY-Ebene öffnen   37

7.3   Achsen projizieren und als Konstruktionsobjekte definieren   37

7.4   Zeichnen der ersten Linien   38

7.5   Abhängigkeiten setzen   39

7.6   Horizontale und vertikale Bemaßungen setzen   40

7.7   Ausgerichtete Bemaßungen erzeugen   41

7.8   Winkelmaße erzeugen   42

7.9   Bogen aus drei Punkten   43

7.10   Extrudieren der Basiskontur   44

7.11   Erzeugen einer neuen 2D-Skizze auf der XZ-Ebene   44

7.12   Achsen projizieren und als Konstruktionsobjekte definieren   45

7.13   Zeichnen und Bemaßen der Skizzenkontur   45

7.14   Extrudieren des Differenzkörpers   47

7.15   Vollständiges Abrunden der Fahrerkabine   47

7.16   Fasen des unteren Fahrerkabinenbereiches   48

7.17   Erzeugen eines Hohlkörpers   49

7.18   Erstellen einer neuen 2D-Skizze   50

7.19   Achsen und Linienkonturen projizieren   50

7.20   Zeichnen der Basiskonturen für die Fensteraussparungen   51

7.21   Bemaßen der Bogenabstände   52

7.22   Rechteck zeichnen und bemaßen   52

7.23   Stutzen der Kontur und Schließen der Skizze   53

7.24   Extrudieren der Fenster (Differenz)   54

7.25   Erzeugen einer neuen Ebene   55

7.26   Basiskontur des Schutzblechs zeichnen   55

7.27   Extrudieren des Schutzblechs   57

7.28   Schutzblech abrunden   57

7.29   2D-Skizze für den Lüftungsbereich (Maschinenraum) zeichnen   58

7.30   Erstellen der Lüftungsöffnung   60

7.31   Eine um eine Kante geneigte Ebene erzeugen   62

7.32   2D-Skizze auf der neuen Ebene erzeugen   63

7.33   Oberen Bereich der Aufstiegsleiter zeichnen   64

7.34   Extrudieren des oberen Leiterbereiches   65

7.35   Oberen Leiterbereich mittels rechteckiger Anordnung kopieren   66

7.36   Trennen des Volumenkörpers   67

7.37   Spiegeln des Volumenkörpers   68

8   Bauteil: Unterwagen   69

8.1   Bauteil „02-Unterwagen" erstellen   70

8.2   2D-Skizze auf XY-Ebene öffnen   71

8.3   Achsen projizieren und als Konstruktionsobjekte definieren   71

8.4   Zeichnen der Basiskontur   72

8.5   Setzen der Abhängigkeiten   72

8.6   Bemaßen der Linienabstände   74

8.7   Extrudieren der Basiskontur   75

8.8   2D-Skizze auf XZ-Ebene erzeugen   76

8.9   Achsen projizieren und als Konstruktionsobjekte definieren   76

8.10   Zeichnen der Schnittmengenkontur   77

8.11   Extrudieren der Schnittmengenkontur   78

8.12   Fasen des vorderen Bereiches   78

8.13   Runden des hinteren Bereiches   79

8.14   Erzeugen einer Ebene mit Versatz   80

8.15   Erzeugen einer Achse als Schnittlinie zweier Ebenen   80

8.16   Bohren der hinteren Antriebswellenlagerung   81

9   Bauteil: Hubgestell   **82**

9.1   Bauteil „03-Hubgestell" erstellen   83

9.2   2D-Skizze auf XY-Ebene öffnen   84

9.3   Achsen projizieren und als Konstruktionsobjekte definieren   84

9.4   Zeichnen der Basiskontur   85

9.5   Extrudieren der Basiskontur   86

9.6   2D-Skizze auf XZ-Ebene erzeugen   86

9.7   Achsen projizieren und als Konstruktionsobjekte definieren   87

9.8   Zeichnen der Schnittmengengeometrie   87

9.9   Extrudieren der Schnittmengenkontur   90

9.10   Befestigungsbohrungen für die Zylinderbolzen einfügen   90

9.11   Erzeugen einer versetzten Ebene   92

9.12   2D-Skizze auf neuer Ebene erstellen   92

9.13   Kanten projizieren, Basiskontur des Schutzblechs zeichnen   93

9.14   Erzeugen einer Arbeitsachse   94

9.15   Drehen der Skizzenkontur um die neu erzeugte Arbeitsachse   94

9.16   Runden des Schutzblechs   95

9.17   Schutzblech spiegeln   96

10   Bauteil: Ausleger   **97**

10.1   Bauteil „04-Ausleger" erstellen   98

10.2   2D-Skizze auf XY-Ebene öffnen   99

10.3   Achsen projizieren und als Konstruktionsobjekte definieren   99

10.4   Zeichnen der Basiskontur   100

10.5   Extrudieren der beiden äußeren Kreisringe   102

10.6   Skizze wieder verwenden   102

10.7   Extrudieren der Zwischenbereiche   103

10.8   Runden der inneren Kante   103

10.9   2D-Skizze auf der XZ-Ebene erzeugen   104

10.10   Achsen projizieren und als Konstruktionsobjekte definieren   104

10.11   Zeichnen der Subtraktionsgeometrie   105

10.12   Extrudieren der Differenzkontur   106

11   Bauteil: Greiferstiel   107

11.1   Bauteil „05-Greiferstiel" erstellen   108

11.2   2D-Skizze auf XY-Ebene öffnen   109

11.3   Achsen projizieren und als Konstruktionsobjekte definieren   109

11.4   Zeichnen der Basiskontur   110

11.5   Extrudieren der Basiskontur   112

11.6   Runden der inneren Kante   113

11.7   2D-Skizze auf der XZ-Ebene erzeugen   113

11.8   Zeichnen der Subtraktionsgeometrie   114

11.9   Extrudieren der Subtraktionsgeometrie   115

12   Bauteil: Greifer   116

12.1   Bauteil „06-Greifer" erstellen   117

12.2   Basiskontur mittels Zylinder erzeugen   118

12.3   Erzeugen einer Ebene mit Versatz   120

12.4   2D-Skizze auf neuer Ebene erzeugen   120

12.5   Achsen projizieren und als Konstruktionsobjekte definieren   120

12.6   Zeichnen der Basiskontur   121

12.7   Extrudieren der Skizzengeometrie   122

12.8   Deaktivieren der Arbeitsebene   122

12.9   Runden der letzten Extrusion   123

12.10   Bohren der Greiferführung   124

12.11   Erzeugen einer Erhebung   125

12.12   Erstellen einer weiteren 2D-Skizze   126

12.13   Extrudieren des ersten Greiferzahns   127

12.14   Spiegeln des ersten Greiferzahns   128

13 Unterbaugruppe: Rad   **129**

13.1   Bauteil „07-1-Rad-Basisskizze" erstellen   130

13.2   2D-Skizze auf XY-Ebene öffnen   131

13.3   Achsen projizieren und als Konstruktionsobjekte definieren   131

13.4   Zeichnen der Basiskontur   131

13.5   Bauteile aus der Skizze heraus exportieren   133

13.6   Felge und Reifen in Volumenkörper konvertieren   135

13.7   Ebene und Skizze für Reifenprofil erzeugen   136

13.8   Basisskizze für Reifenprofil zeichnen   137

13.9   Prägen des Reifenprofils   138

13.10   Prägung mittels runder Anordnung kopieren   139

14 Unterbaugruppe: Hydraulikzylinder   **140**

14.1   Bauteil „08-Hydraulikzylinder-Basisskizze" erstellen   141

14.2   2D-Skizze auf XY-Ebene öffnen   142

14.3   Achsen projizieren und als Konstruktionsobjekte definieren   142

14.4   Zeichnen der Basisskizze   142

14.5   Bauteile aus der Skizze heraus exportieren   144

14.6   Bearbeiten des Zylinders   146

14.7   Bearbeiten des Kolbens   147

14.8   Setzen der Abhängigkeiten zwischen Kolben und Zylinder   149

15 Hauptbaugruppe: Holzrückmaschine   **151**

15.1   Baugruppe „00-Holzrueckmaschine" erstellen   152

15.2   Platzieren der ersten Bauteile   153

15.3   Weitere Bauteile in die Baugruppe einfügen   154

15.4   Bauteil „03-Hubgestell" mit Abhängigkeiten versehen   155

15.5   Schraubenverbindungen einfügen   156

15.6   Bauteil „04-Ausleger" mit Abhängigkeiten versehen   158

15.7   Bauteil „05-Greiferstiel" mit Abhängigkeiten versehen   159

15.8	Bauteil „06-Greifer" mit Abhängigkeiten versehen	160
15.9	Unterbaugruppen „08-Hydraulikzylinder" einfügen	161
15.10	Befestigen der unteren beiden Hydraulikzylinder	162
15.11	Befestigen des oberen Hydraulikzylinders	163
15.12	Alle drei Zylinder flexibel machen	164
15.13	Platzieren und Positionieren der Räder	165
15.14	Radachsen aus der Baugruppe heraus erzeugen	167
15.15	Bolzen für Greifersystem aus der Baugruppe heraus erstellen	170
15.16	Bauteil „01-Oberwagen" aus der Baugruppe heraus bearbeiten	172
15.17	Farben zuweisen und Modellbaum strukturieren	174
15.18	Rendern der Hauptbaugruppe	175
16	**Schlusswort**	**176**
17	**Index**	**177**

1 Grundlegendes zum Buch

1.1 Zielgruppe und Aufbau des Buches

Dieses Übungsbuch für **Autodesk® Inventor® 2016** richtet sich an alle interessierten Personen, die den Umgang mit dieser Software von Grund auf erlernen möchten.

Viele wichtige Befehle des Programms werden erläutert und in kleinen Schritten praktisch gefestigt. Als Übungsbeispiel dient eine Holzrückmaschine, deren Bauteile schrittweise erzeugt und später in zwei Hauptbaugruppen miteinander verbunden werden.

1.2 Erzeugen des Projektordners

Bevor Sie mit der Umsetzung des Projekts beginnen, sollten die folgenden Arbeiten erledigt werden:

> **Erzeugen eines neuen Projektordners**

Erstellen Sie auf Ihrem PC an geeigneter Stelle einen neuen Ordner:

> ***Inventor-2016-HRM***

Dieser Ordner soll als Speicherort des gesamten Projekts dienen.

2 Installation von Autodesk® Inventor® 2016

2.1 Systemanforderungen

Die folgenden von Autodesk® empfohlenen Systemanforderungen gelten für Bauteile und Baugruppen mit weniger als 1000 Bauteilen:

Betriebssystem	Mindestens: 32-Bit Microsoft® Windows® 7 mit Service Pack 1 Empfohlen: 64-Bit-Microsoft® Windows® 7 mit Service Pack 1 oder Windows 8. 1
CPU-Typ	Mindestens: 64-Bit Intel® oder AMD® mit 2 GHz Empfohlen: Intel® Xeon® E3 oder Core® i7 oder min. 3 GHz
Arbeitsspeicher	Mindestens: 8 GB RAM Empfohlen: 16 GB Ram oder mehr
Festplatte	Mindestens: 100 GB freier Festplattenspeicher Empfohlen: 250 GB freier Festplattenspeicher oder mehr
Grafikkarte	Mindestens: Microsoft® Direct3D 10 fähige Grafikkarte Empfohlen: Microsoft® Direct3D 11 fähige Grafikkarte
Sonstiges	DVD-ROM oder USB, 1280 x 1024 oder höhere Bildschirmauflösung, Internetverbindung für Autodesk® 360-Funktionalität, Web-Downloads und Zugriff auf die Subskriptionsüberprüfung, Adobe® Flash® Player 15, Microsoft® Internet Explorer® 8 oder höher, Microsoft® Excel® 2007, 2010 oder 2013 für iFeatures, iParts, iAssemblies, Gewindeanpassungen, globale Stückliste, Teilelisten, Revisionstabellen und tabellenbasierte Konstruktionen, 64-Bit-Microsoft® Office® Access® 2007, -dBase IV, Text und CSV-Format, Microsoft® .NET Framework 4. 5

2.2 Anforderungen an das Betriebssystem

Die Installation von Autodesk® Inventor® 2016 erfordert ein Windows® Betriebssystem. Nutzer eines Apple® Betriebssystems, können das Programm mithilfe von Boot Camp® oder Parallels Desktop® unter Beachtung der folgenden Systemvoraussetzungen installieren:

Betriebssystem	Mindestens: Mac OS® X 10.9.x
	Empfohlen: Mac OS® X 10. 10.x
CPU-Typ	Mindestens: Intel® Core 2 Duo (3 GHz oder höher)
Arbeitsspeicher	Mindestens: 8 GB RAM
	Empfohlen: 16 GB Ram oder mehr
Partitionsgröße	Mindestens: 100 GB freier Festplattenspeicher
Partitionsgröße	Empfohlen: 250 GB freier Festplattenspeicher oder mehr
Betriebssystem	Empfohlen: Microsoft® 64-Bit-Windows® 7 mit Service Pack 1, Windows® 8. 1

2.3 Download des Programms

Sollten Sie die Software nicht bereits per DVD besitzen, haben Sie die folgenden Möglichkeiten, Autodesk®-Produkte unter den folgenden Links herunterzuladen:

Autodesk® Store	Wenn Sie die Programmversion kaufen möchten: ➢ http://www.autodesk.com/store/storeselect.htm
Autodesk®- Konto	Als Subscription-Kunde bei Ihrem Autodesk® Konto: ➢ https://accounts.autodesk.com/
Education Community	Als Mitglied der Education Community: ➢ http://www.autodesk.com/education/free-software/all
Kostenlose Testversionen	Als kostenlose Testversion mit 30 Tagen Laufzeit: ➢ http://www.autodesk.com/free-trials

Unter dem folgenden Link finden Sie weitere Informationen zu kostenlosen Programmversionen von Autodesk® für Studenten und Lehrkräfte:

➢ *http://help.autodesk.com/view/INVNTOR/2016/DEU/?guid=GUID-32F591DA-32BF-42F2-8FAC-DF215412D1C3*

2.4 Installationsvoraussetzungen

Zugriffsrechte

Sie müssen über lokale Benutzer-Administratorrechte verfügen.

> *Systemsteuerung > Benutzerkonten > Benutzerkonten verwalten*

System-Updates/ Antivirenprogramm

Vor der Installation von Autodesk® Inventor® 2016 sollten eventuell noch ausstehende Updates von Windows® durchgeführt werden. Starten Sie den Rechner danach neu. Antivirenprogramme müssen während der Installation eventuell vorübergehend deaktiviert werden.

Language Packs

Prüfen Sie vor der Installation von Autodesk® Inventor® 2016, ob die heruntergeladene Programmversion in der richtigen Sprache vorhanden ist. Eventuell muss vorab ein Sprachpaket heruntergeladen und installiert werden.

Seriennummer/ Produktschlüssel

Vor der Installation sollten Seriennummer und Produktschlüssel in Erfahrung gebracht werden. Diese werden bereits während der Installation benötigt (Ausnahme: kostenlose Testversion). Weitere Informationen zum Thema finden Sie unter dem Link:

> *http://help.autodesk.com/cloudhelp/2016/DEU/Autodesk-Installaton/files/ find_your_serial_number_and_product_key_evergreeninstall_to1.htm*

Beenden anderer Programme

Beenden Sie alle anderen Programme vor der Installation von Autodesk® Inventor® 2016.

2.5 Installation von Autodesk® Inventor® 2016

Stellen Sie vor der Installation von Autodesk® Inventor® 2016 sicher, dass alle Teile des Programms vollständig vorhanden sind. Wurden diese vollständig heruntergeladen (Schritt entfällt, wenn die Software auf DVD vorhanden ist), kann mit der Installation begonnen werden. Sollte das Installationsprogramm noch nicht geöffnet sein, starten Sie dieses. Sie finden es für gewöhnlich im Pfad:

> **C:\Autodesk\Inventor_2016_...\Setup.exe**

Nachdem Sie die Lizenzvereinbarung gelesen und akzeptiert haben, muss im Dropdown-Menü mit den Produktsprachen einer der folgenden Schritte durchgeführt werden:

1) Wählen Sie eine Sprache aus.
2) Wählen Sie unter Lizenztyp die Option *Einzelplatz*.
3) Geben Sie Seriennummer und Produktschlüssel ein (falls erforderlich).
4) Bestimmen Sie den Installationspfad (dieser Pfad darf maximal 260 Zeichen lang sein).
5) Übernehmen Sie die vorgegebene Konfiguration oder passen Sie die Installation an (weitere Informationen zur Konfiguration finden Sie in der Produktdokumentation).
6) Klicken Sie auf *Installieren*.
7) Nach der Installation: Klicken Sie auf *Fertig stellen*.

2.6 Aktivierung von Autodesk® Inventor® 2016

Online aktivieren und registrieren

Sobald Autodesk® Inventor® 2016 das erste Mal gestartet wurden, startet auch automatisch der Aktivierungsvorgang. Sollte der PC über eine bestehende Internetverbindung verfügen, führen Sie die folgenden Schritte aus:

1) Achten Sie darauf, dass Ihre Firewall den Datenaustausch zwischen Autodesk® Inventor® 2016 und dem Server von Autodesk® nicht unterbricht.
2) Starten Sie Autodesk® Inventor® 2016.
3) Stimmen Sie den Datenschutzrichtlinien zu.
4) Klicken Sie auf *Aktivieren*.
5) Geben Sie den Produktschlüssel ein, wenn Sie dazu aufgefordert werden sollten. Melden Sie sich an und registrieren Sie das Produkt.

Autodesk® überprüft jetzt die Berechtigungsinformationen, wie z. B. Ihre Seriennummer. Wenn Sie die Aktivierungsaufforderung sehen und keine Verbindung mit dem Internet herstellen können, ist die Aktivierung manuell vorzunehmen.

Manuelles Aktivieren und Registrieren (offline)

Sollte der PC über keine bestehende Internetverbindung verfügen, führen Sie die folgenden Schritte aus:

1) Starten Sie Autodesk® Inventor® 2016.
2) Stimmen Sie den Datenschutzrichtlinien zu.
3) Klicken Sie auf *Aktivieren*.
4) Wählen Sie Aktivierungscode *Mit einer Offlinemethode anfordern*.
5) Klicken Sie auf *Weiter*.
6) Notieren Sie die Aktivierungsinformationen, die auf dem Bildschirm angezeigt werden, einschließlich der URL.
7) Starten Sie ein Gerät mit einer bestehenden Internetverbindung.
8) Öffnen Sie die URL aus Punkt (6). Melden Sie sich an und registrieren Sie das Produkt.
9) Notieren Sie den Aktivierungscode.
10) Starten Sie Autodesk® Inventor® 2016.
11) Klicken Sie auf *Aktivieren*.
12) Wählen Sie die Option *Ich habe einen Aktivierungscode von Autodesk*.
13) Kopieren Sie den Aktivierungscode, und fügen Sie ihn in das erste Feld ein, um automatisch die anderen Felder auszufüllen.
14) Klicken Sie auf *Weiter*.

Weitere Informationen zu Installation und Aktivierung erhalten Sie unter dem folgenden Link:

> *http://knowledge.autodesk.com/customer-service/installation-activation-licensing*

3 Programmaufbau und Programmoberfläche

3.1 Programmaufbau

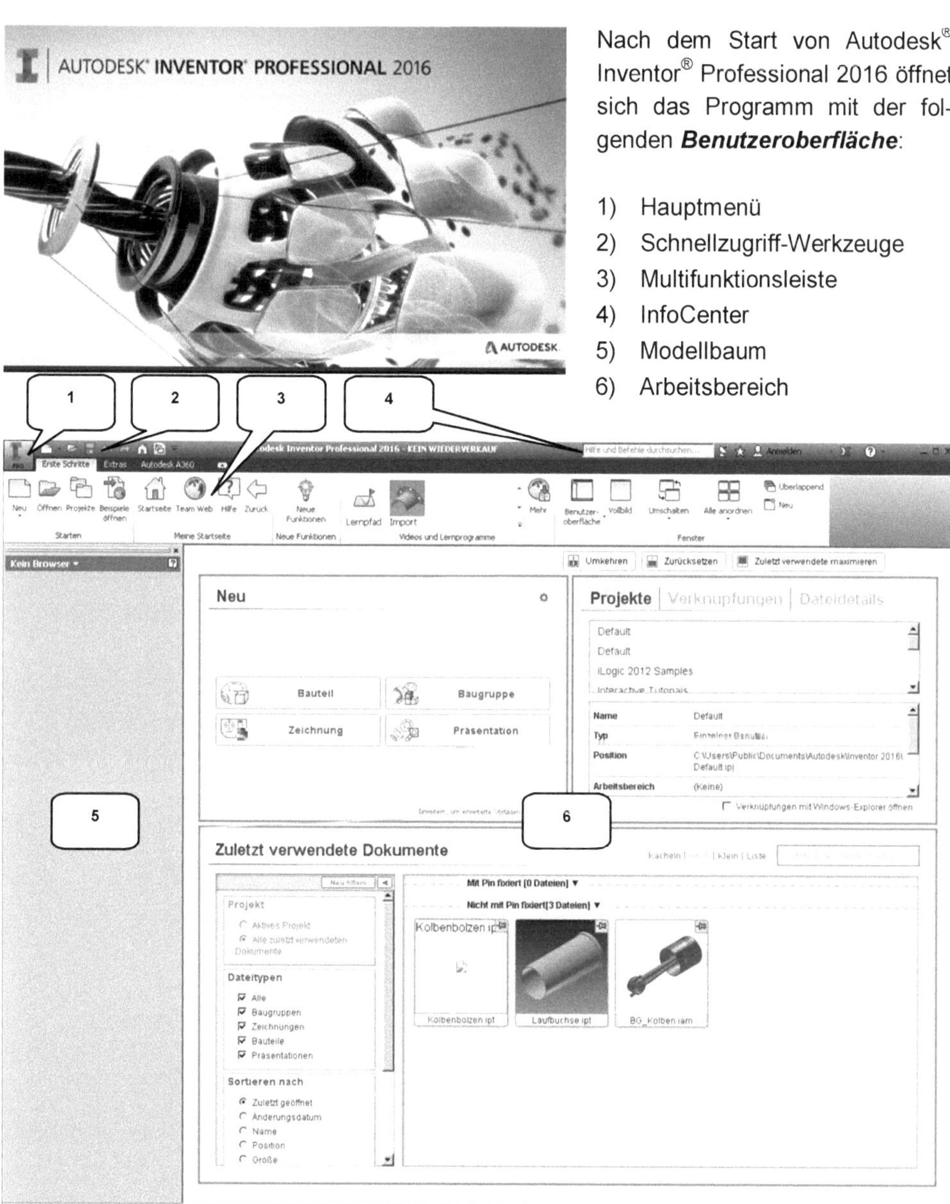

Nach dem Start von Autodesk® Inventor® Professional 2016 öffnet sich das Programm mit der folgenden **Benutzeroberfläche**:

1) Hauptmenü
2) Schnellzugriff-Werkzeuge
3) Multifunktionsleiste
4) InfoCenter
5) Modellbaum
6) Arbeitsbereich

3.2 Hauptmenü

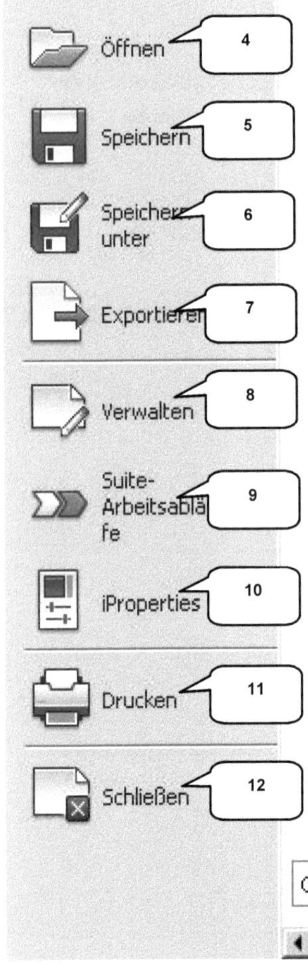

Das **Hauptmenü** öffnet sich durch einen Klick auf den markierten Button (1). Es beinhaltet die folgenden Optionen:

2) Zuletzt verwendete Dokumente oder aktuell geöffnete Dokumente auflisten
3) Erstellen eines neuen Dokuments
4) Öffnen eines vorhandenen Dokuments
5) Speichern des aktuell geöffneten Dokuments
6) Speichern des aktuell geöffneten Dokuments unter anderem Namen oder mit Pack-and-Go
7) Exportieren des aktuell geöffneten Dokuments in einen anderen Dateityp
8) Verwalten und Exportieren von Projekten oder Dateien
9) Öffnet den Manager für Suite-Arbeitsabläufe
10) Bearbeiten der iProperties
11) Drucken des aktuell geöffneten Dokuments (2D/3D)
12) Schließen des aktuell geöffneten Dokuments oder aller geöffneter Dokumente
13) Öffnen der Anwendungsoptionen
14) Beendet Autodesk® Inventor® Professional 2016

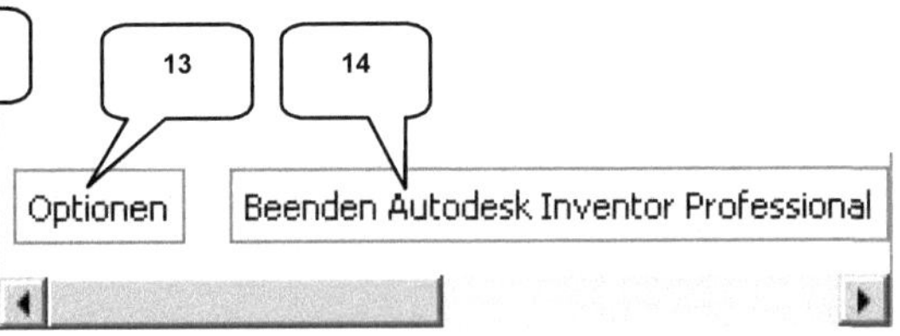

HINWEIS: Bleiben Sie mit dem Mauspfeil auf einem der Befehle (3...12) stehen, erscheinen dem Hauptbefehl zugeordnete weitere Befehle.

3.3 Schnellzugriff-Werkzeuge

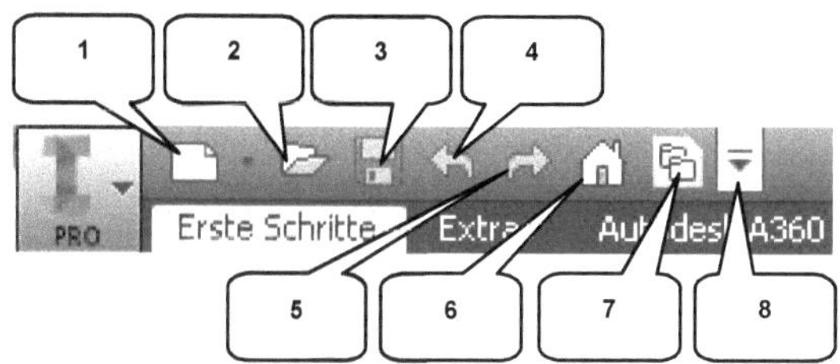

Die **Schnellzugriff-Werkzeuge** sind eine Ansammlung wichtiger und häufig verwendeter Befehle, welche einzeln ein- oder ausgeblendet werden können. Die folgenden Befehle befinden sich darin:

1) Erstellen einer neuen Datei
2) Öffnen einer vorhandenen Datei
3) Speichern der aktuell geöffneten Datei
4) Einen Arbeitsschritt zurück

5) Einen Arbeitsschritt vorwärts
6) Aktiviert die Startseite
7) Öffnet die Projektverwaltung
8) Schnellzugriff-Werkzeuge anpassen

3.4 Multifunktionsleiste

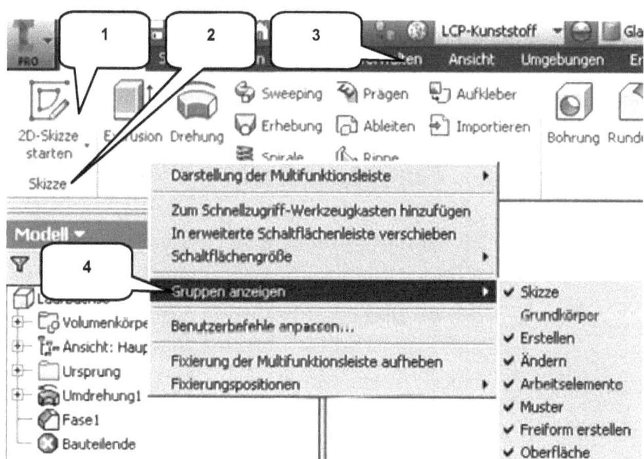

Die **Multifunktionsleiste** (1) befindet sich im oberen Bereich des Programms und beinhaltet verschiedene Befehlsgruppen (2), deren Inhalt entsprechend der Auswahl einer der verfügbaren Registerkarten (3) variiert. Jede Registerkarte enthält diverse Befehlsgruppen, welche beliebig ein- oder ausgeblendet werden können.

Um Befehlsgruppen ein- oder auszublenden, muss mit der **rechten Maustaste** auf einen beliebigen Punkt im Bereich der Multifunktionsleiste (1) geklickt und die Option **Gruppen anzeigen** (4) gewählt werden. In der erweiterten Auswahl (5), können die einzelnen Befehlsgruppen danach aktiviert oder deaktiviert werden.

HINWEIS: Sollten in diesem Buch Befehle verwendet werden, die Sie in Ihrer Multifunktionsleiste im entsprechenden Arbeitsbereich nicht finden können, kontrollieren Sie bitte, ob die entsprechende Befehlsgruppe aktiviert ist.

3.5 Modellbaum (Browser)

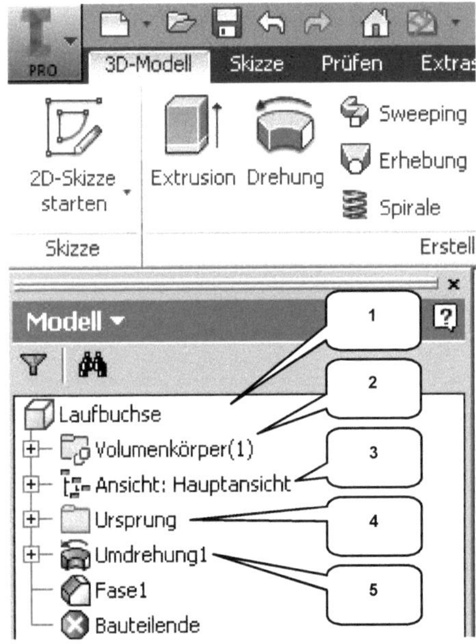

Der **Modellbaum** (Browser) (1) spiegelt den grundlegenden Aufbau eines Objekts wieder. Je nach Arbeitsbereich kann dieser inhaltlich variieren:

➢ *Bauteil-Browser*

Im Bauteil-Browser befinden sich der Ordner **Volumenkörper** (2) (listet die Anzahl der einzelnen Volumenkörper eines Bauteils auf), der Ordner **Ansicht** (3) (speichert verschiedene Ansichten eines Bauteils) und der Ordner **Ursprung** (4) (beinhaltet die Achsen und Ebenen des Bauteils). Außerdem werden alle bereits am Bauteil vorgenommenen **Arbeitsschritte** (5) chronologisch aufgelistet und können hier bearbeitet oder gelöscht werden.

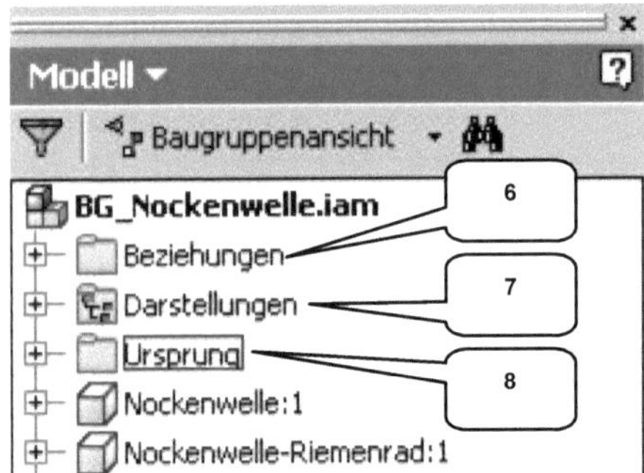

➢ *Baugruppen-Browser*

Im Baugruppen-Browser befinden sich der Ordner **Beziehungen** (6) (listet alle in einer Baugruppe vorhandenen Abhängigkeiten auf), der Ordner **Darstellungen** (7) (beinhaltet Ansichten, Positionen und Detailgenauigkeiten) und der Ordner **Ursprung** (8). Außerdem werden alle in der Baugruppe vorhandenen Komponenten aufgelistet.

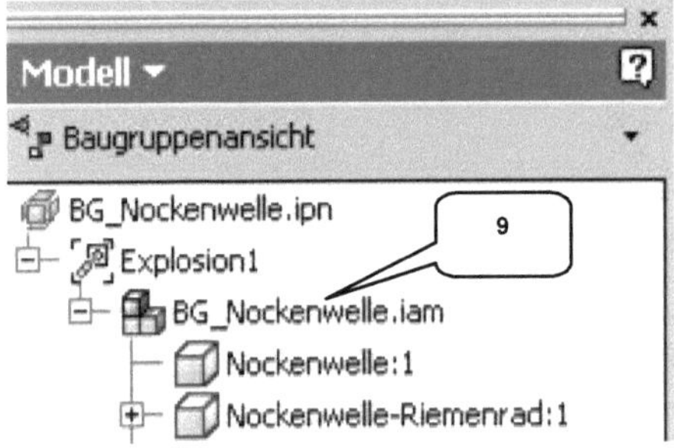

➢ *Präsentations-Browser*

Im Präsentations-Browser ist die dargestellte Baugruppe (9) aufgelistet. Jedes in der Präsentation animierte Bauteil wird zusätzlich um die hinzugefügten Animationspfade ergänzt.

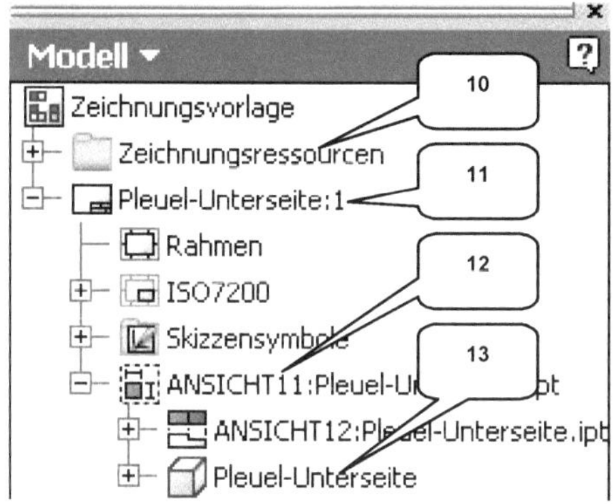

> ### *Zeichnungs-Browser*

Der Zeichnungs-Browser enthält den Ordner *Zeichnungsressorcen* (10) (beinhaltet Arbeitsblattformate, Ränder, Schriftfelder und vordefinierte Symbole) und alle, in der Datei vorhandenen *Zeichnungsblätter* (11). Jedes Zeichnungsblatt beinhaltet die dem Blatt zugeordneten Arbeitsblattformate, Ränder, Schriftfelder und Symbole sowie dargestellten Ansichten (12) mit den darin abgebildeten Komponenten (13).

3.6   Arbeitsbereich
3.6.1   Startbildschirm

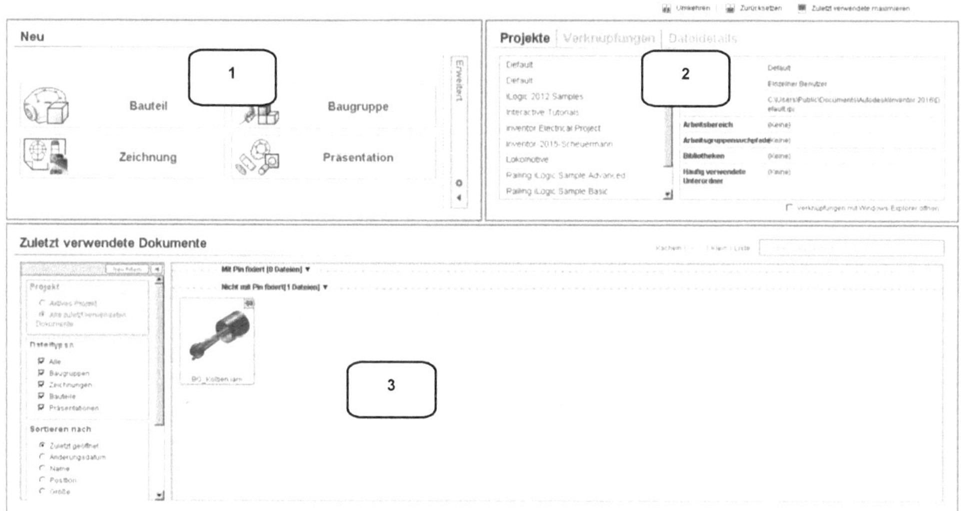

Nach dem Start von Autodesk® Inventor® Professional 2016 wird dem Benutzer ein *Startbildschirm* mit den folgenden Inhalten angeboten:

1) Erstellen einer neuen Datei
2) Aktivieren vorhandener Projekte und Darstellen zugehöriger Verknüpfungen und Details
3) Darstellen zuletzt verwendeter Dokumente mit zusätzlichen Filteroptionen

4 Die ersten Schritte

4.1 Programmhilfe und Neue Funktionen

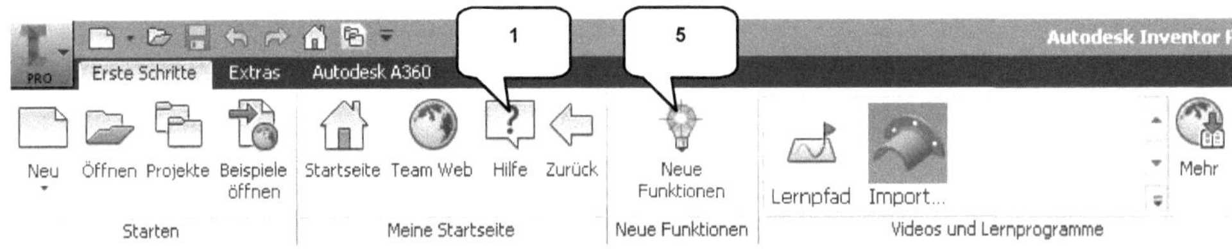

Im Register *Erste Schritte* (Befehlsgruppe *Meine Startseite*) befindet sich der Befehl **Hilfe** (1). Ein Klick darauf öffnet im Arbeitsbereich die Autodesk® Inventor® Professional 2016 Hilfe.

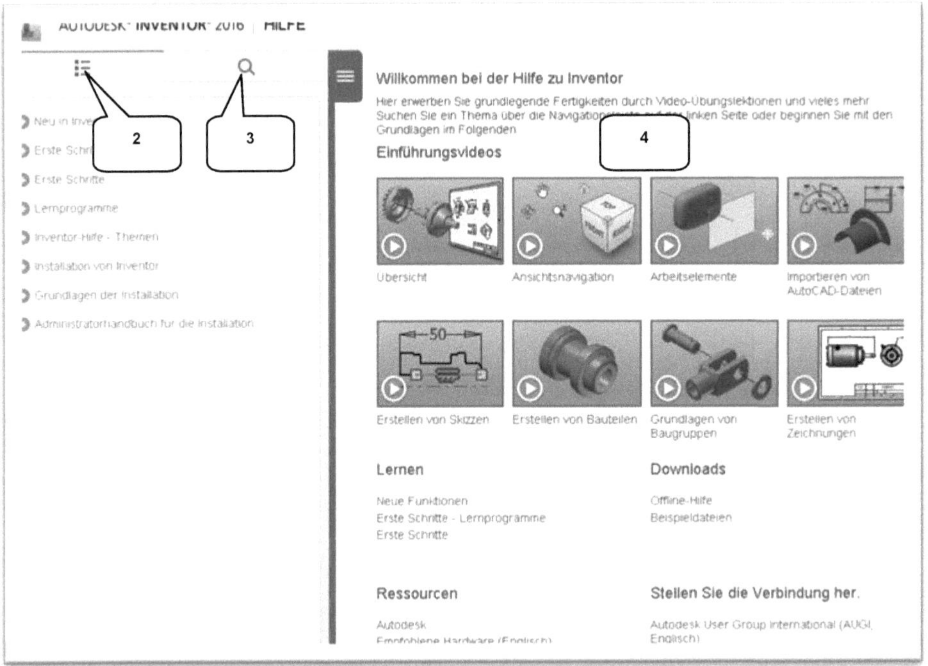

Hier können Sie entweder in der *Inhaltsübersicht* (2) aus einem der angebotenen Themengebiete auswählen, oder bestimmte Befehle oder Begriffe direkt *suchen* (3). Im *Ausgabebereich* (4) werden die jeweiligen Ergebnisse angezeigt. Zusätzlich können Sie den Befehl **Neue Funktionen** (5) starten, um sich die Unterschiede zur Programmversion 2015 aufzeigen zu lassen.

4.2 Videos und Lernprogramme

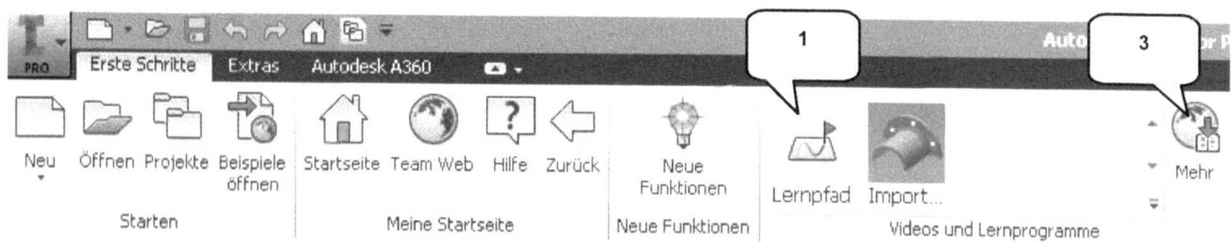

Im Register **Erste Schritte** (Befehlsgruppe **Videos und Lernprogramme**) befindet sich der Befehl ◁ **Lernpfad** (1). Ein Klick darauf öffnet im Arbeitsbereich eine interaktive Lernumgebung (2), in der Sie schrittweise nützliche Hinweise im Umgang mit der Software erlernen und verschiedene Lernprogramme starten können.

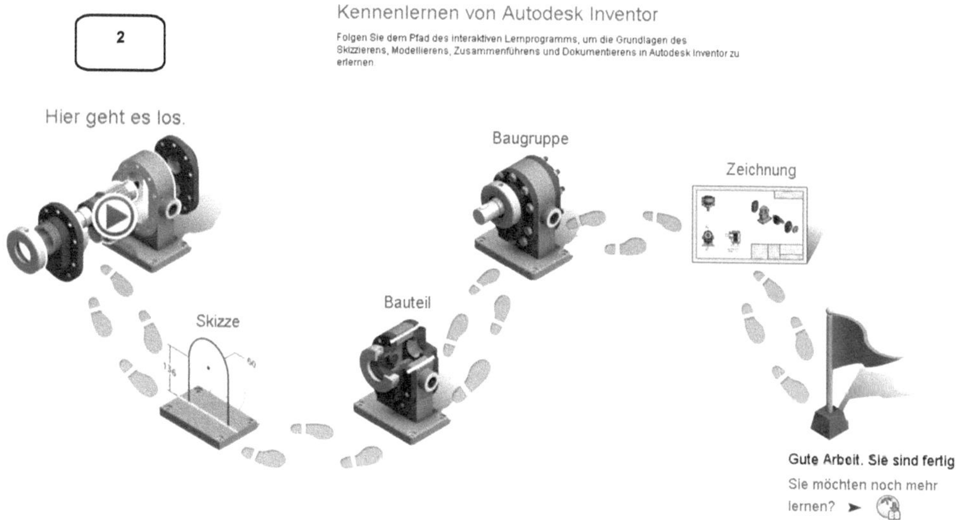

Mit dem Befehl ⭐ **Mehr** (3) öffnet sich im Arbeitsbereich eine Übersicht, weiterer verfügbarer Lernprogramme (4), welche Sie zusätzlich herunterladen können.

4.3 Zusatzmodule (empfohlene Einstellungen)

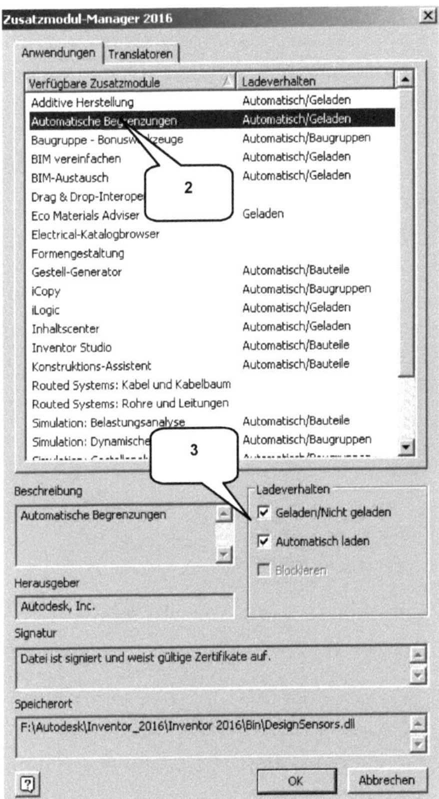

Im Register **Extras** (Befehlsgruppe **Optionen**) befindet sich der Befehl ⊹ **Zusatzmodule** (1). Ein Klick darauf öffnet den **Zusatzmodul-Manager**. Mit diesem Befehl können die automatisch beim Programmstart zu startenden Zusatzmodule definiert werden. Um ein Modul automatisch laden zu lassen, muss dieses in der **Liste** (2) aktiviert werden, um anschließend die beiden Haken im Bereich **Ladeverhalten** (3) zu setzen. Um ein Modul nicht automatisch bei Programmstart laden zu lassen, sind die beiden Haken zu entfernen.

Die Aktivierung der folgenden Module wird empfohlen:

- Additive Herstellung
- Automatische Begrenzungen
- Baugruppe - Bonuswerkzeuge
- BIM-Austausch
- BIM-Vereinfachen
- Gestell-Generator
- iCopy
- iLogic
- Inhaltscenter
- Inventor Studio
- Konstruktions-Assistent
- Simulation: Belastungsanalyse
- Simulation: Dynamische Simulation
- Simulation: Gestellanalyse

HINWEIS: Je nach Programmversion (Inventor® 2016 oder Inventor® Professional 2016) können einige der Module unter Umständen nicht verwendet werden. Bitte beachten Sie, dass eine generelle Aktivierung aller Module die Leistungsfähigkeit Ihres PCs negativ beeinträchtigen kann.

4.4 Anwendungsoptionen (empfohlene Einstellungen)

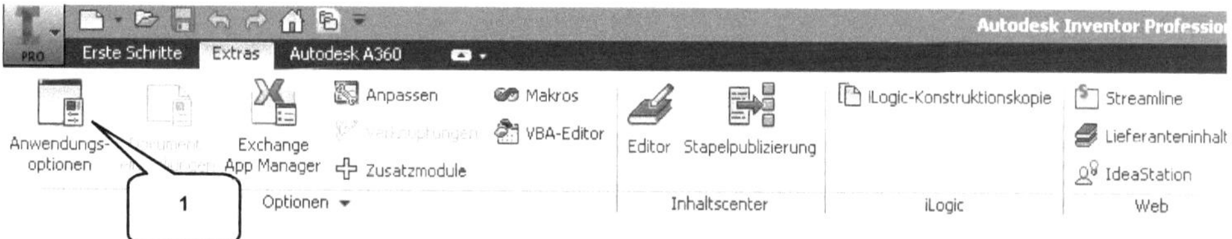

Im Register **Extras** (Befehlsgruppe **Optionen**) befindet sich der Befehl **Anwendungsoptionen** (1). Hier können einige Grundeinstellungen am Programm vorgenommen werden. Die folgenden Einstellungen werden empfohlen, um die Arbeit mit dem Buch zu vereinfachen:

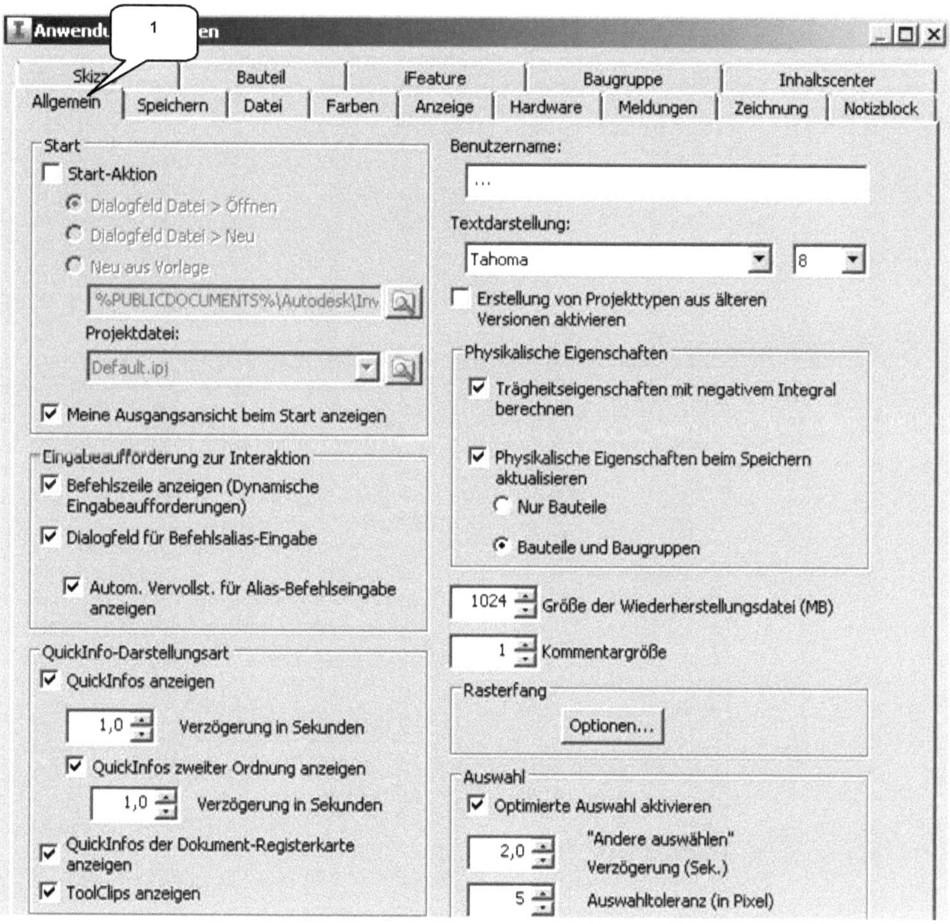

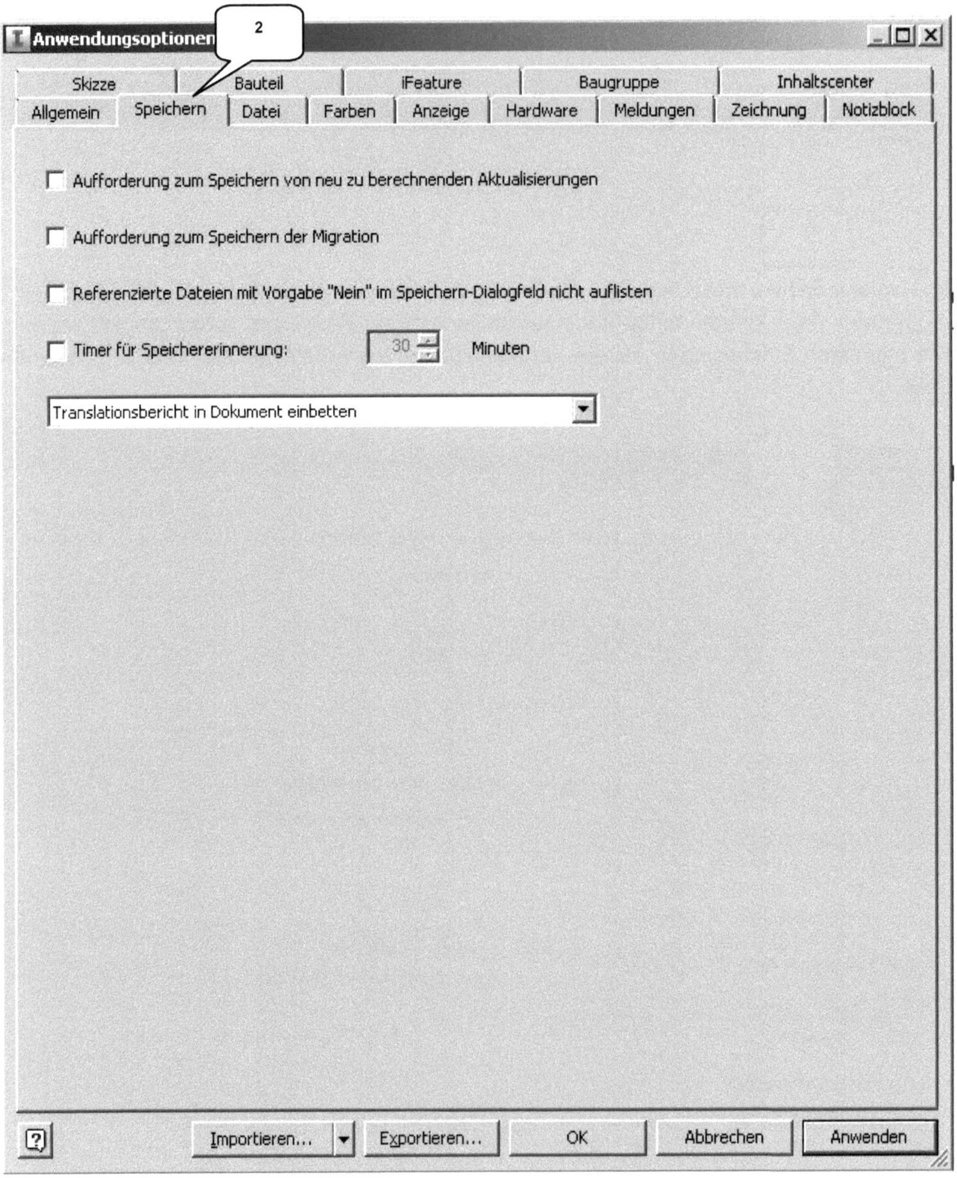

Anwendungsoptionen

2

| Skizze | Bauteil | iFeature | Baugruppe | Inhaltscenter |

| Allgemein | Speichern | Datei | Farben | Anzeige | Hardware | Meldungen | Zeichnung | Notizblock |

☐ Aufforderung zum Speichern von neu zu berechnenden Aktualisierungen

☐ Aufforderung zum Speichern der Migration

☐ Referenzierte Dateien mit Vorgabe "Nein" im Speichern-Dialogfeld nicht auflisten

☐ Timer für Speichererinnerung: 30   Minuten

Translationsbericht in Dokument einbetten

Importieren... ▼   Exportieren...   OK   Abbrechen   Anwenden

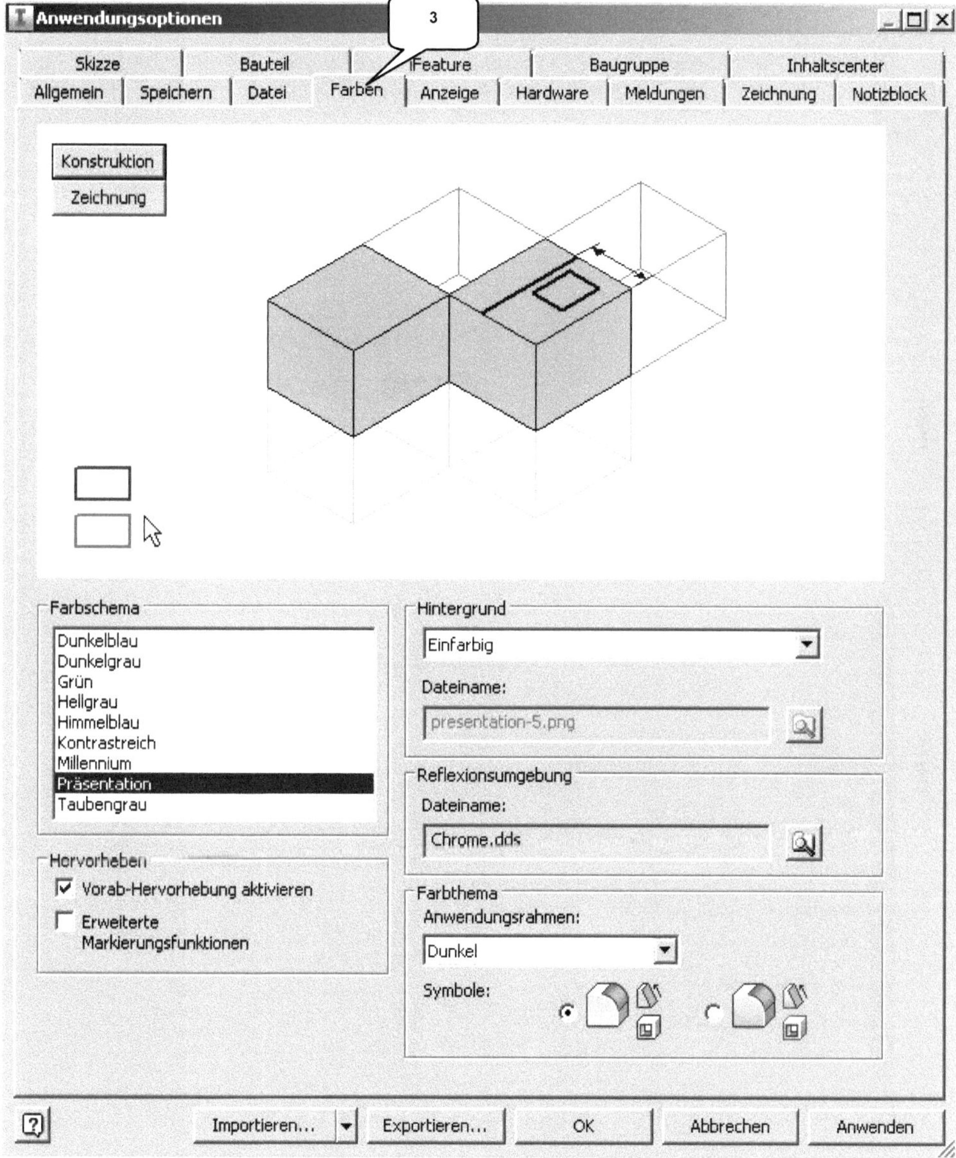
Anwendungsoptionen
3
Skizze
Bauteil
iFeature
Baugruppe
Inhaltscenter
Allgemein
Speichern
Datei
Farben
Anzeige
Hardware
Meldungen
Zeichnung
Notizblock
Konstruktion
Zeichnung
Farbschema
Dunkelblau
Dunkelgrau
Grün
Hellgrau
Himmelblau
Kontrastreich
Millennium
Präsentation
Taubengrau
Hervorheben
Vorab-Hervorhebung aktivieren
Erweiterte
Markierungsfunktionen
Hintergrund
Einfarbig
Dateiname:
presentation-5.png
Reflexionsumgebung
Dateiname:
Chrome.dds
Farbthema
Anwendungsrahmen:
Dunkel
Symbole:
Importieren...
Exportieren...
OK
Abbrechen
Anwenden

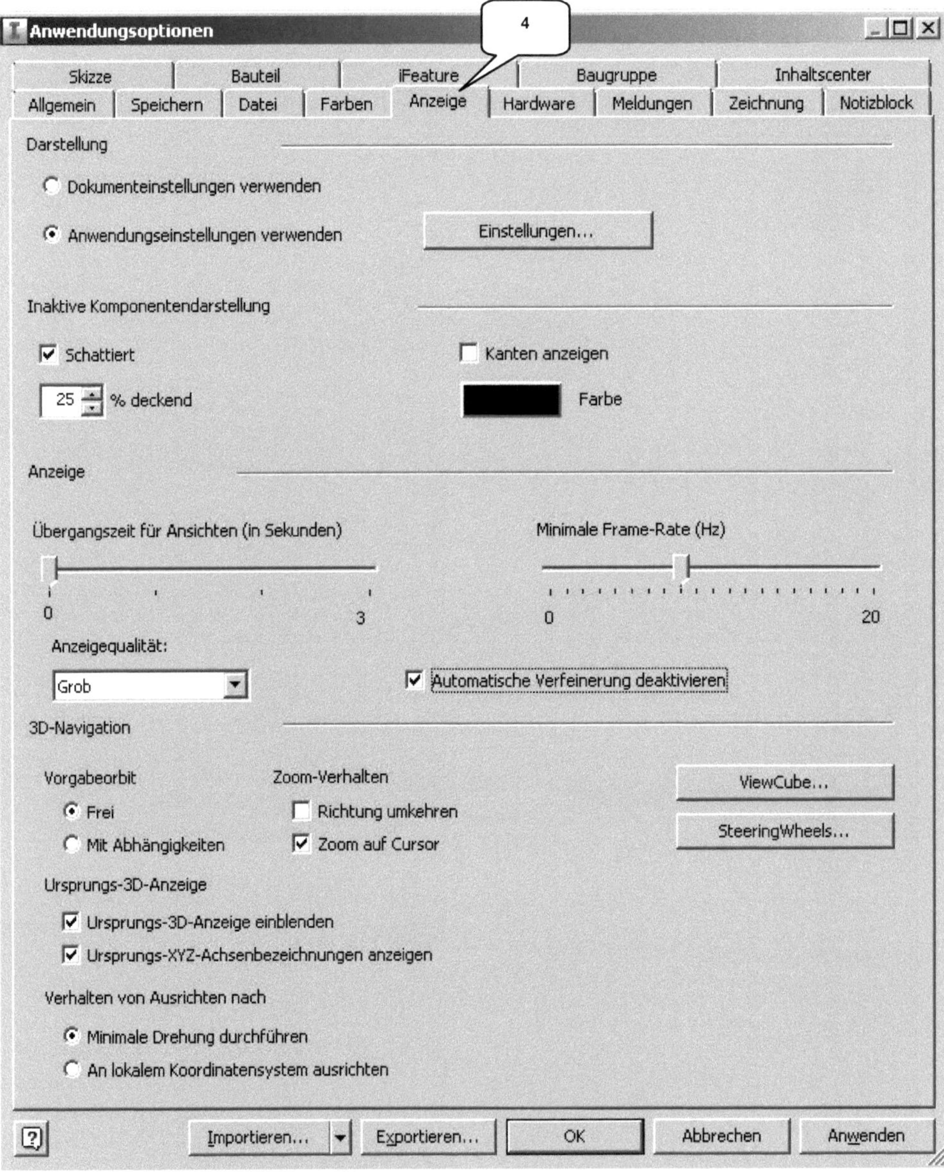

4
Anwendungsoptionen
Skizze   Bauteil   iFeature   Baugruppe   Inhaltscenter
Allgemein   Speichern   Datei   Farben   Anzeige   Hardware   Meldungen   Zeichnung   Notizblock
Darstellung
Dokumenteinstellungen verwenden
Anwendungseinstellungen verwenden
Einstellungen...
Inaktive Komponentendarstellung
Schattiert
Kanten anzeigen
25 % deckend
Farbe
Anzeige
Übergangszeit für Ansichten (in Sekunden)
Minimale Frame-Rate (Hz)
0
3
0
20
Anzeigequalität:
Grob
Automatische Verfeinerung deaktivieren
3D-Navigation
Vorgabeorbit
Frei
Mit Abhängigkeiten
Zoom-Verhalten
Richtung umkehren
Zoom auf Cursor
ViewCube...
SteeringWheels...
Ursprungs-3D-Anzeige
Ursprungs-3D-Anzeige einblenden
Ursprungs-XYZ-Achsenbezeichnungen anzeigen
Verhalten von Ausrichten nach
Minimale Drehung durchführen
An lokalem Koordinatensystem ausrichten
Importieren...   Exportieren...   OK   Abbrechen   Anwenden

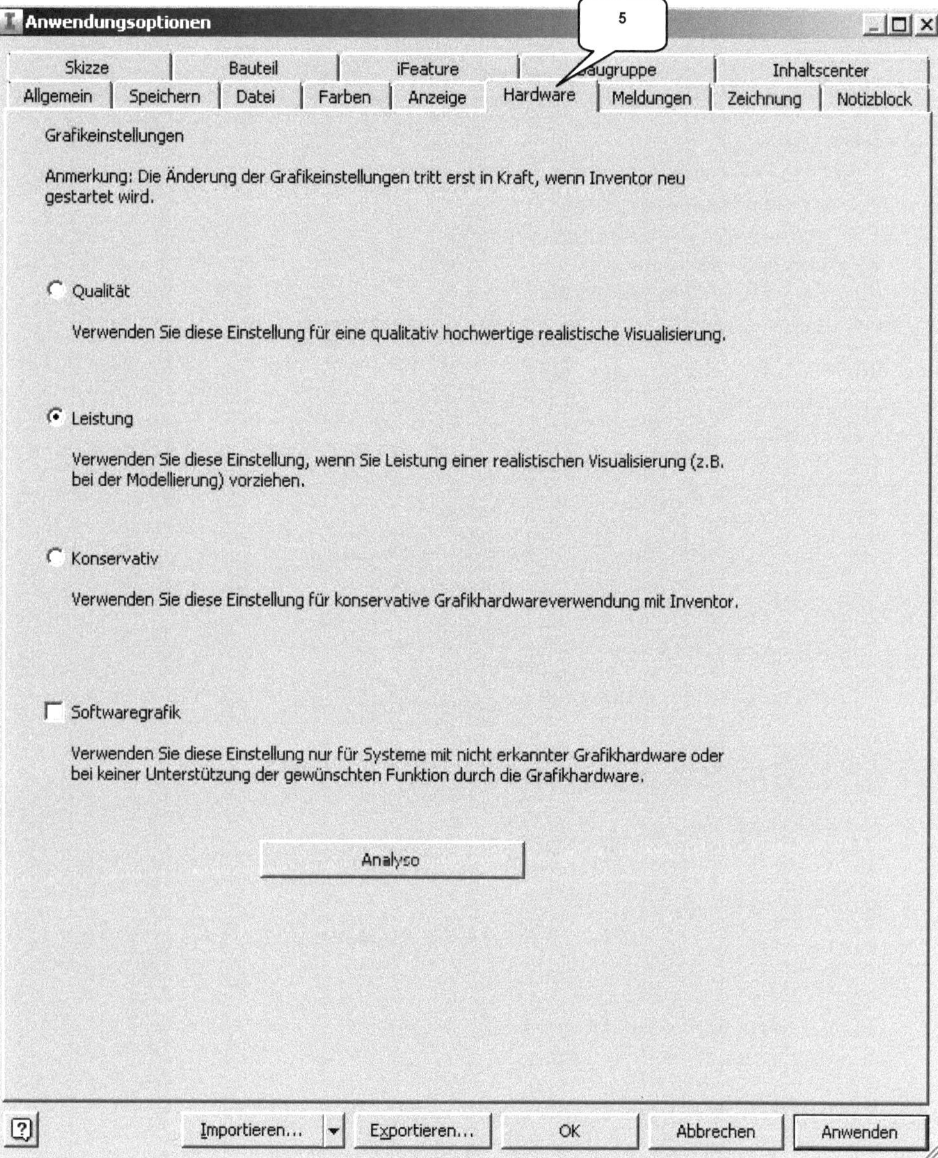
Anwendungsoptionen

5

Skizze   Bauteil   iFeature   Baugruppe   Inhaltscenter
Allgemein   Speichern   Datei   Farben   Anzeige   Hardware   Meldungen   Zeichnung   Notizblock

Grafikeinstellungen

Anmerkung: Die Änderung der Grafikeinstellungen tritt erst in Kraft, wenn Inventor neu
gestartet wird.

Qualität

Verwenden Sie diese Einstellung für eine qualitativ hochwertige realistische Visualisierung.

Leistung

Verwenden Sie diese Einstellung, wenn Sie Leistung einer realistischen Visualisierung (z.B.
bei der Modellierung) vorziehen.

Konservativ

Verwenden Sie diese Einstellung für konservative Grafikhardwareverwendung mit Inventor.

Softwaregrafik

Verwenden Sie diese Einstellung nur für Systeme mit nicht erkannter Grafikhardware oder
bei keiner Unterstützung der gewünschten Funktion durch die Grafikhardware.

Analyse

Importieren...   Exportieren...   OK   Abbrechen   Anwenden

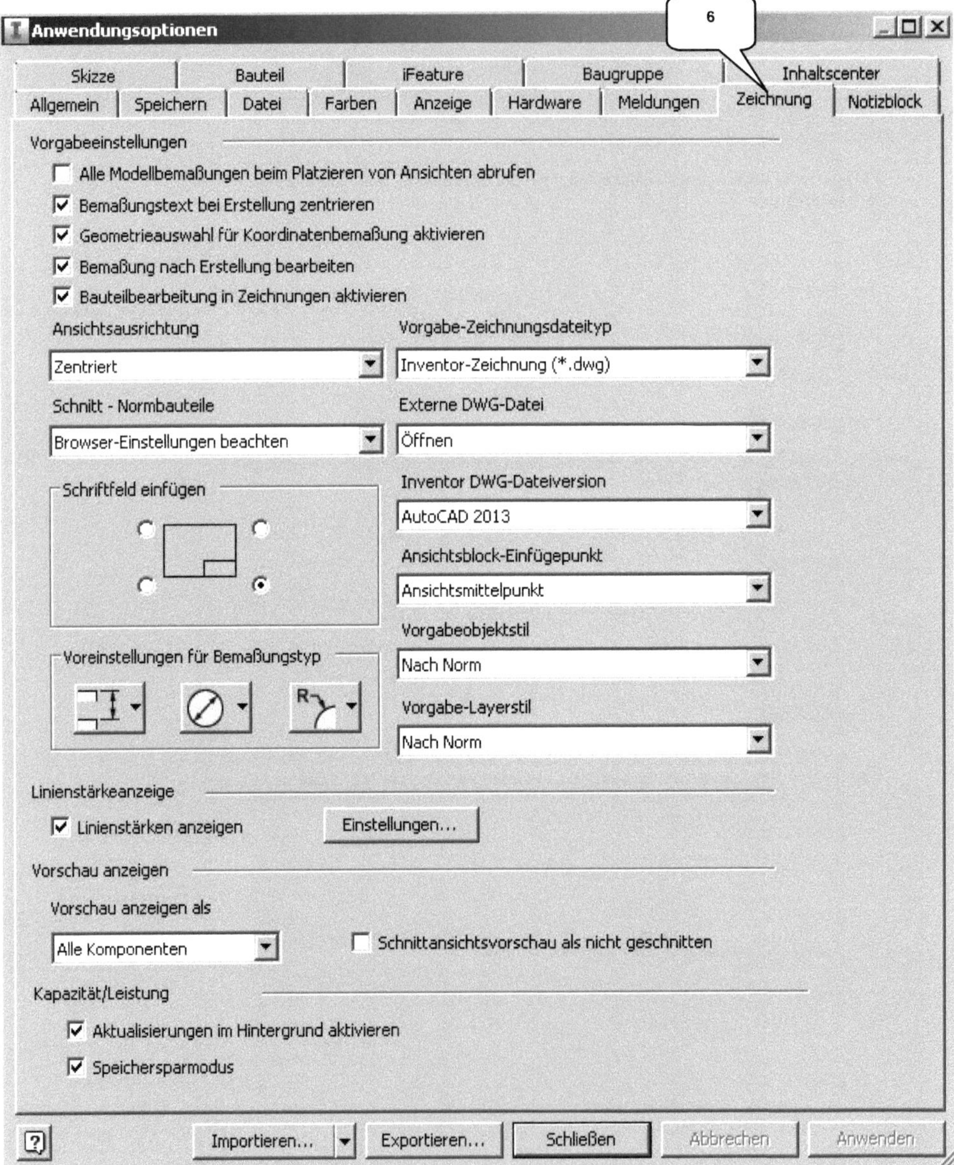
6
Anwendungsoptionen
Skizze   Bauteil   iFeature   Baugruppe   Inhaltscenter
Allgemein   Speichern   Datei   Farben   Anzeige   Hardware   Meldungen   Zeichnung   Notizblock
Vorgabeeinstellungen
Alle Modellbemaßungen beim Platzieren von Ansichten abrufen
Bemaßungstext bei Erstellung zentrieren
Geometrieauswahl für Koordinatenbemaßung aktivieren
Bemaßung nach Erstellung bearbeiten
Bauteilbearbeitung in Zeichnungen aktivieren
Ansichtsausrichtung
Zentriert
Schnitt - Normbauteile
Browser-Einstellungen beachten
Schriftfeld einfügen
Voreinstellungen für Bemaßungstyp
R
Vorgabe-Zeichnungsdateityp
Inventor-Zeichnung (*.dwg)
Externe DWG-Datei
Öffnen
Inventor DWG-Dateiversion
AutoCAD 2013
Ansichtsblock-Einfügepunkt
Ansichtsmittelpunkt
Vorgabeobjektstil
Nach Norm
Vorgabe-Layerstil
Nach Norm
Linienstärkeanzeige
Linienstärken anzeigen   Einstellungen...
Vorschau anzeigen
Vorschau anzeigen als
Alle Komponenten   Schnittansichtsvorschau als nicht geschnitten
Kapazität/Leistung
Aktualisierungen im Hintergrund aktivieren
Speichersparmodus
Importieren...   Exportieren...   Schließen   Abbrechen   Anwenden

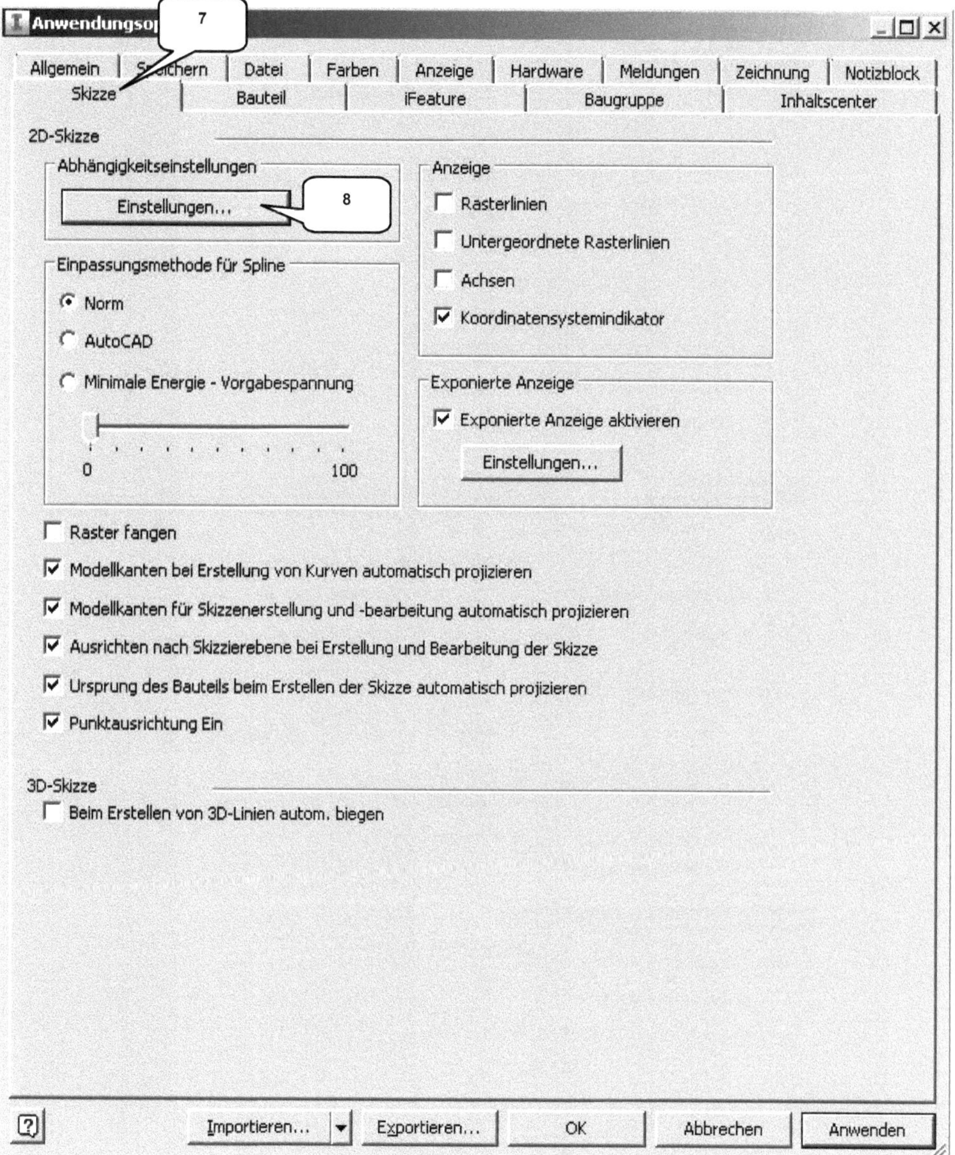
7
Anwendungsop...
Allgemein | Speichern | Datei | Farben | Anzeige | Hardware | Meldungen | Zeichnung | Notizblock
Skizze | Bauteil | iFeature | Baugruppe | Inhaltscenter
2D-Skizze
Abhängigkeitseinstellungen
8
Einstellungen...
Einpassungsmethode für Spline
Norm
AutoCAD
Minimale Energie - Vorgabespannung
0
100
Anzeige
Rasterlinien
Untergeordnete Rasterlinien
Achsen
Koordinatensystemindikator
Exponierte Anzeige
Exponierte Anzeige aktivieren
Einstellungen...
Raster fangen
Modellkanten bei Erstellung von Kurven automatisch projizieren
Modellkanten für Skizzenerstellung und -bearbeitung automatisch projizieren
Ausrichten nach Skizzierebene bei Erstellung und Bearbeitung der Skizze
Ursprung des Bauteils beim Erstellen der Skizze automatisch projizieren
Punktausrichtung Ein
3D-Skizze
Beim Erstellen von 3D-Linien autom. biegen
Importieren... | Exportieren... | OK | Abbrechen | Anwenden

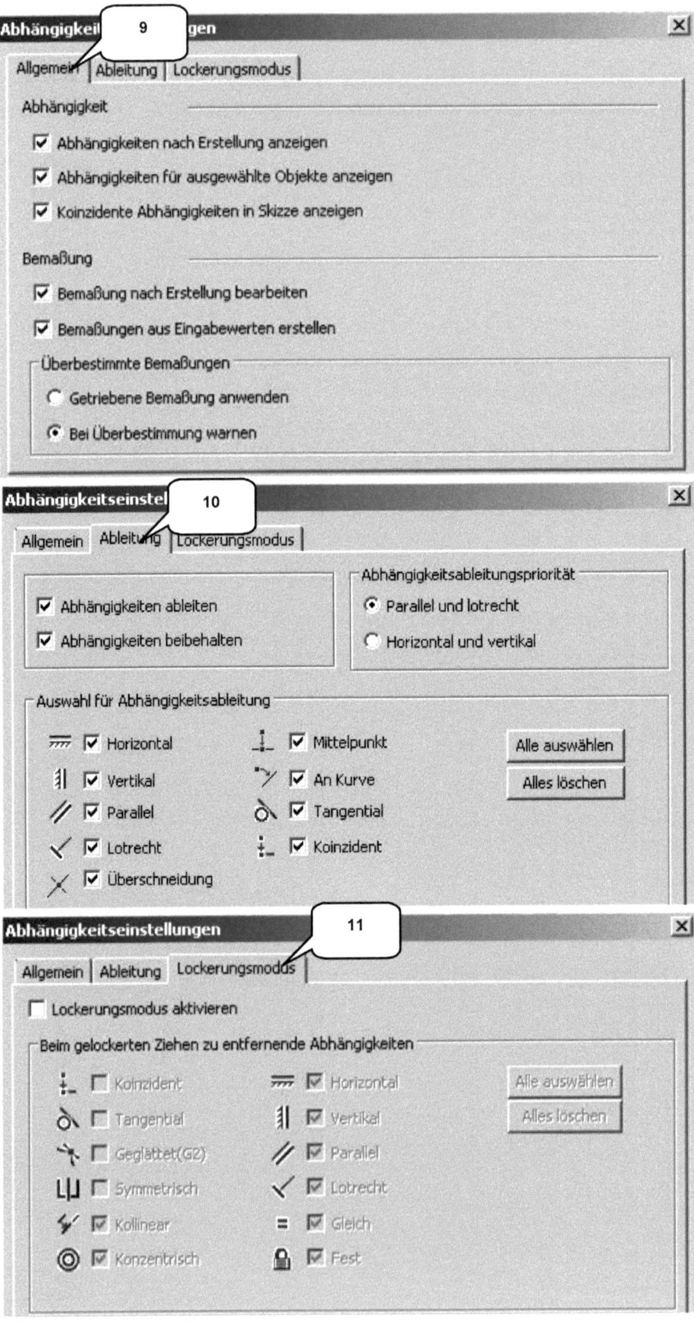
Abhängigkeit...gen
9
Allgemein | Ableitung | Lockerungsmodus
Abhängigkeit
Abhängigkeiten nach Erstellung anzeigen
Abhängigkeiten für ausgewählte Objekte anzeigen
Koinzidente Abhängigkeiten in Skizze anzeigen
Bemaßung
Bemaßung nach Erstellung bearbeiten
Bemaßungen aus Eingabewerten erstellen
Überbestimmte Bemaßungen
Getriebene Bemaßung anwenden
Bei Überbestimmung warnen

Abhängigkeitseinstel...
10
Allgemein | Ableitung | Lockerungsmodus
Abhängigkeiten ableiten
Abhängigkeiten beibehalten
Abhängigkeitsableitungspriorität
Parallel und lotrecht
Horizontal und vertikal
Auswahl für Abhängigkeitsableitung
Horizontal
Vertikal
Parallel
Lotrecht
Überschneidung
Mittelpunkt
An Kurve
Tangential
Koinzident
Alle auswählen
Alles löschen

Abhängigkeitseinstellungen
11
Allgemein | Ableitung | Lockerungsmodus
Lockerungsmodus aktivieren
Beim gelockerten Ziehen zu entfernende Abhängigkeiten
Koinzident
Tangential
Geglättet(G2)
Symmetrisch
Kollinear
Konzentrisch
Horizontal
Vertikal
Parallel
Lotrecht
Gleich
Fest
Alle auswählen
Alles löschen

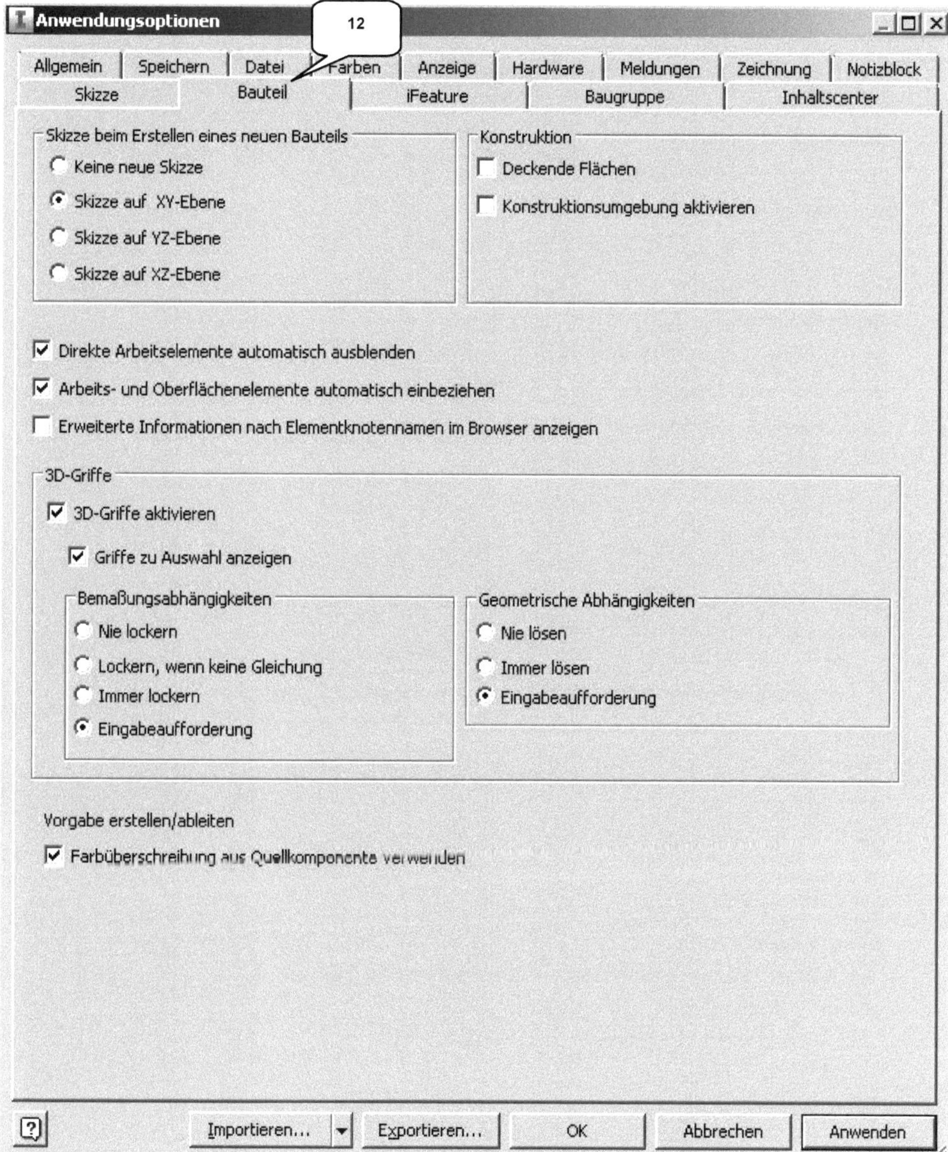
Anwendungsoptionen
12
Allgemein | Speichern | Datei | Farben | Anzeige | Hardware | Meldungen | Zeichnung | Notizblock
Skizze | Bauteil | iFeature | Baugruppe | Inhaltscenter
Skizze beim Erstellen eines neuen Bauteils
Keine neue Skizze
Skizze auf XY-Ebene
Skizze auf YZ-Ebene
Skizze auf XZ-Ebene
Konstruktion
Deckende Flächen
Konstruktionsumgebung aktivieren
Direkte Arbeitselemente automatisch ausblenden
Arbeits- und Oberflächenelemente automatisch einbeziehen
Erweiterte Informationen nach Elementknotennamen im Browser anzeigen
3D-Griffe
3D-Griffe aktivieren
Griffe zu Auswahl anzeigen
Bemaßungsabhängigkeiten
Nie lockern
Lockern, wenn keine Gleichung
Immer lockern
Eingabeaufforderung
Geometrische Abhängigkeiten
Nie lösen
Immer lösen
Eingabeaufforderung
Vorgabe erstellen/ableiten
Farbüberschreibung aus Quellkomponente verwenden
Importieren... | Exportieren... | OK | Abbrechen | Anwenden

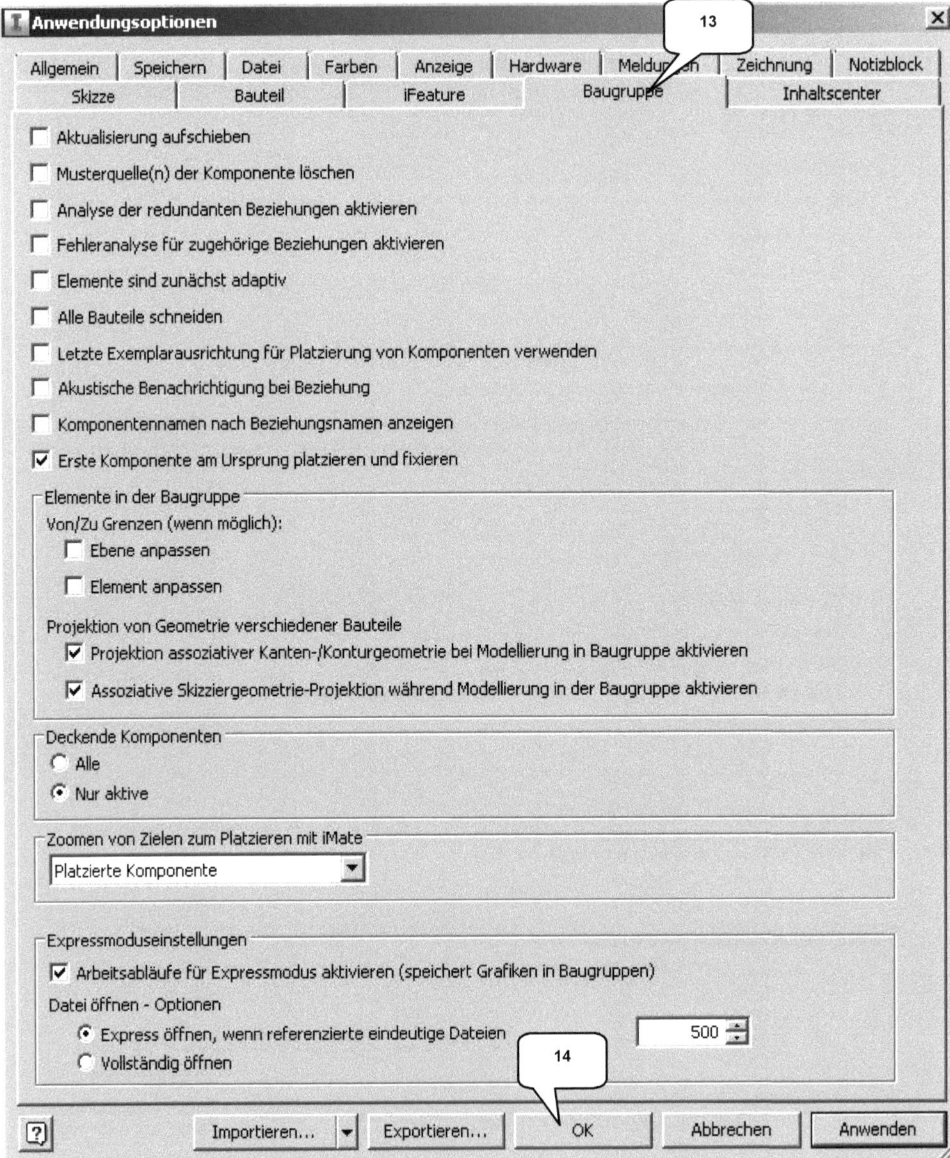
Anwendungsoptionen
13
Allgemein | Speichern | Datei | Farben | Anzeige | Hardware | Meldungen | Zeichnung | Notizblock
Skizze | Bauteil | iFeature | Baugruppe | Inhaltscenter
Aktualisierung aufschieben
Musterquelle(n) der Komponente löschen
Analyse der redundanten Beziehungen aktivieren
Fehleranalyse für zugehörige Beziehungen aktivieren
Elemente sind zunächst adaptiv
Alle Bauteile schneiden
Letzte Exemplarausrichtung für Platzierung von Komponenten verwenden
Akustische Benachrichtigung bei Beziehung
Komponentennamen nach Beziehungsnamen anzeigen
Erste Komponente am Ursprung platzieren und fixieren
Elemente in der Baugruppe
Von/Zu Grenzen (wenn möglich):
Ebene anpassen
Element anpassen
Projektion von Geometrie verschiedener Bauteile
Projektion assoziativer Kanten-/Konturgeometrie bei Modellierung in Baugruppe aktivieren
Assoziative Skizziergeometrie-Projektion während Modellierung in der Baugruppe aktivieren
Deckende Komponenten
Alle
Nur aktive
Zoomen von Zielen zum Platzieren mit iMate
Platzierte Komponente
Expressmoduseinstellungen
Arbeitsabläufe für Expressmodus aktivieren (speichert Grafiken in Baugruppen)
Datei öffnen - Optionen
Express öffnen, wenn referenzierte eindeutige Dateien
500
14
Vollständig öffnen
Importieren... | Exportieren... | OK | Abbrechen | Anwenden

5 Erstellen eines Einzelbenutzerprojekts

In Inventor® sollte möglichst in Projekten gearbeitet werden, um die Koordination zusammenhängender Dateien und Einstellungen zu vereinfachen. Hierfür bietet das Programm im Register **Erste Schritte** (Befehlsgruppe **Starten**) den Befehl **Projekte** (1).

Zu jedem Projekt wird eine eigene Projektdatei (*.ipj) erzeugt. Sie sichert alle Informationen und Querverweise eines Projekts. Das ist wichtig, wenn später komplexe Projekte archiviert oder von einem PC auf einen anderen übertragen werden sollen.

Erzeugen Sie im folgenden Arbeitsschritt ein neues Einzelbenutzer-Projekt mit der Bezeichnung **Inventor-2016-HRM**. Das Projekt sollte im gleichnamigen Projektordner gespeichert werden.

> **Projekte** (1)
>
> **Neu** (2)
>
> Option: **Einzelbenutzer-Projekt**
>
> **Weiter**
>
> Name: **Inventor-2016-HRM** (3)

> ... Projektordner: Ordner **Inventor-2016-HRM** wählen (4)
>
> **Fertig stellen** (5)
>
> **Fertig** (6)

Das neue Projekt wird automatisch aktiviert, was durch einen kleinen Haken in der Zeile des aktiven Projekts signalisiert wird. Bei der späteren Arbeit mit dem Programm sollte das jeweils aktive Projekt nach Programmstart stets kontrolliert werden.

So kann vermieden werden, dass Dateien unbeabsichtigt an einem falschen Speicherort gesichert und damit einem anderen Projekt zugeordnet werden.

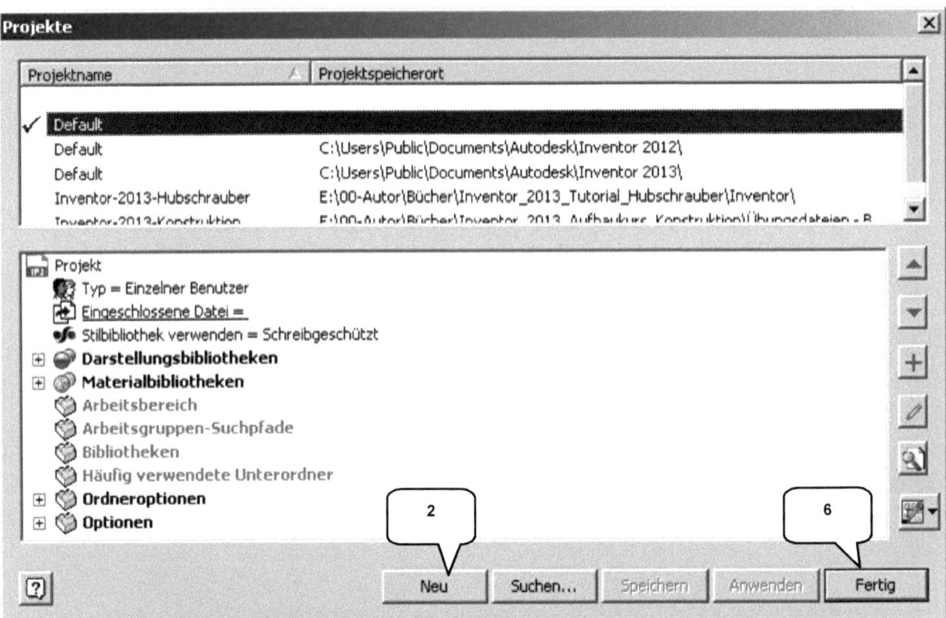

Projekte
Projektname
Projektspeicherort
Default
Default
C:\Users\Public\Documents\Autodesk\Inventor 2012\
Default
C:\Users\Public\Documents\Autodesk\Inventor 2013\
Inventor-2013-Hubschrauber
E:\00-Autor\Bücher\Inventor_2013_Tutorial_Hubschrauber\Inventor\
Inventor-2013-Konstruktion
E:\00-Autor\Bücher\Inventor_2013_Aufbaukurs_Konstruktion\Übungsdateien - B
Projekt
Typ = Einzelner Benutzer
Eingeschlossene Datei =
Stilbibliothek verwenden = Schreibgeschützt
Darstellungsbibliotheken
Materialbibliotheken
Arbeitsbereich
Arbeitsgruppen-Suchpfade
Bibliotheken
Häufig verwendete Unterordner
Ordneroptionen
Optionen
2
6
Neu
Suchen...
Speichern
Anwenden
Fertig

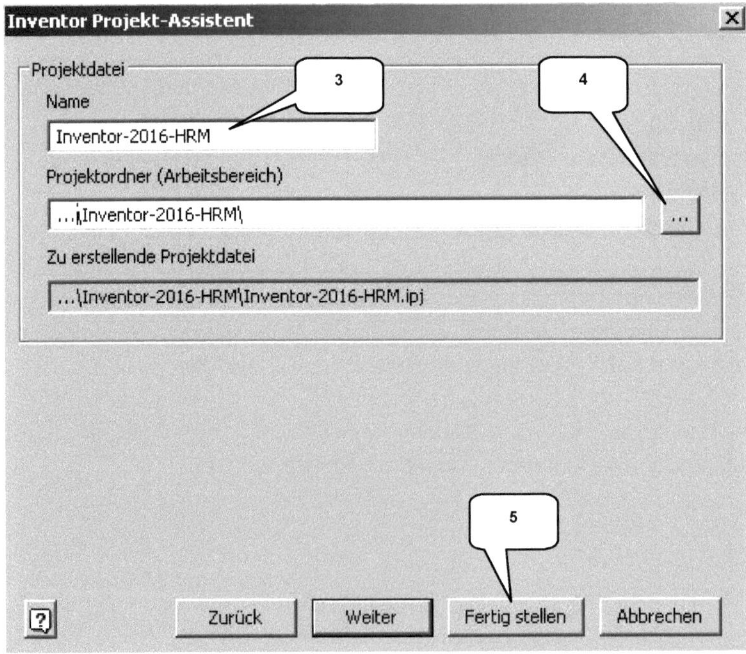

Inventor Projekt-Assistent
Projektdatei
3
4
Name
Inventor-2016-HRM
Projektordner (Arbeitsbereich)
...\Inventor-2016-HRM\
...
Zu erstellende Projektdatei
...\Inventor-2016-HRM\Inventor-2016-HRM.ipj
5
Zurück
Weiter
Fertig stellen
Abbrechen

6 Aufbau einer Holzrückmaschine

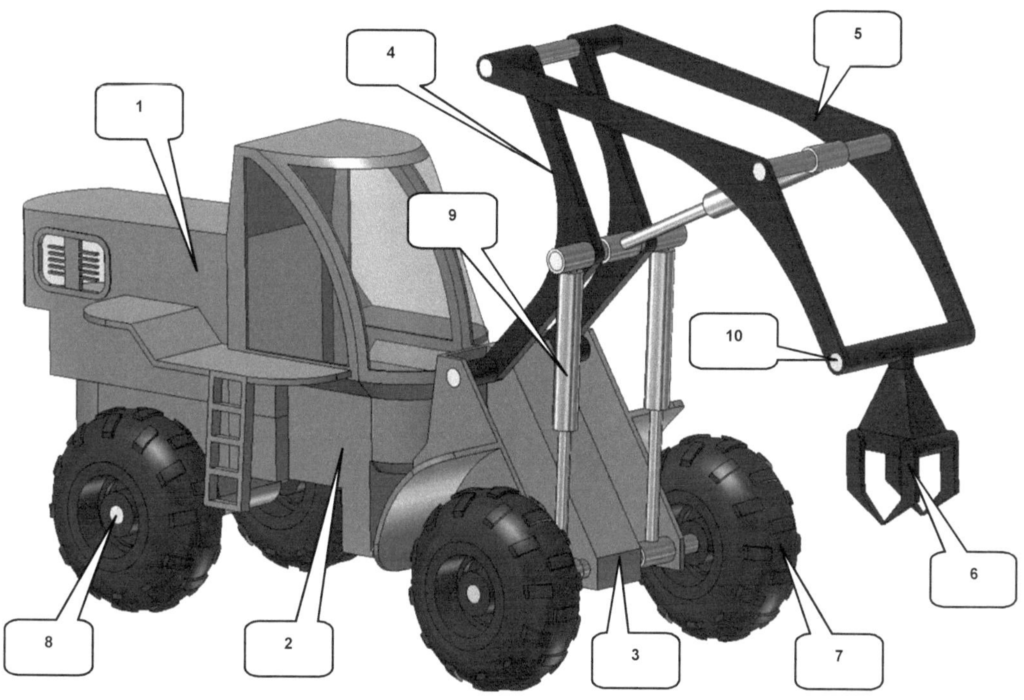

1. Oberwagen	5. Greiferstiel	9. Hydraulikzylinder
2. Unterwagen	6. Greifer	10. Bolzen
3. Hubgestell	7. Räder	
4. Ausleger	8. Achsen	

Eine Holzrückmaschine dient zum Transport von schweren und unhandlichen Baumstämmen und wird vorrangig bei Forstarbeiten eingesetzt. Da Maschinen- und Hubsystem voneinander getrennt und über einen Verbindungsbolzen geschwenkt werden können, besitzt dieses Gerät einen sehr kleinen Wendekreis. Das Greifersystem kann zusätzlich mit einem Schneidwerkzeug ausgerüstet werden, um Baumstämme nicht nur transportieren, sondern in einem Arbeitsschritt greifen, fällen und entasten zu können.

7 Bauteil: Oberwagen

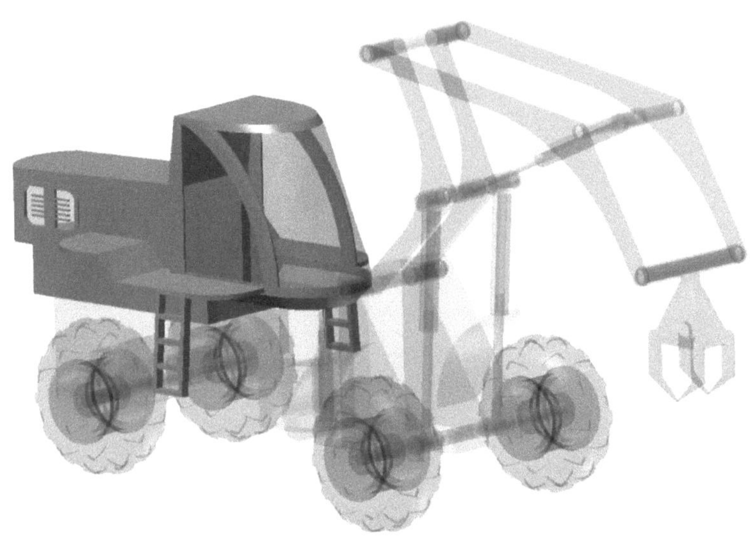

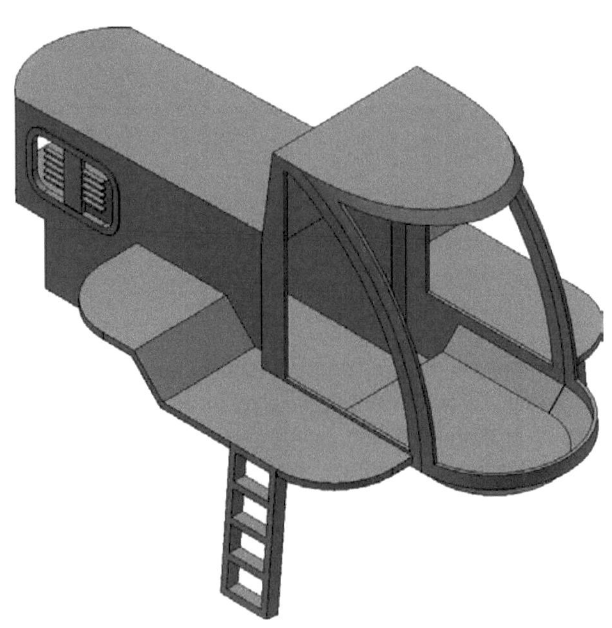

7.1 Bauteil „01-Oberwagen" erstellen

- ➤ **Neu** (1)
- ➤ Templates (2)
- ➤ Bauteil: Norm.ipt (3)
- ➤ **Erstellen** (4)

- ➤ **Speichern** (5)
- ➤ Dateiname: [01-Oberwagen] (6)
- ➤ **Speichern** (7)

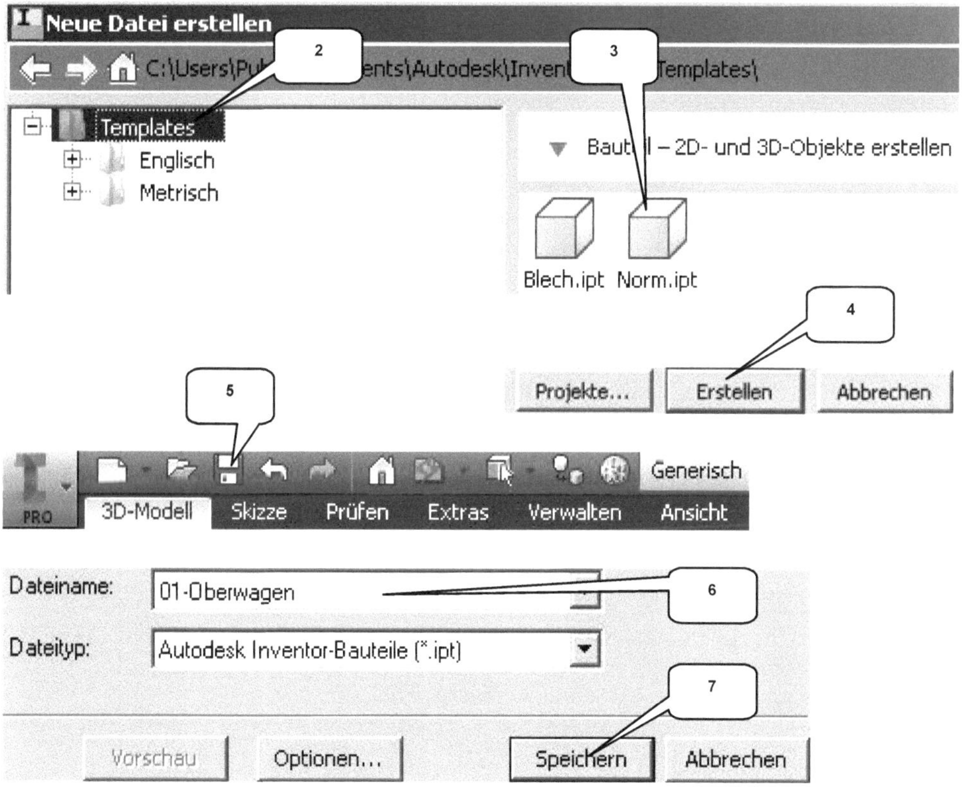

HINWEIS: Um das Bauteil speichern zu können, muss der Skizzenbereich vorübergehend geschlossen werden. Die aktuell geöffnete Skizze wird anschließend wieder aktiviert.

7.2 2D-Skizze auf XY-Ebene öffnen

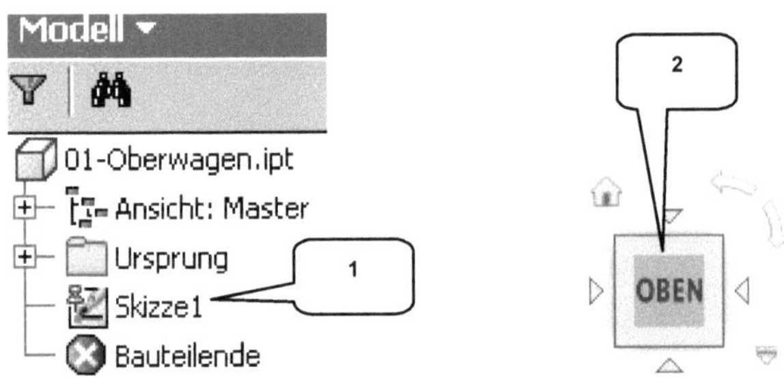

> „Skizze1" im Modellbaum doppelklicken um sie zu öffnen (1)
> (sollte noch keine Skizze im Modellbaum vorhanden sein, kontrollieren Sie die Anwendungsoptionen)

> **ViewCube-Ansicht: OBEN** sollte sich automatisch einstellen (2)

7.3 Achsen projizieren und als Konstruktionsobjekte definieren

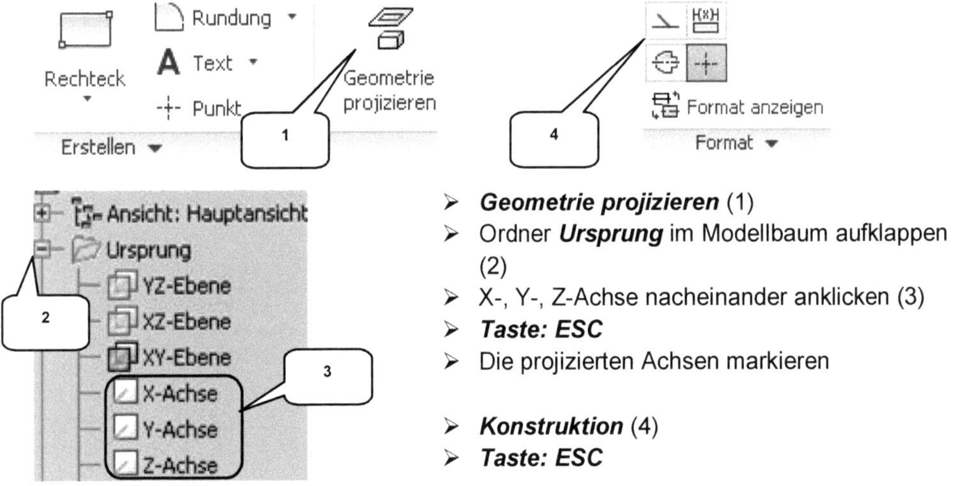

> **Geometrie projizieren** (1)
> Ordner **Ursprung** im Modellbaum aufklappen (2)
> X-, Y-, Z-Achse nacheinander anklicken (3)
> **Taste: ESC**
> Die projizierten Achsen markieren

> **Konstruktion** (4)
> **Taste: ESC**

HINWEIS: Das Projizieren der drei Hauptachsen sollte bei jeder neuen Skizze durchgeführt werden. Die Achsen können dann als Referenzen verwendet werden, z. B. um Objekte daran auszurichten.

7.4   Zeichnen der ersten Linien

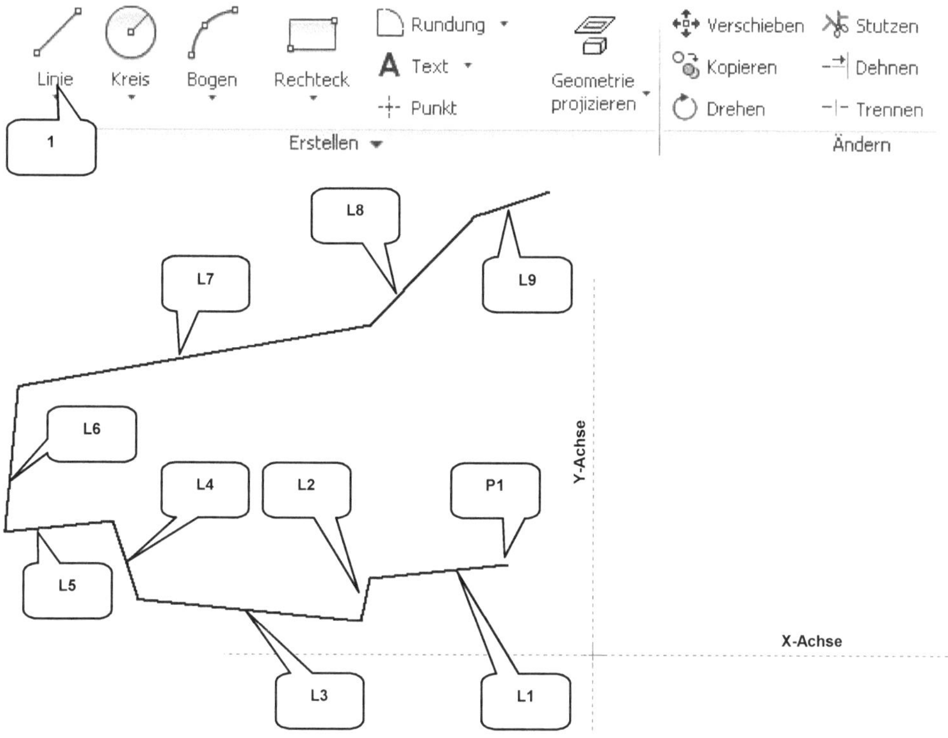

- ➤ **Linie** (1)
- ➤ Ersten Linienpunkt links oberhalb des Koordinatenursprungs ablegen (P1)
- ➤ Durch Setzen weiterer Punkte die dargestellte Kontur aus insgesamt 9 zusammenhängenden Linienzügen zeichnen (L1..L9)
- ➤ Keine der Linien waagerecht oder senkrecht, sondern absichtlich leicht schräg zeichnen (wie dargestellt)
- ➤ Gesamte Kontur soll sich im zweiten Quadraten des Koordinatensystems befinden (oberhalb der X-Achse, links neben der Y-Achse)
- ➤ Den Linienbefehl anschließend durch Drücken der **Taste: ESC** beenden

HINWEIS: Keine der Linien sollte waagerecht oder senkrecht gezeichnet werden oder parallel zu einer anderen liegen. Keiner der Linienpunkte sollte auf einer der Achsen liegen. Anschließend sind alle erforderlichen Abhängigkeiten zu erzeugen.

7.5 Abhängigkeiten setzen

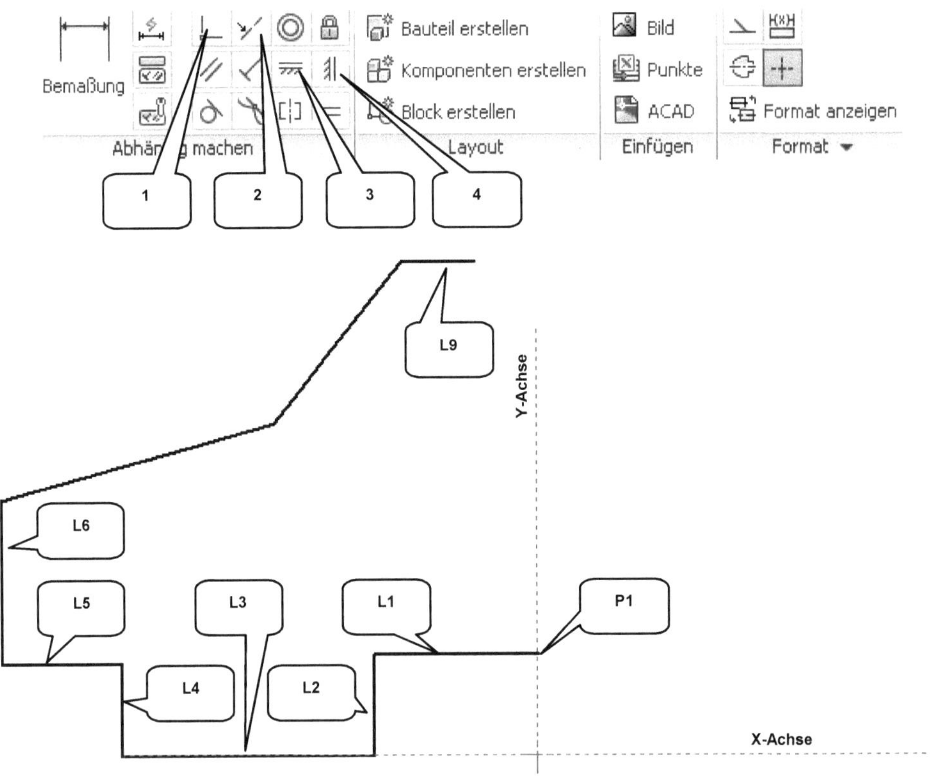

> ***Abhängigkeit Koinzident*** (1)
> Punkt (P1), dann Y-Achse wählen
> ***Taste: ESC***

> ***Abhängigkeit Kollinear*** (2)
> Linie (L3), dann X-Achse wählen
> ***Taste: ESC***

> ***Abhängigkeit Horizontal*** (3)
> Linien (L1, L5, L9) wählen
> ***Taste: ESC***

> ***Abhängigkeit Vertikal*** (4)
> Linien (L2, L4, L6) wählen
> ***Taste: ESC***

HINWEIS: Mit der Abhängigkeit **Koinzident** können entweder zwei Punkte oder ein Punkt und eine Linie voneinander abhängig gemacht werden. Mit der Abhängigkeit **Kollinear** werden zwei Linien auf denselben Strahl gelegt. Die Abhängigkeiten **Horizontal** und **Vertikal** richten Linien parallel zur X- bzw. zur Y-Achse aus. Das System warnt den Anwender, wenn Abhängigkeiten bereits vergeben wurden und dadurch überflüssig sind.

7.6 Horizontale und vertikale Bemaßungen setzen

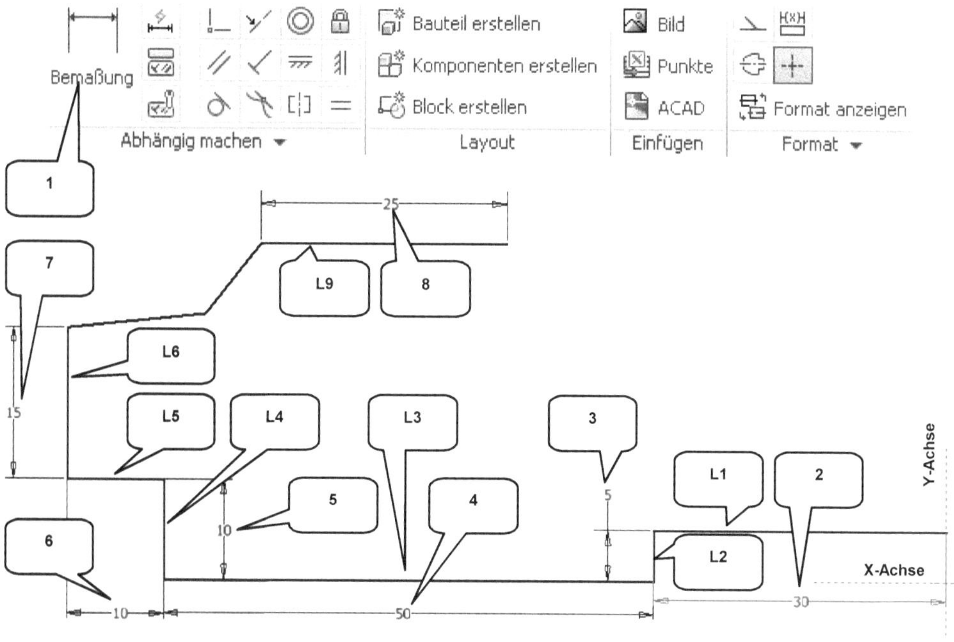

> **Bemaßung** (1)

> Linie (L1) wählen
> Maß ablegen (2)
> Wert: [30] mm
> **Taste: ENTER**

> Linie (L2) wählen
> Maß ablegen (3)
> Wert: [5] mm
> **Taste: ENTER**

> Linie (L3) wählen
> Maß ablegen (4)
> Wert: [50] mm
> **Taste: ENTER**

> Linie (L4) wählen
> Maß ablegen (5)

> Wert: [10] mm
> **Taste: ENTER**

> Linie (L5) wählen
> Maß ablegen (6)
> Wert: [10] mm
> **Taste: ENTER**

> Linie (L6) wählen
> Maß ablegen (7)
> Wert: [15] mm
> **Taste: ENTER**

> Linie (L9) wählen
> Maß ablegen (8)
> Wert: [25] mm
> **Taste: ENTER**
> **Taste: ESC**

7.7 Ausgerichtete Bemaßungen erzeugen

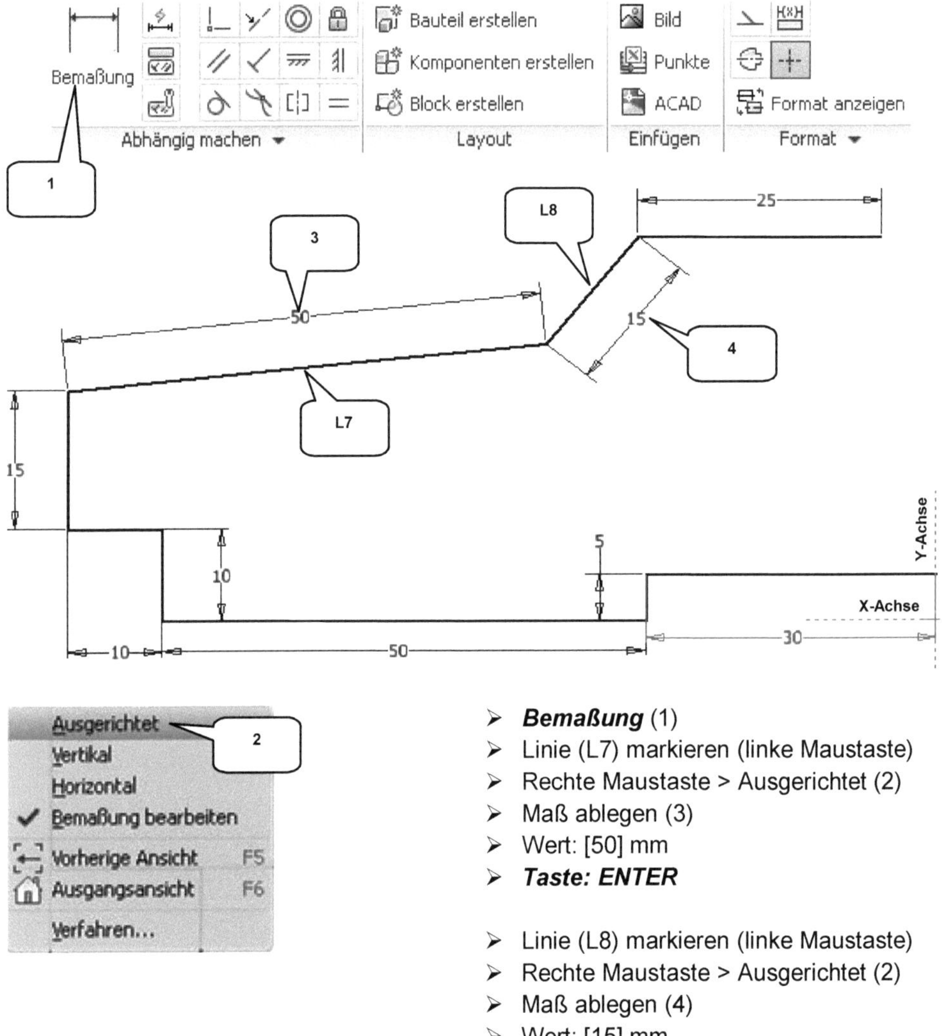

- ➢ **Bemaßung** (1)
- ➢ Linie (L7) markieren (linke Maustaste)
- ➢ Rechte Maustaste > Ausgerichtet (2)
- ➢ Maß ablegen (3)
- ➢ Wert: [50] mm
- ➢ **Taste: ENTER**

- ➢ Linie (L8) markieren (linke Maustaste)
- ➢ Rechte Maustaste > Ausgerichtet (2)
- ➢ Maß ablegen (4)
- ➢ Wert: [15] mm
- ➢ **Taste: ENTER**

HINWEIS: Waagerechte oder horizontale Maße können durch ein Ziehen der Maus nach rechts oder links erzeugt werden. Um ein Maß an einer Linie auszurichten, ist die Option: **Ausgerichtet** der **rechten Maustaste** zu wählen.

7.8 Winkelmaße erzeugen

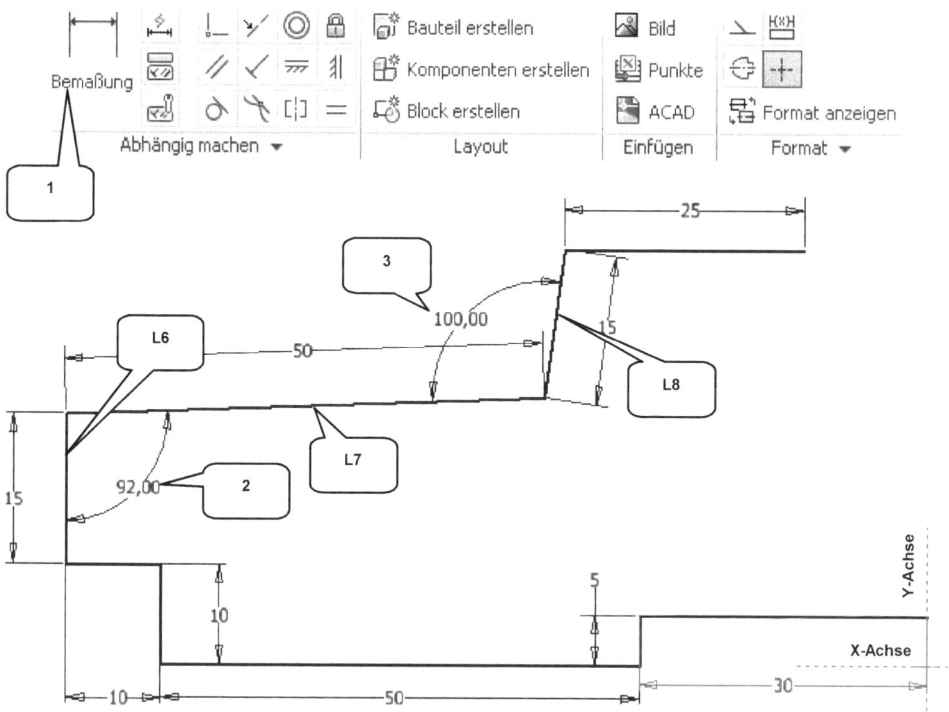

> **Bemaßung** (1)
> Linien (L6), dann (L7) wählen
> Winkelmaß ablegen (2)
> Wert: [92] Grad
> **Taste: ENTER**

> Linien (L7), dann (L8) wählen
> Winkelmaß ablegen (3)
> Wert: [100] Grad
> **Taste: ENTER**
> **Taste: ESC**

HINWEIS: Um ein Maß zu **bearbeiten**, muss es **doppelt angeklickt** werden (linke Maustaste). Um ein Maß zu **löschen**, muss es mit der linken Maustaste markiert und die **Taste: ENTF** gedrückt werden. Um Abhängigkeiten (Koinzidenz, Kollinearität usw.) **löschen** zu können, müssen diese vorher mit der **Taste: F8** eingeblendet werden: anschließend können sie mit der linken Maustaste markiert und mit der **Taste: ENTF** gelöscht werden. Die **Taste: F9** blendet alle Abhängigkeiten abschließend wieder aus.

7.9 Bogen aus drei Punkten

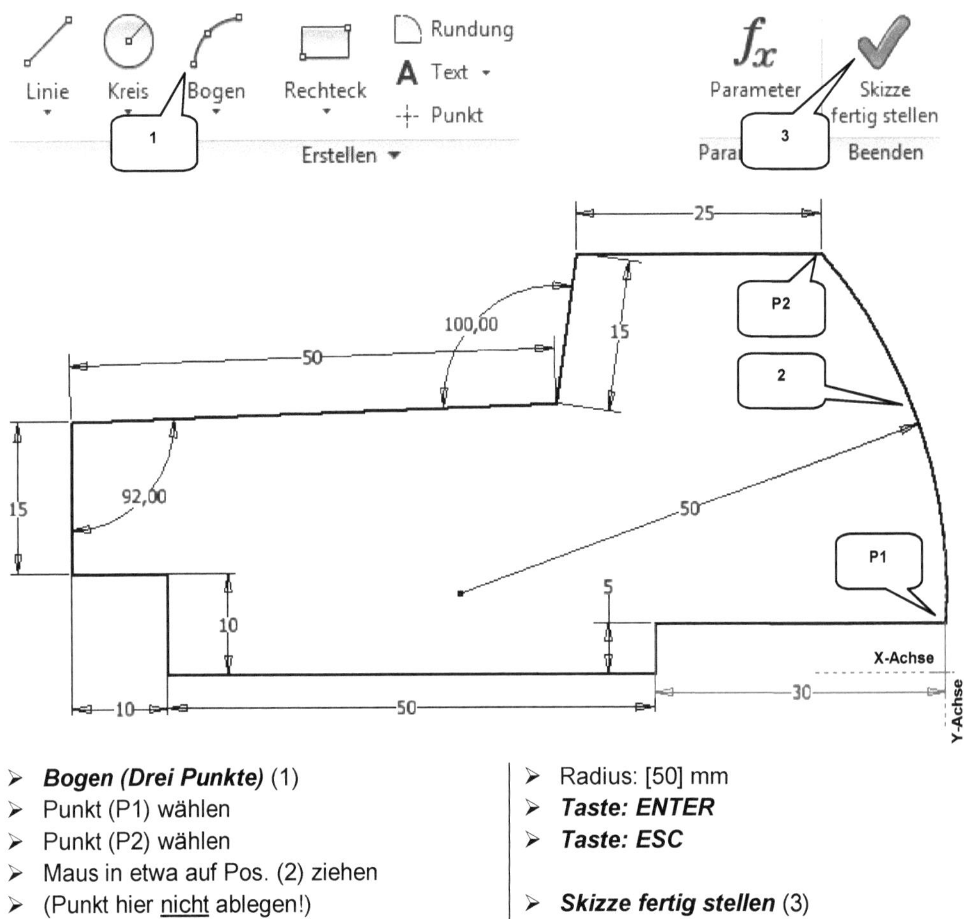

> **Bogen (Drei Punkte)** (1)
> Punkt (P1) wählen
> Punkt (P2) wählen
> Maus in etwa auf Pos. (2) ziehen
> (Punkt hier <u>nicht</u> ablegen!)

> Radius: [50] mm
> **Taste: ENTER**
> **Taste: ESC**

> **Skizze fertig stellen** (3)

HINWEIS: Kurz vor der Eingabe des Wertes für den Radius sollte auf die Position des Mauszeigers geachtet werden: Er symbolisiert den dritten Bogenpunkt, welcher Lage und Radius des Bogens bestimmt. Der Radius des Bogens kann entweder durch die Eingabe des Wertes oder aber durch ein freies Ablegen des dritten Bogenpunktes definiert werden.

7.10 Extrudieren der Basiskontur

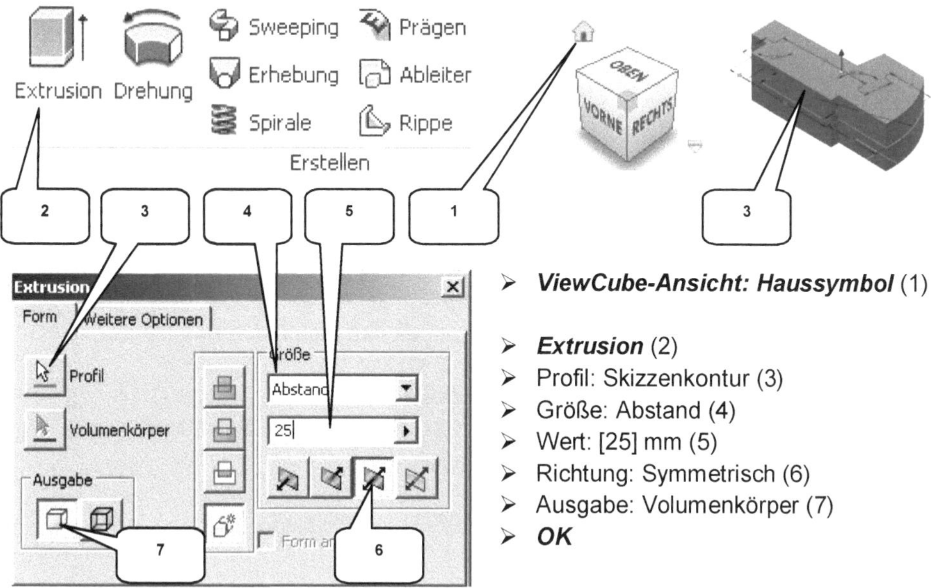

> ***ViewCube-Ansicht: Haussymbol*** (1)

> ***Extrusion*** (2)
> Profil: Skizzenkontur (3)
> Größe: Abstand (4)
> Wert: [25] mm (5)
> Richtung: Symmetrisch (6)
> Ausgabe: Volumenkörper (7)
> ***OK***

7.11 Erzeugen einer neuen 2D-Skizze auf der XZ-Ebene

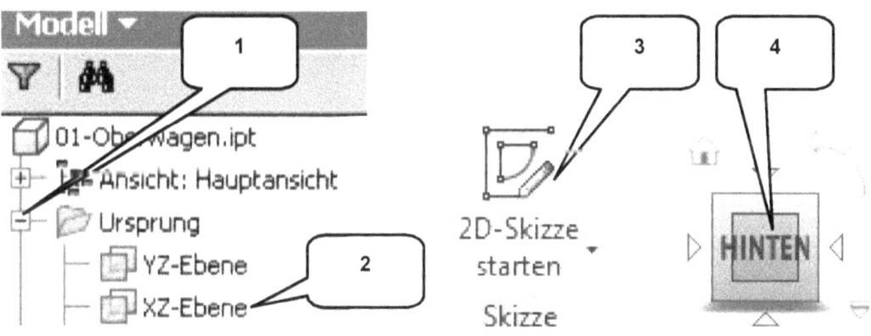

> Ordner ***Ursprung*** im Modellbaum erweitern (1)
> „XZ-Ebene" im Modellbaum markieren (linke Maustaste) (2)

> ***2D-Skizze starten*** (3)
> ***ViewCube-Ansicht: HINTEN*** (4)

HINWEIS: Um die Ansicht zu drehen, kann der ***ViewCube*** bei ***gedrückter linker Maustaste*** bewegt werden. Alternativ: ***Taste: SHIFT*** + ***gedrückte mittlere Maustaste*** (Scrollrad).

7.12 Achsen projizieren und als Konstruktionsobjekte definieren

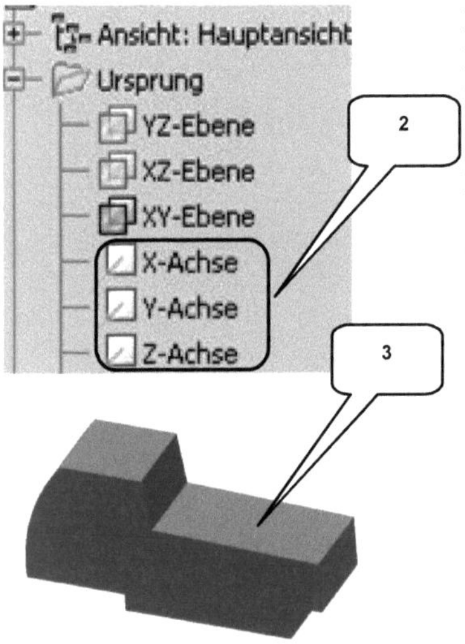

> *Geometrie projizieren* (1)
> X-, Y-, Z-Achse nacheinander wählen (2)
> Markierte Fläche des Volumenkörpers wählen (3)
> *Taste: ESC*
> Die projizierten Achsen markieren

> *Konstruktion* (4)
> *Taste: ESC* (die Option Konstruktion sollte jetzt wieder inaktiv sein)

> *Taste: F7* (Skizze freischneiden)

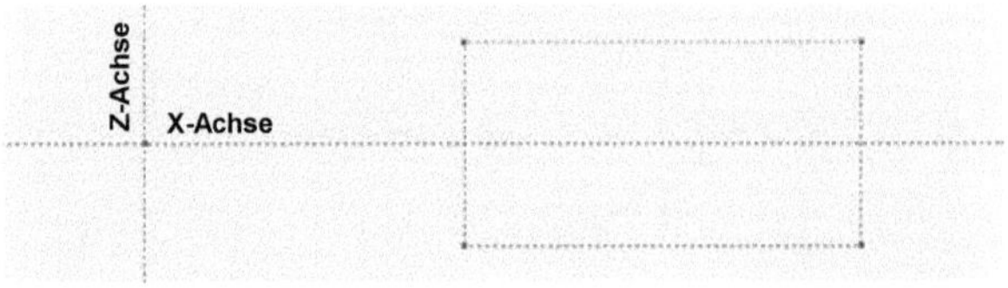

7.13 Zeichnen und Bemaßen der Skizzenkontur

HINWEIS: Achten Sie darauf, dass die folgende Kontur nach Fertigstellung vollständig ge-schlossen ist, also keine offenen Stellen ausweist.

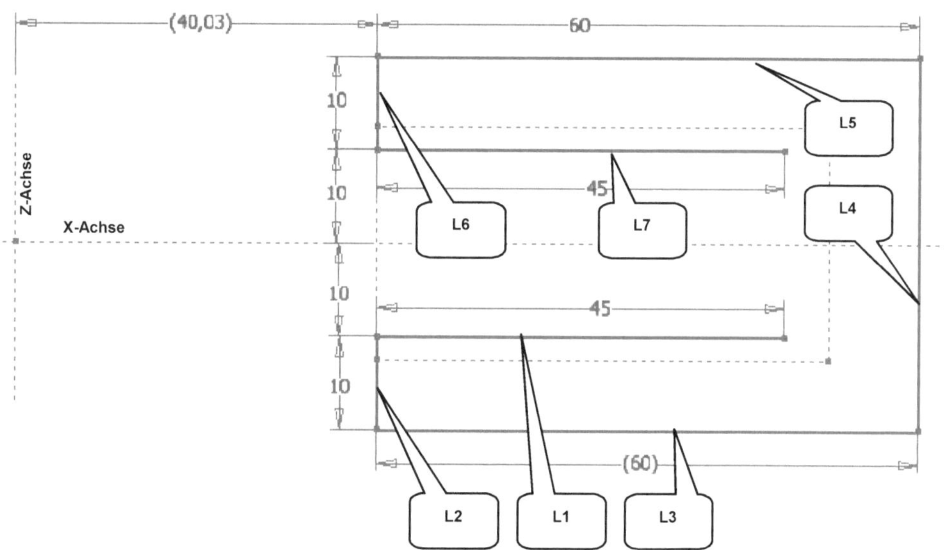

➢ **Linie** (1)	➢ **Bogen (Drei Punkte)** (3)
➢ Linienkontur aus 7 Linien (L1..L7) zeichnen	➢ Punkte (P1, P2 dann P3) nacheinander wählen
➢ **Taste: ESC**	➢ **Taste: ESC**
➢ **Bemaßung** (2)	➢ **Skizze fertig stellen** (4)
➢ Linienkontur wie dargestellt bemaßen	

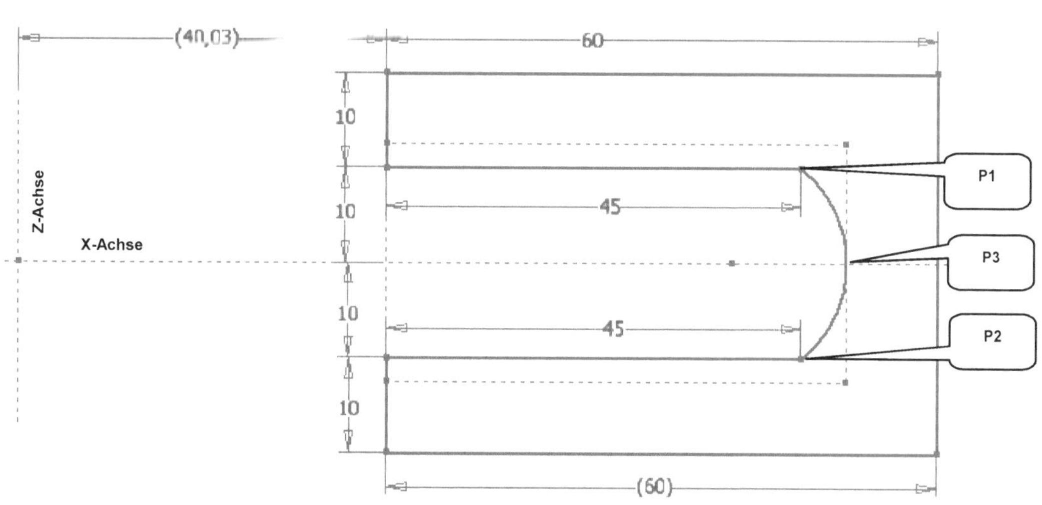

7.14 Extrudieren des Differenzkörpers

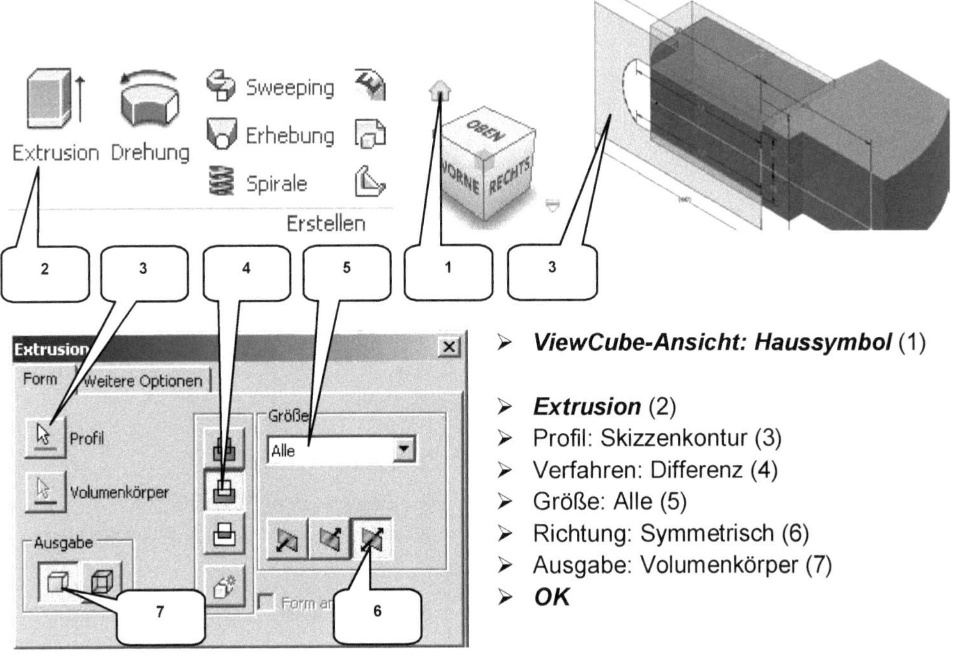

> **ViewCube-Ansicht: Haussymbol** (1)

> **Extrusion** (2)
> Profil: Skizzenkontur (3)
> Verfahren: Differenz (4)
> Größe: Alle (5)
> Richtung: Symmetrisch (6)
> Ausgabe: Volumenkörper (7)
> **OK**

7.15 Vollständiges Abrunden der Fahrerkabine

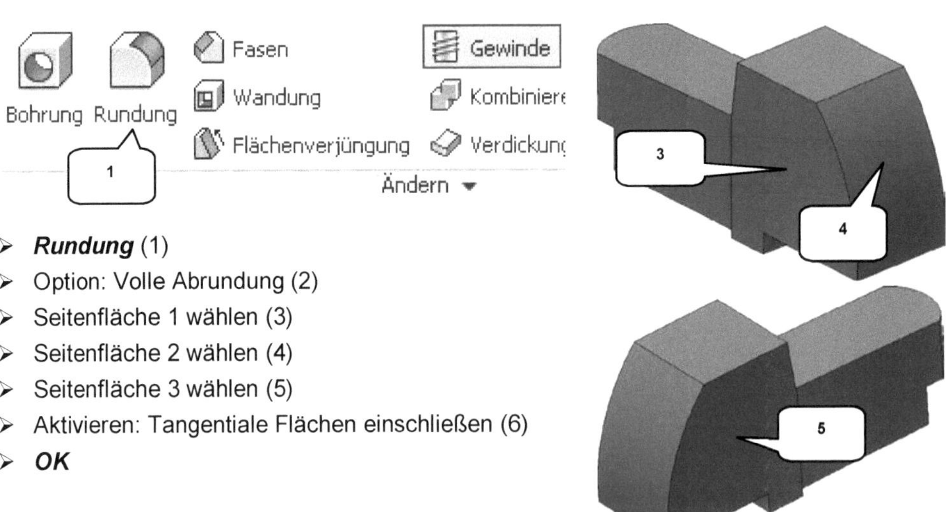

> **Rundung** (1)
> Option: Volle Abrundung (2)
> Seitenfläche 1 wählen (3)
> Seitenfläche 2 wählen (4)
> Seitenfläche 3 wählen (5)
> Aktivieren: Tangentiale Flächen einschließen (6)
> **OK**

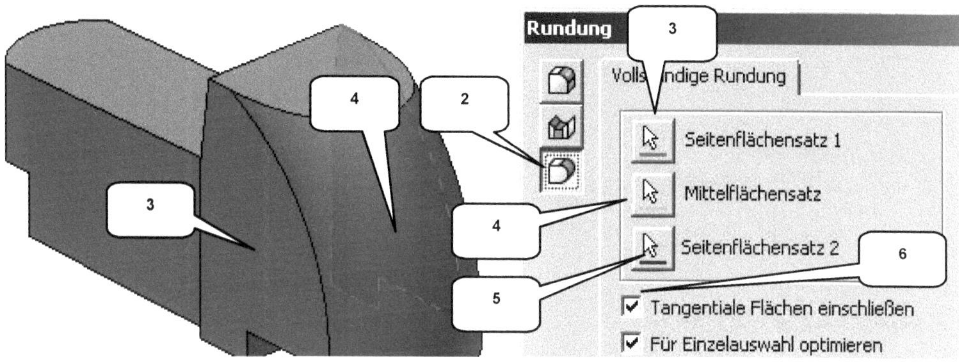

7.16 Fasen des unteren Fahrerkabinenbereiches

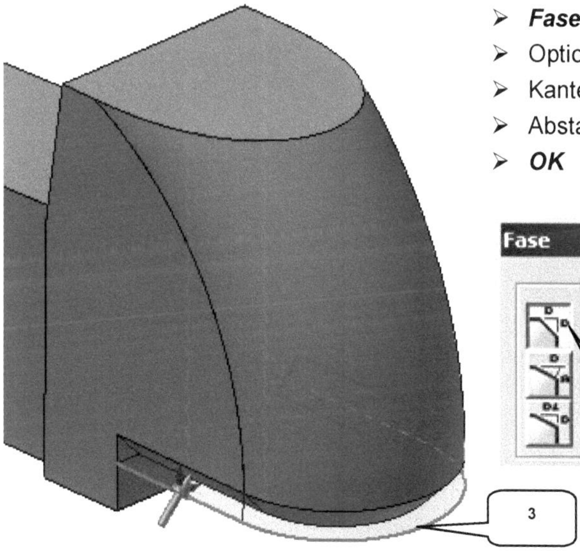

- ➢ **Fasen** (1)
- ➢ Option: Abstand (2)
- ➢ Kante (3) wählen
- ➢ Abstand: [3] mm (4)
- ➢ **OK**

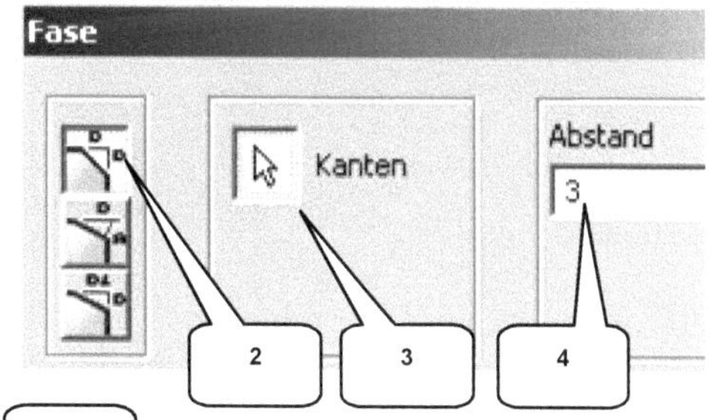

7.17 Erzeugen eines Hohlkörpers

> ***Wandung*** (1)
> Option: Außerhalb (2)
> Aktivieren: Angrenzende Flächen (3)

> Stärke: [0,5] mm (4)
> Flächen entfernen: Fläche (5) wählen
> ***OK***

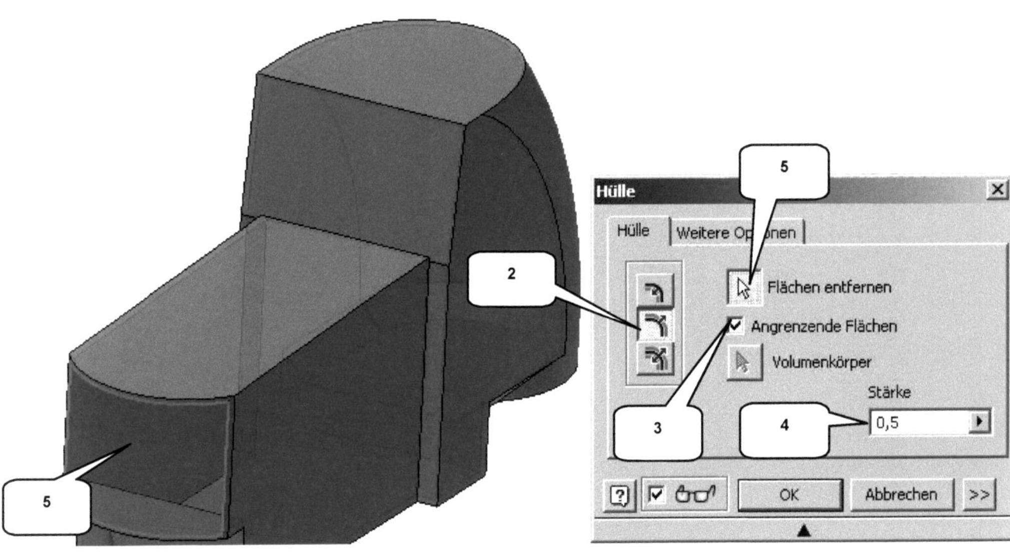

HINWEIS: Der Befehl ***Wandung*** verwendet die äußere Fläche eines Volumenkörpers, um dieser Material gemäß der angegebenen Stärke hinzuzufügen. Dieses Material kann nach außen, nach innen oder in beide Richtungen gleichzeitig hinzugefügt werden. Die Option ***Flächen entfernen*** löscht dabei eine oder mehrere der Flächen vollständig. Das Resultat ist ein Hohlkörper mit definierter Materialstärke.

7.18 Erstellen einer neuen 2D-Skizze

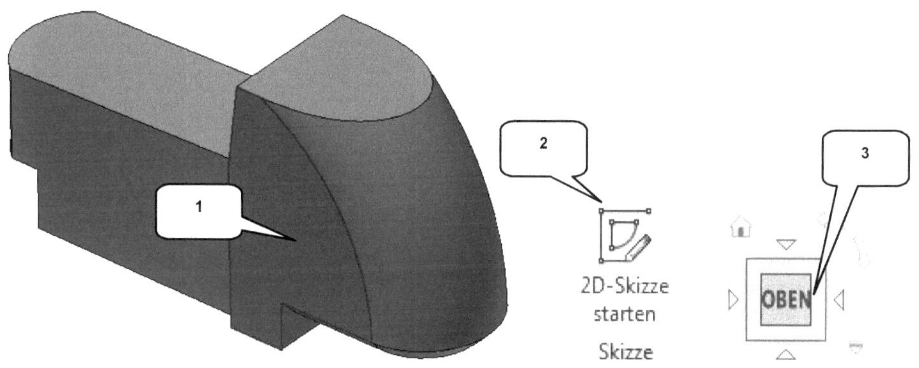

> Markierte Fläche am Fahrerhaus
> wählen (1)

> **2D-Skizze starten** (2)
> **ViewCube-Ansicht: Oben** (3)

7.19 Achsen und Linienkonturen projizieren

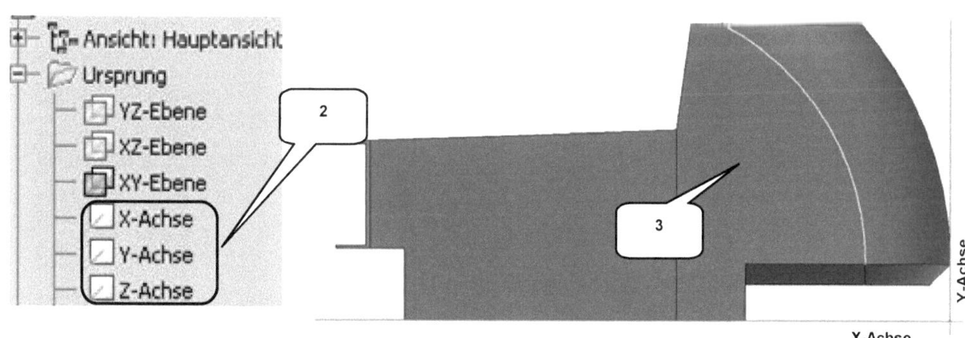

> **Geometrie projizieren** (1)
> X-, Y-, Z-Achse wählen (2)
> Markierte Fläche am Fahrerhaus
> wählen (3)
> **Taste: ESC**

> Die projizierten Achsen und Konturen
> markieren

> **Konstruktion** (4)
> **Taste: ESC**

7.20 Zeichnen der Basiskonturen für die Fensteraussparungen

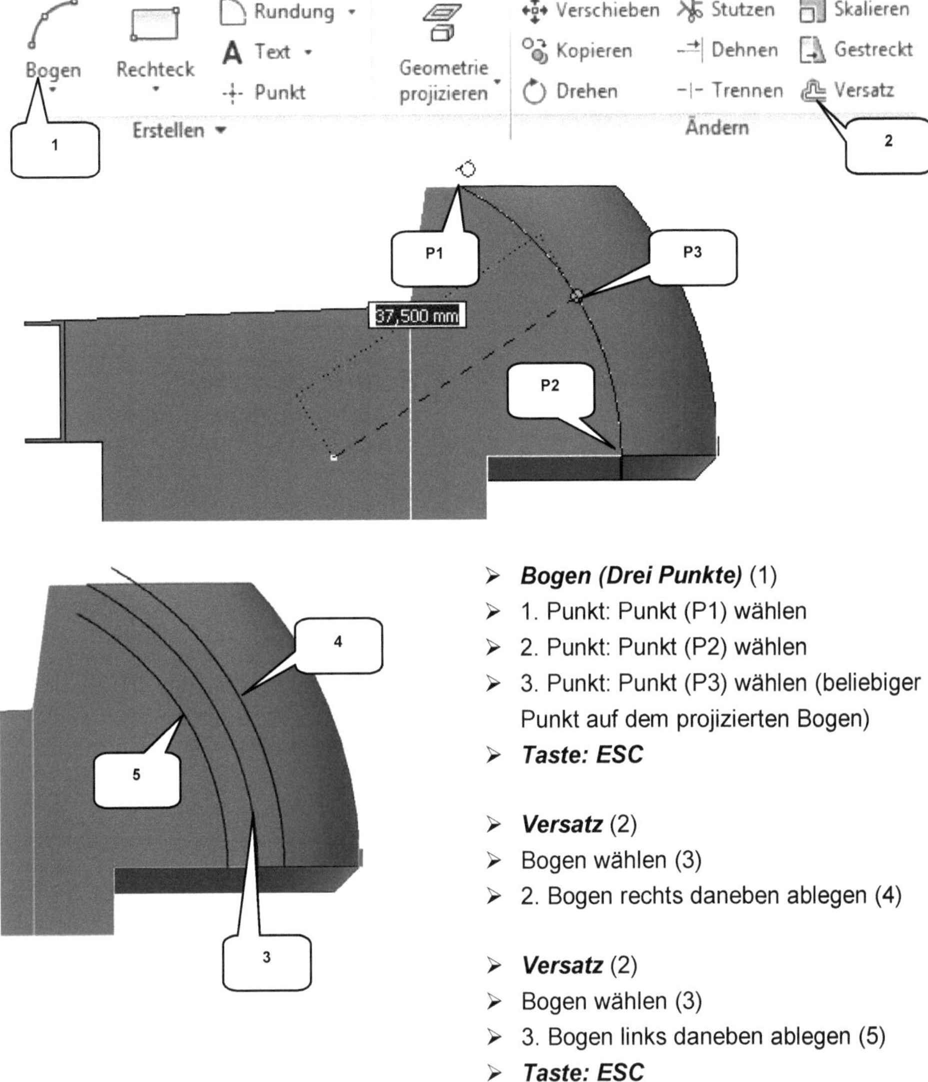

> ***Bogen (Drei Punkte)*** (1)
> 1. Punkt: Punkt (P1) wählen
> 2. Punkt: Punkt (P2) wählen
> 3. Punkt: Punkt (P3) wählen (beliebiger
> Punkt auf dem projizierten Bogen)
> ***Taste: ESC***

> ***Versatz*** (2)
> Bogen wählen (3)
> 2. Bogen rechts daneben ablegen (4)

> ***Versatz*** (2)
> Bogen wählen (3)
> 3. Bogen links daneben ablegen (5)
> ***Taste: ESC***

HINWEIS: Für den ***Versatz*** muss der Bogen (3) gewählt werden, welcher beim Überfahren der Maus als Volllinie (nicht als gestrichelte Linie) dargestellt wird, also der zuletzt gezeichnete ***Bogen (Drei Punkte).***

7.21 Bemaßen der Bogenabstände

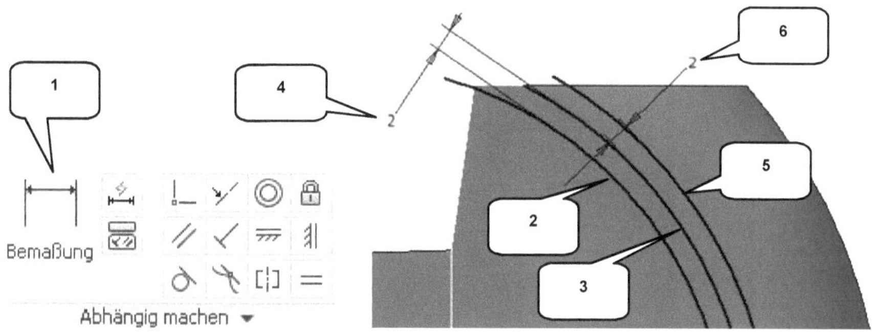

> ➤ **Bemaßung** (1)
> ➤ Linken Bogen wählen (2)
> ➤ Mittleren Bogen wählen (3)
> ➤ Maß ablegen (4)
> ➤ Wert: [2] mm

> ➤ Mittleren Bogen wählen (3)
> ➤ Rechten Bogen wählen (5)
> ➤ Maß ablegen (6)
> ➤ Wert: [2] mm
> ➤ **Taste: ESC**

7.22 Rechteck zeichnen und bemaßen

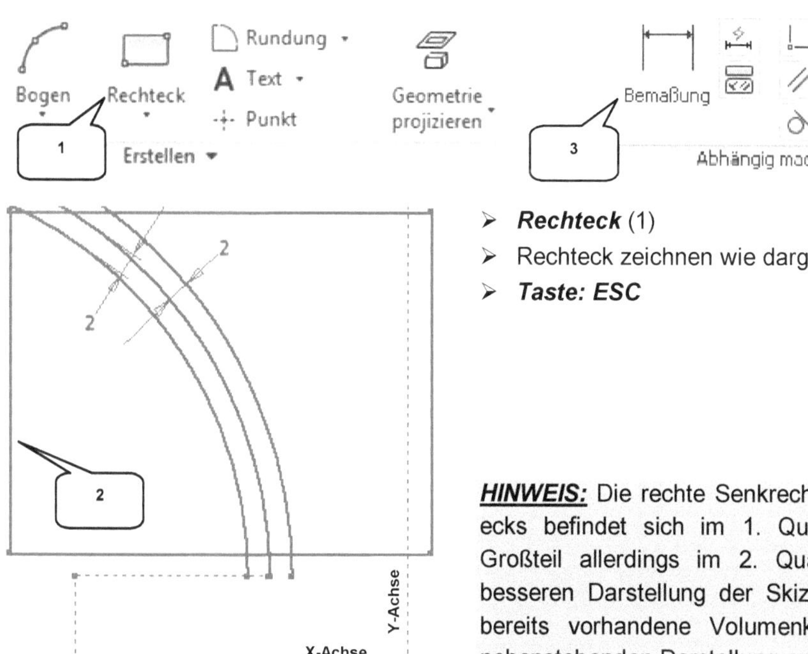

> ➤ **Rechteck** (1)
> ➤ Rechteck zeichnen wie dargestellt (2)
> ➤ **Taste: ESC**

HINWEIS: Die rechte Senkrechte des Rechtecks befindet sich im 1. Quadranten, der Großteil allerdings im 2. Quadranten. Zur besseren Darstellung der Skizze wurde der bereits vorhandene Volumenkörper in der nebenstehenden Darstellung ausgeblendet.

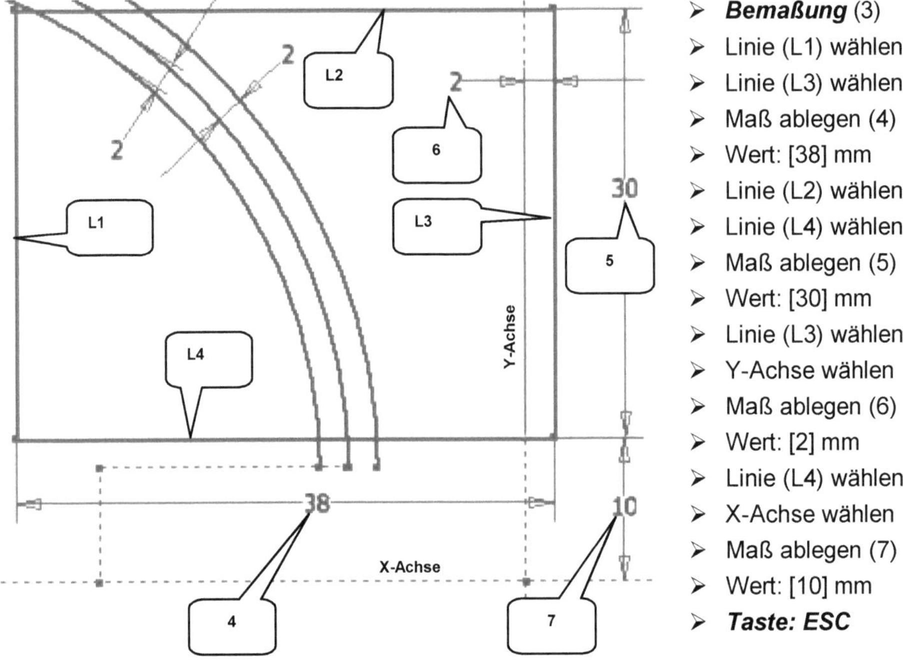

> ➤ *Bemaßung* (3)
> ➤ Linie (L1) wählen
> ➤ Linie (L3) wählen
> ➤ Maß ablegen (4)
> ➤ Wert: [38] mm
> ➤ Linie (L2) wählen
> ➤ Linie (L4) wählen
> ➤ Maß ablegen (5)
> ➤ Wert: [30] mm
> ➤ Linie (L3) wählen
> ➤ Y-Achse wählen
> ➤ Maß ablegen (6)
> ➤ Wert: [2] mm
> ➤ Linie (L4) wählen
> ➤ X-Achse wählen
> ➤ Maß ablegen (7)
> ➤ Wert: [10] mm
> ➤ *Taste: ESC*

HINWEIS: Die 3 Bögen sollten, wie in der oberen Abbildung dargestellt, über die Linien L2 und L4 hinausragen. Sollte dies nicht der Fall sein (die Bögen sind zu kurz), ist der Bogen zu markieren, dann auf den Endpunkt des Bogens zu klicken und dieser bei gedrückter linker Maustaste über das Rechteck hinaus zu ziehen.

7.23 Stutzen der Kontur und Schließen der Skizze

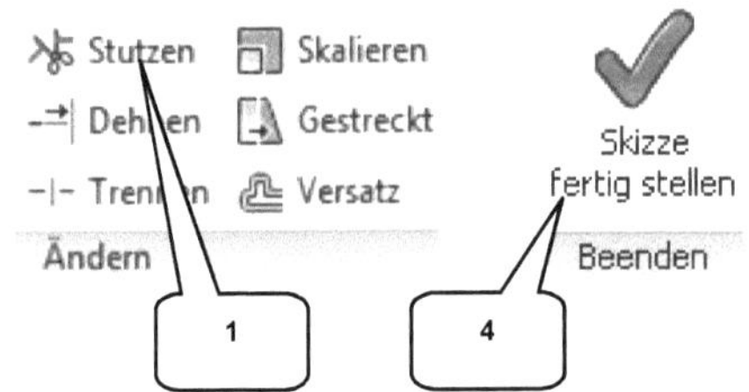

> ➤ *Stutzen* (1)
> ➤ Nacheinander alle 6 über das Rechteck ragenden Bogenenden wählen (2)
> ➤ Nacheinander die Liniensegmente zwischen den Bögen wählen (3)
> ➤ *Taste: ESC*
>
> ➤ *Skizze fertig stellen* (4)

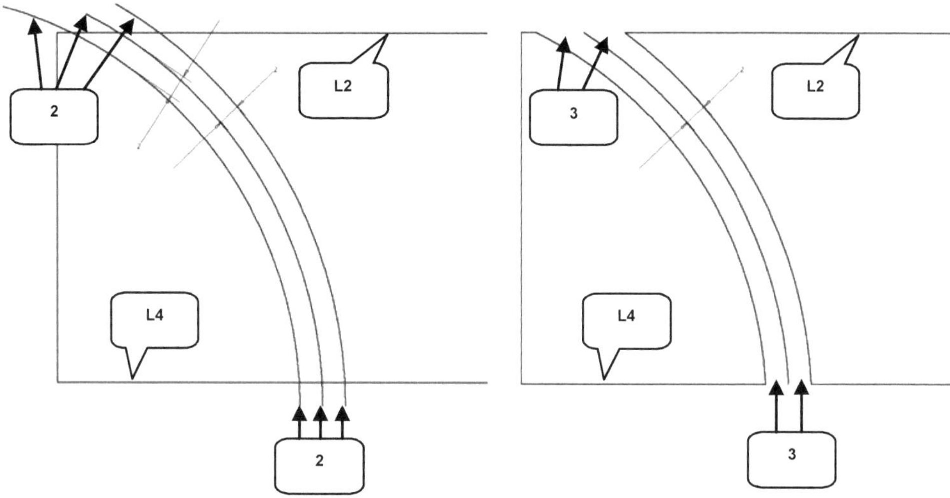

7.24 Extrudieren der Fenster (Differenz)

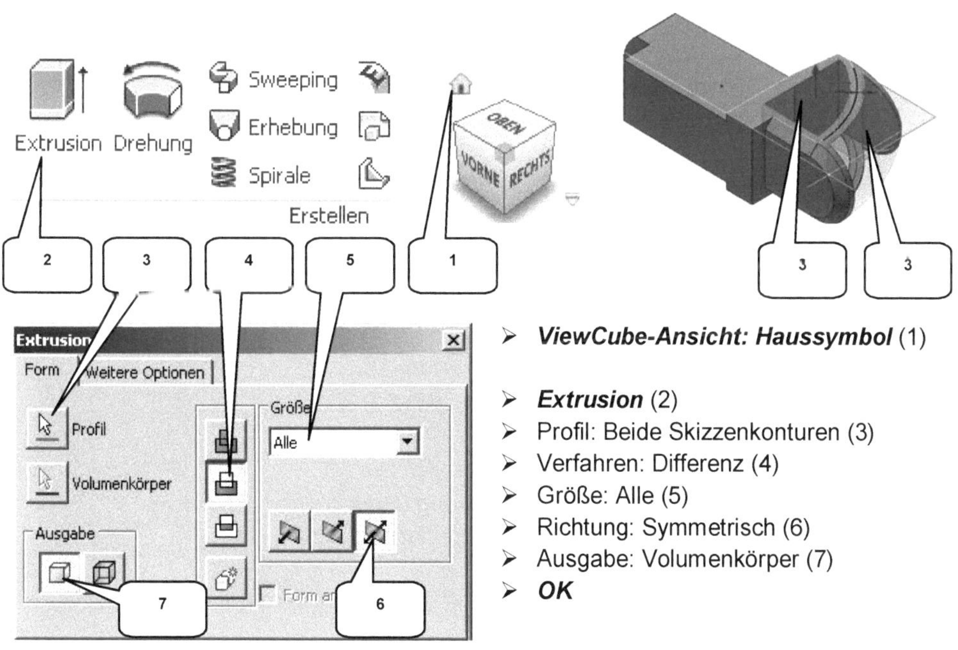

> **ViewCube-Ansicht: Haussymbol** (1)

> **Extrusion** (2)
> Profil: Beide Skizzenkonturen (3)
> Verfahren: Differenz (4)
> Größe: Alle (5)
> Richtung: Symmetrisch (6)
> Ausgabe: Volumenkörper (7)
> **OK**

7.25 Erzeugen einer neuen Ebene

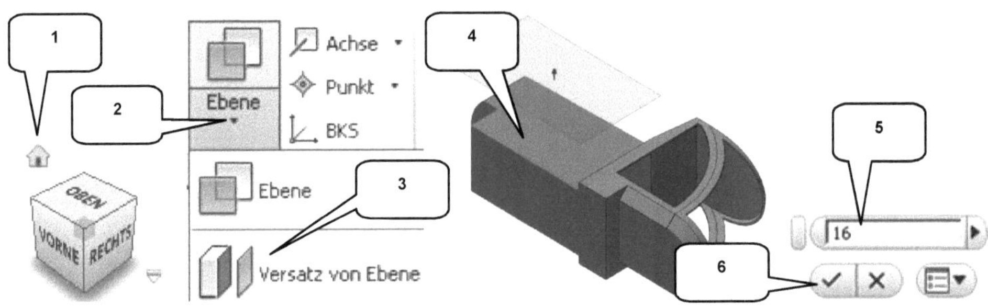

> **ViewCube-Ansicht: Haussymbol** (1)
> Befehlsgruppe **Ebene** erweitern (2)

> **Versatz von Ebene** (3)
> Seitenfläche wählen (4)
> Versatz: [16] mm (5)
> **OK** (6)

7.26 Basiskontur des Schutzblechs zeichnen

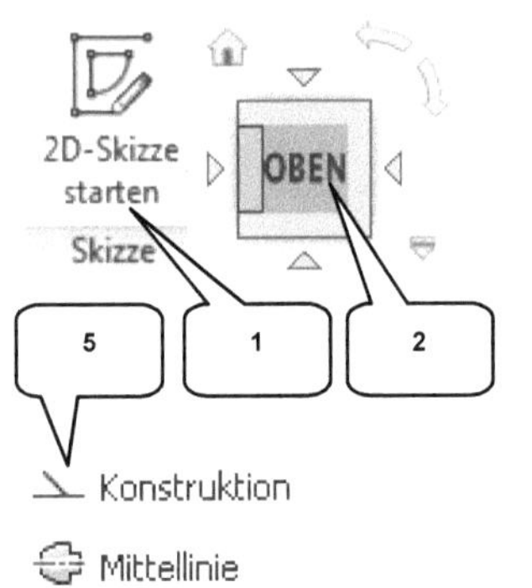

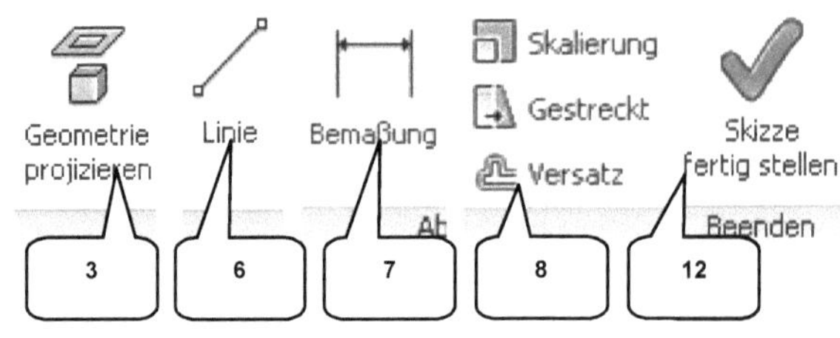

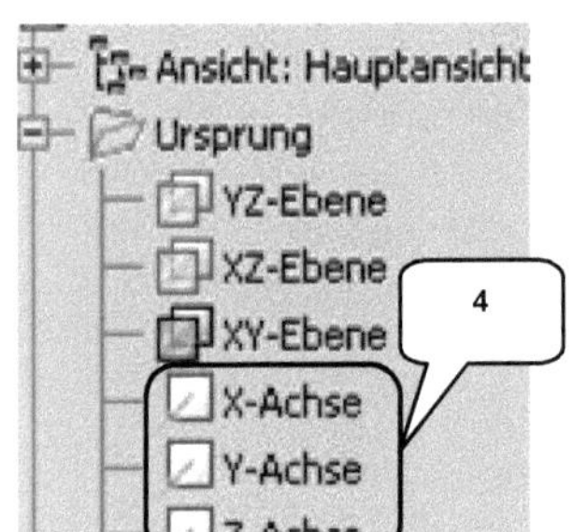

> Neuerstellte Arbeitsebene markieren (Modellbaum)

> **2D-Skizze starten** (1)
> **ViewCube-Ansicht: OBEN** (2)

> **Geometrie projizieren** (3)
> Ordner **Ursprung** (Modellbaum) aufklappen
> X-, Y-, Z-Achse nacheinander wählen (4)
> **Taste: ESC**
> Die projizierten Achsen markieren

> **Konstruktion** (5)
> **Taste: ESC**

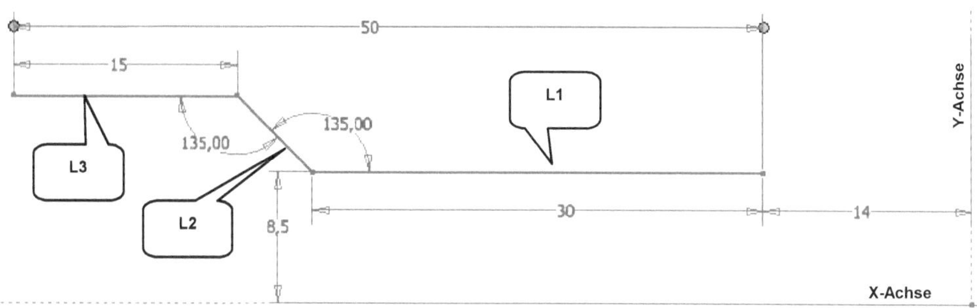

> - **Linie** (6)
> - 3 Linien zeichnen (L1, L2, L3) wie dargestellt (L1, L3 waagerecht)
> - **Taste: ESC**

> - **Bemaßung** (7)
> - Längen, Winkel der Linien und Abstände zu den Achsen bemaßen wie dargestellt
> - **Taste: ESC**

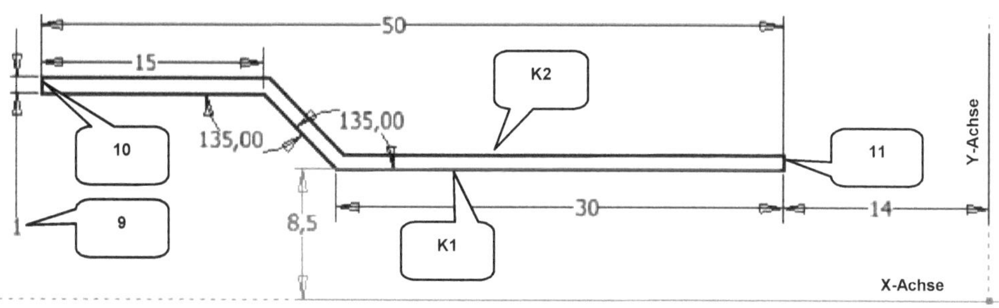

> - **Versatz** (8)
> - Linienkontur (K1) wählen
> - Kopie (K2) oberhalb ablegen
> - **Taste: ESC**
>
> - **Bemaßung** (7)
> - Linienkontur (K1) wählen
> - Linienkontur (K2) wählen
> - Maß ablegen (9)
> - Wert: [1] mm

> - **Taste: ESC**
>
> - **Linie** (6)
> - (K1) und (K2) in den Bereichen (10) und (11) miteinander verbinden (geschlossene Kontur erzeugen)
> - **Taste: ESC**
>
> - **Skizze fertig stellen** (12)

HINWEIS: Zur besseren Darstellung der Skizze, wurde der bereits vorhandene Volumenkörper in der oberen Abbildung ausgeblendet.

7.27 Extrudieren des Schutzblechs

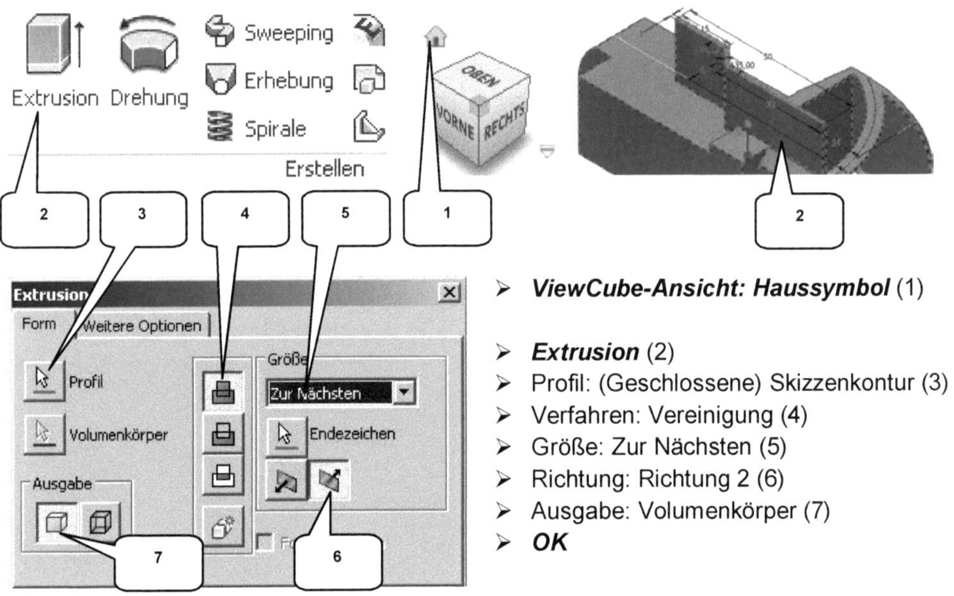

> **ViewCube-Ansicht: Haussymbol** (1)

> **Extrusion** (2)
> Profil: (Geschlossene) Skizzenkontur (3)
> Verfahren: Vereinigung (4)
> Größe: Zur Nächsten (5)
> Richtung: Richtung 2 (6)
> Ausgabe: Volumenkörper (7)
> **OK**

7.28 Schutzblech abrunden

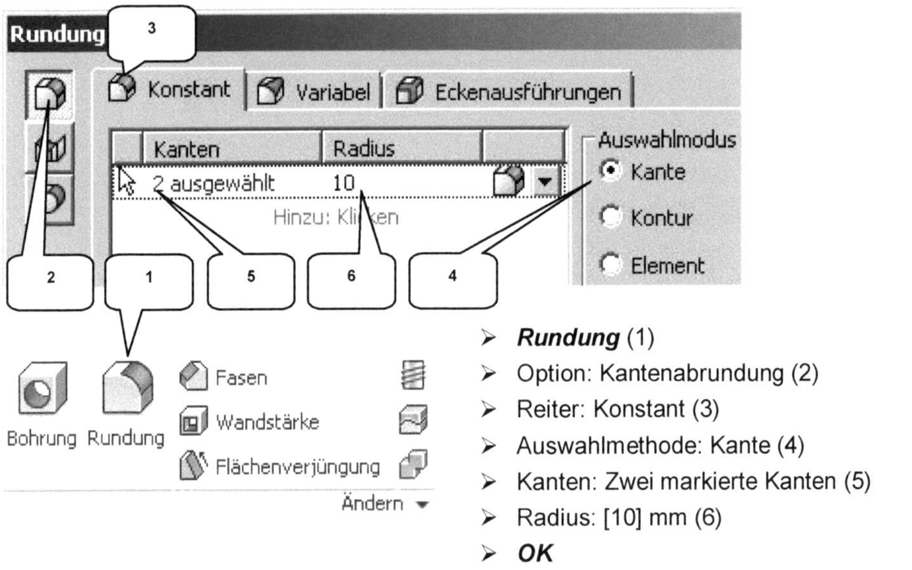

> **Rundung** (1)
> Option: Kantenabrundung (2)
> Reiter: Konstant (3)
> Auswahlmethode: Kante (4)
> Kanten: Zwei markierte Kanten (5)
> Radius: [10] mm (6)
> **OK**

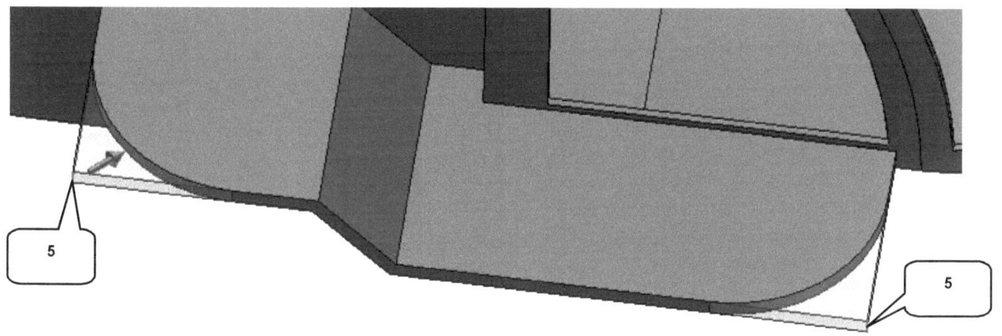

HINWEIS: Da beide Kanten nur jeweils 1 mm lang sind, sollte bei deren Auswahl ausreichend nah herangezoomt werden.

7.29 2D-Skizze für den Lüftungsbereich (Maschinenraum) zeichnen

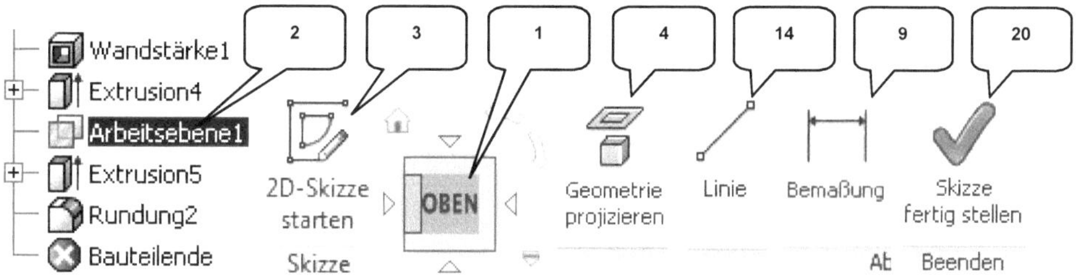

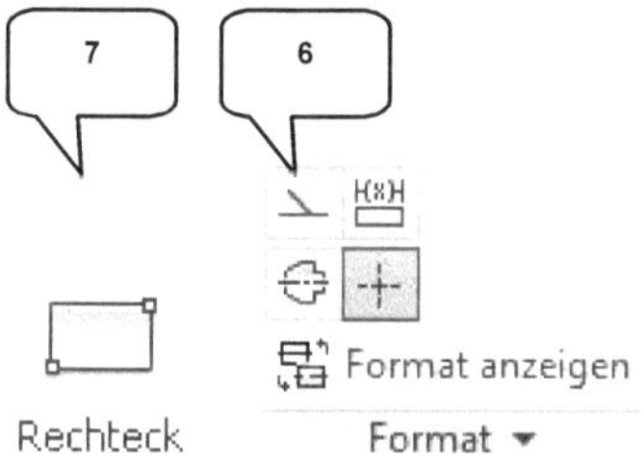

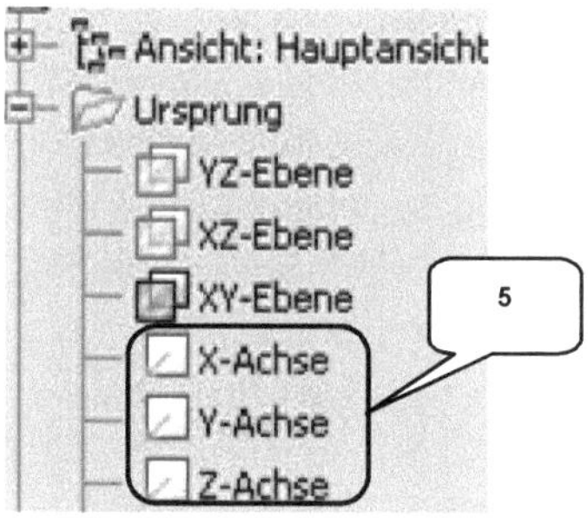

- ➤ **ViewCube-Ansicht: OBEN** (1)
- ➤ „Arbeitsebene1" im Modellbaum markieren (2)

- ➤ **2D-Skizze starten** (3)
- ➤ **Geometrie projizieren** (4)
- ➤ X-, Y-, Z-Achse nacheinander wählen (5)
- ➤ **Taste: ESC**
- ➤ Die projizierten Achsen markieren

- ➤ **Konstruktion** (6)
- ➤ **Taste: ESC**

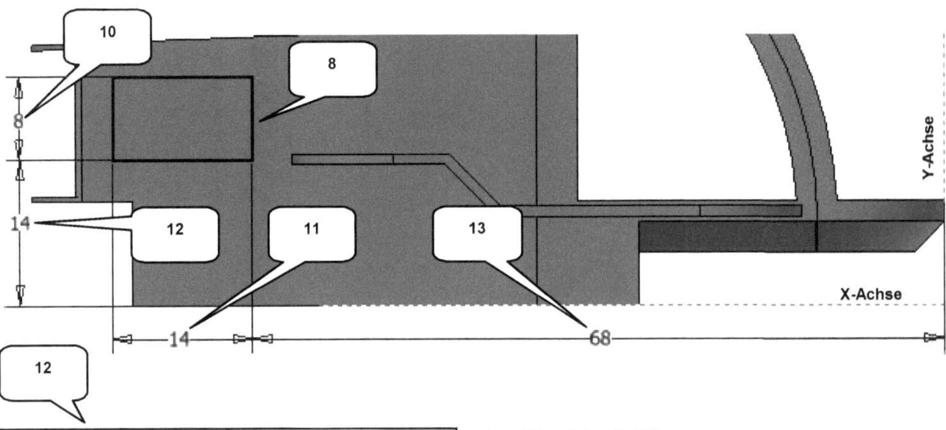

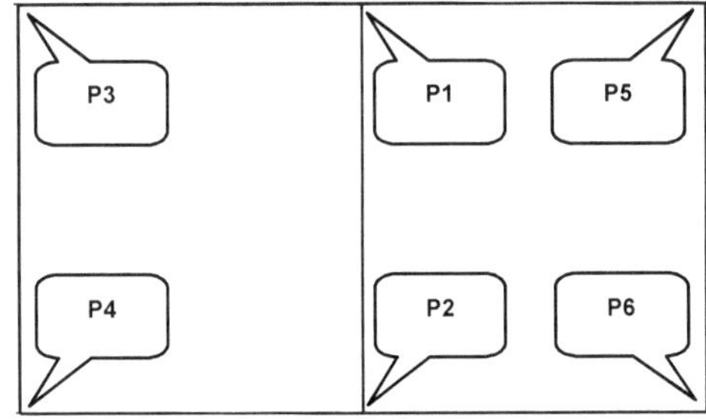

- **Rechteck** (7)
- Rechteck im Heckbereich des Fahrzeugs zeichnen wie dargestellt (8)

- **Bemaßung** (9)
- Rechteck bemaßen (8 x 14 mm) (10, 11)
- Abstand zur X-Achse: [14] mm (12)
- Abstand zur Y-Achse: [68] mm (13)
- **Taste: ESC**

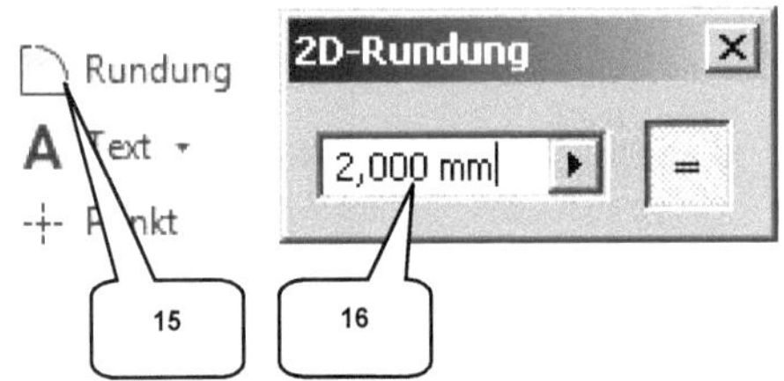

- **Linie** (14)
- Startpunkt: Linienmittelpunkt der oberen Waagerechten des Rechtecks (P1)
- Endpunkt: Linienmittelpunkt der unteren Waagerechten des Rechtecks (P2)
- **Taste: ESC**

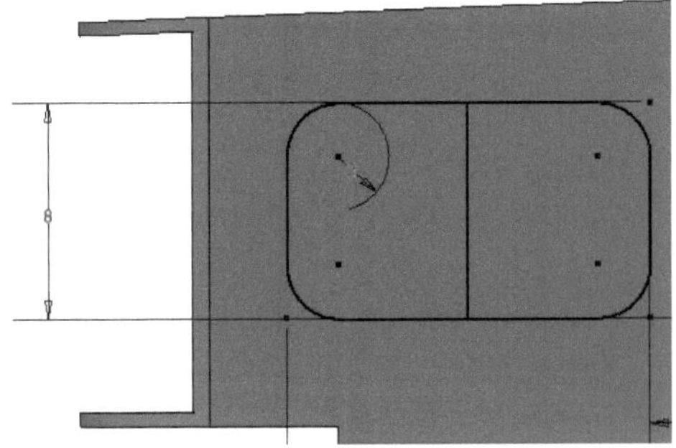

- **Rundung** (15)
- Radius: [2] mm (16)
- 1. Eckpunkt des Rechtecks wählen (P3)
- 2. Eckpunkt des Rechtecks wählen (P4)
- 3. Eckpunkt des Rechtecks wählen (P5)
- 4. Eckpunkt des Rechtecks wählen (P6)
- **Taste: ESC**

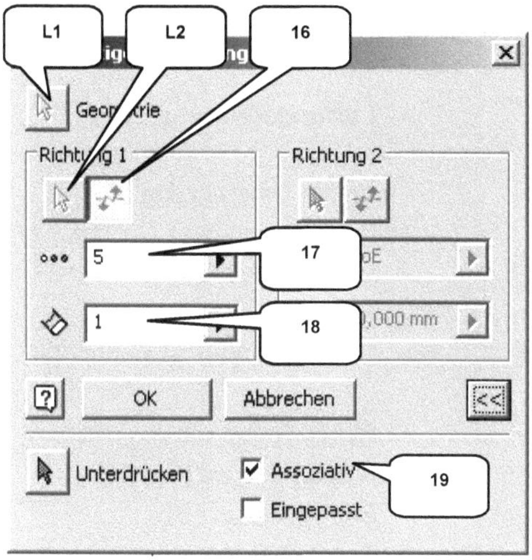

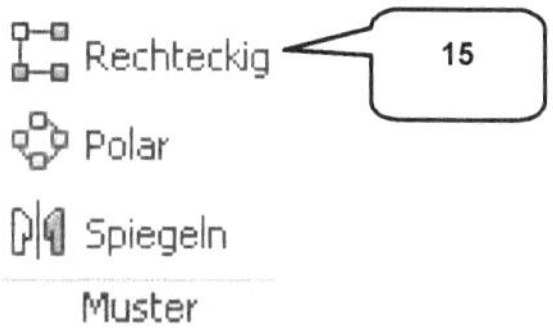

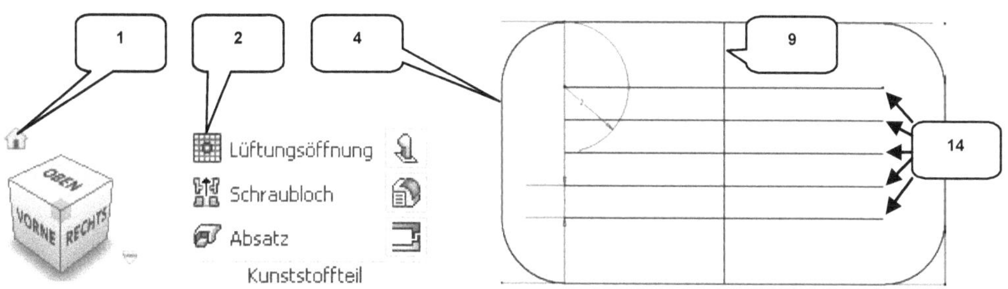

> *Linie* (14)
> Startpunkt: Mittelpunkt der Eckenrundung unten links (P7)
> Endpunkt: Mittelpunkt der Eckenrundung unten rechts (P8)
> *Taste: ESC*

> *Rechteckige Anordnung* (15)
> Geometrie: Neu gezeichnete Linie (L1)
> Richtung 1: Senkrechte Linie (L2)
> Option: Richtung umschalten (16)
> Anzahl: [5] (17)
> Intervall: [1] mm (18)
> Aktivieren: Assoziativ (19)
> *OK*

> *Skizze fertig stellen* (20)

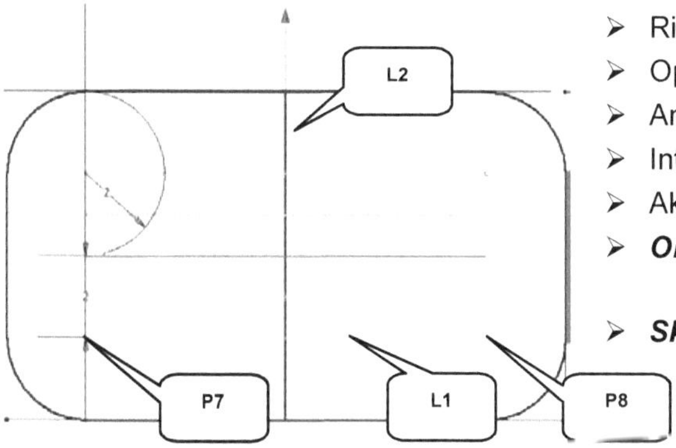

HINWEIS: Alle waagerechten Linien sollten sich, wie in der oberen Abb. dargestellt, innerhalb des Rechtecks befinden.

7.30 Erstellen der Lüftungsöffnung

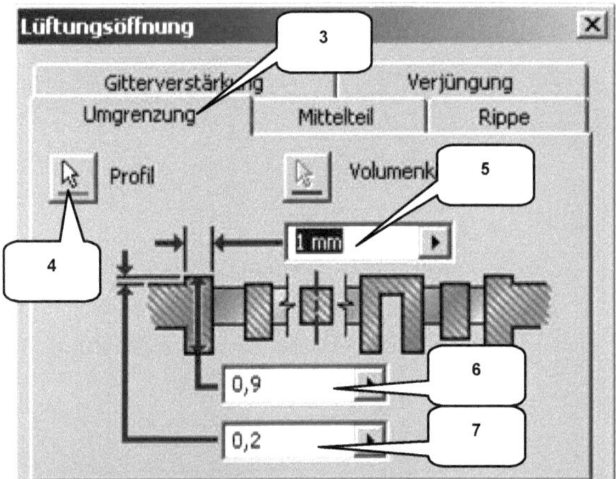

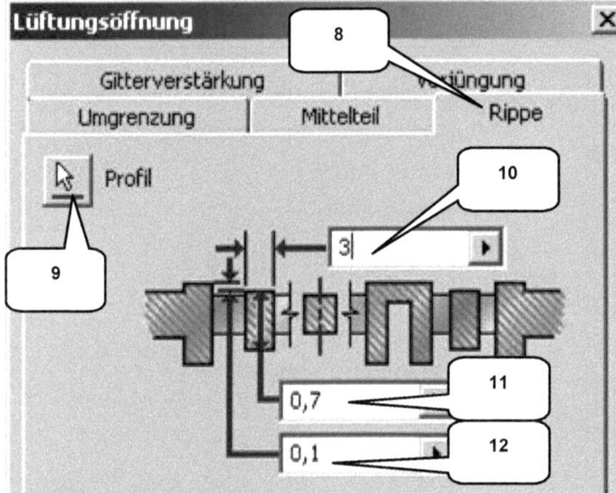

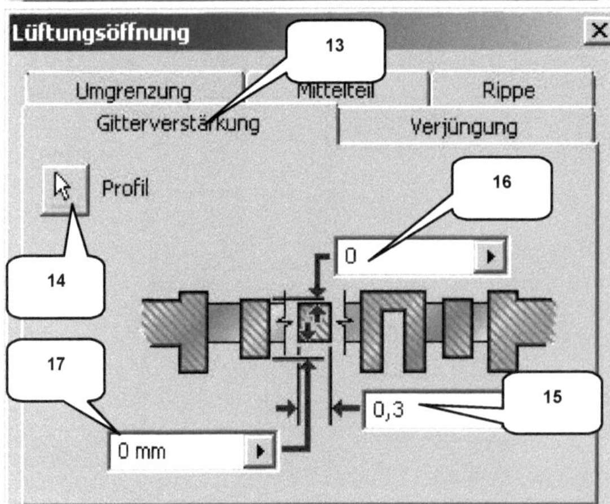

- ➢ **_ViewCube-Ansicht: Haus_** (1)

- ➢ **_Lüftungsöffnung_** (2)

- ➢ <u>Reiter: Umgrenzung</u> (3)
- ➢ Profil: Gerundetes Rechteck (4)
- ➢ Breite: [1] mm (5)
- ➢ Tiefe: [0,9] mm (6)
- ➢ Differenz Oben: [0,2] mm (7)

- ➢ <u>Reiter: Rippe</u> (8)
- ➢ Profil: Vertikale Linie (9)
- ➢ Breite: [3] mm (10)
- ➢ Tiefe: [0,7] mm (11)
- ➢ Differenz Oben: [0,1] mm (12)

- ➢ <u>Reiter: Gitterverstärkung</u> (13)
- ➢ Profil: 5 horizontale Linien (14)
- ➢ Breite: [0,3] mm (15)
- ➢ Differenz Oben: [0] mm (16)
- ➢ Differenz Unten: [0] mm (17)

- ➢ **_OK_**

7.31 Eine um eine Kante geneigte Ebene erzeugen

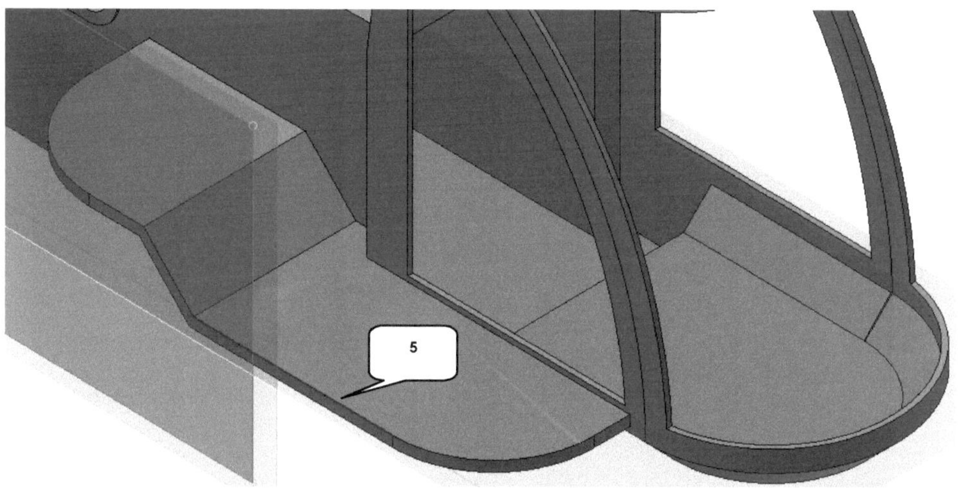

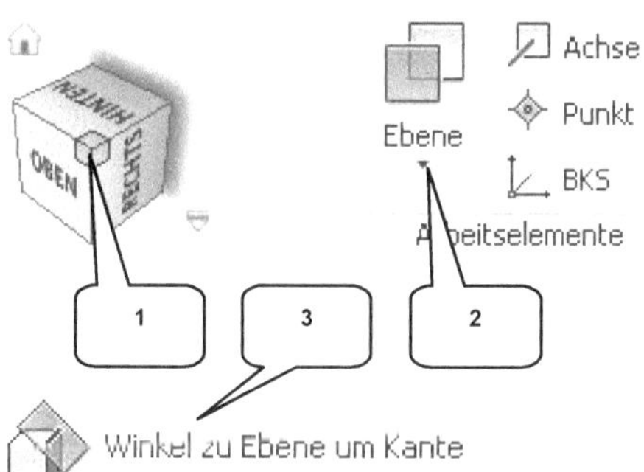

> ***ViewCube-Ansicht: Ecke*** zwischen den Seiten ***OBEN-HINTEN-RECHTS*** (1)

> Befehlsgruppe ***Ebene*** aufklappen (2)

> ***Winkel zu Ebene um Kante*** (3)
> „Arbeitsebene 1" wählen (4)
> Markierte Kante wählen (5)
> Winkel: [-5] Grad (6)
> ***OK*** (7)

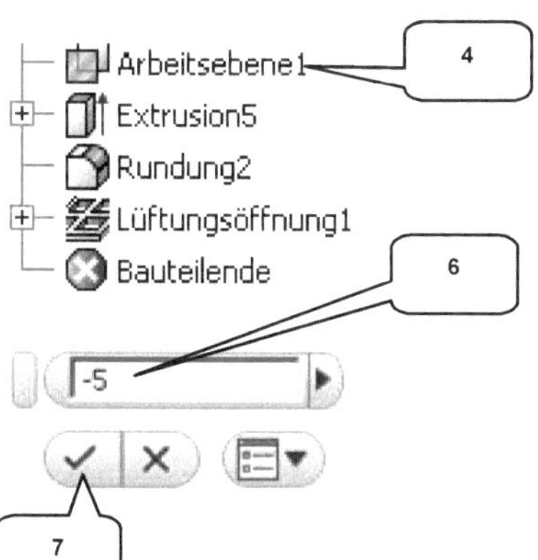

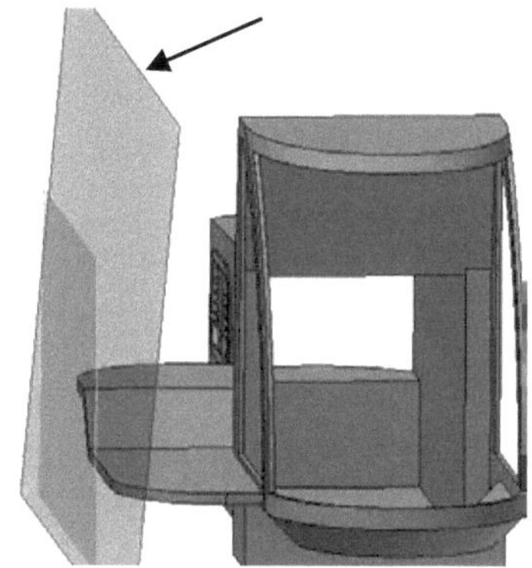

7.32 2D-Skizze auf der neuen Ebene erzeugen

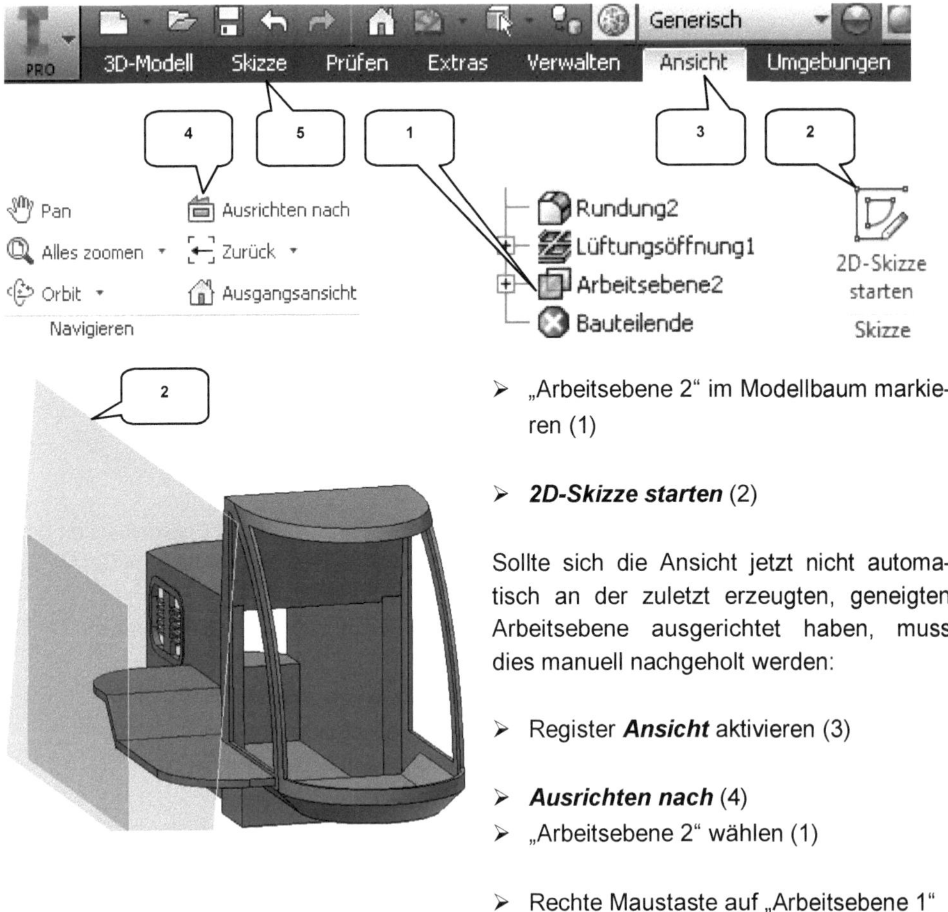

> „Arbeitsebene 2" im Modellbaum markieren (1)

> **2D-Skizze starten** (2)

Sollte sich die Ansicht jetzt nicht automatisch an der zuletzt erzeugten, geneigten Arbeitsebene ausgerichtet haben, muss dies manuell nachgeholt werden:

> Register **Ansicht** aktivieren (3)

> **Ausrichten nach** (4)
> „Arbeitsebene 2" wählen (1)

> Rechte Maustaste auf „Arbeitsebene 1" (Modellbaum)
> Option „Sichtbarkeit" deaktivieren
> Rechte Maustaste auf „Arbeitsebene 2" (Modellbaum)
> Option „Sichtbarkeit" deaktivieren

> Register **Skizze** reaktivieren (5)

7.33 Oberen Bereich der Aufstiegsleiter zeichnen

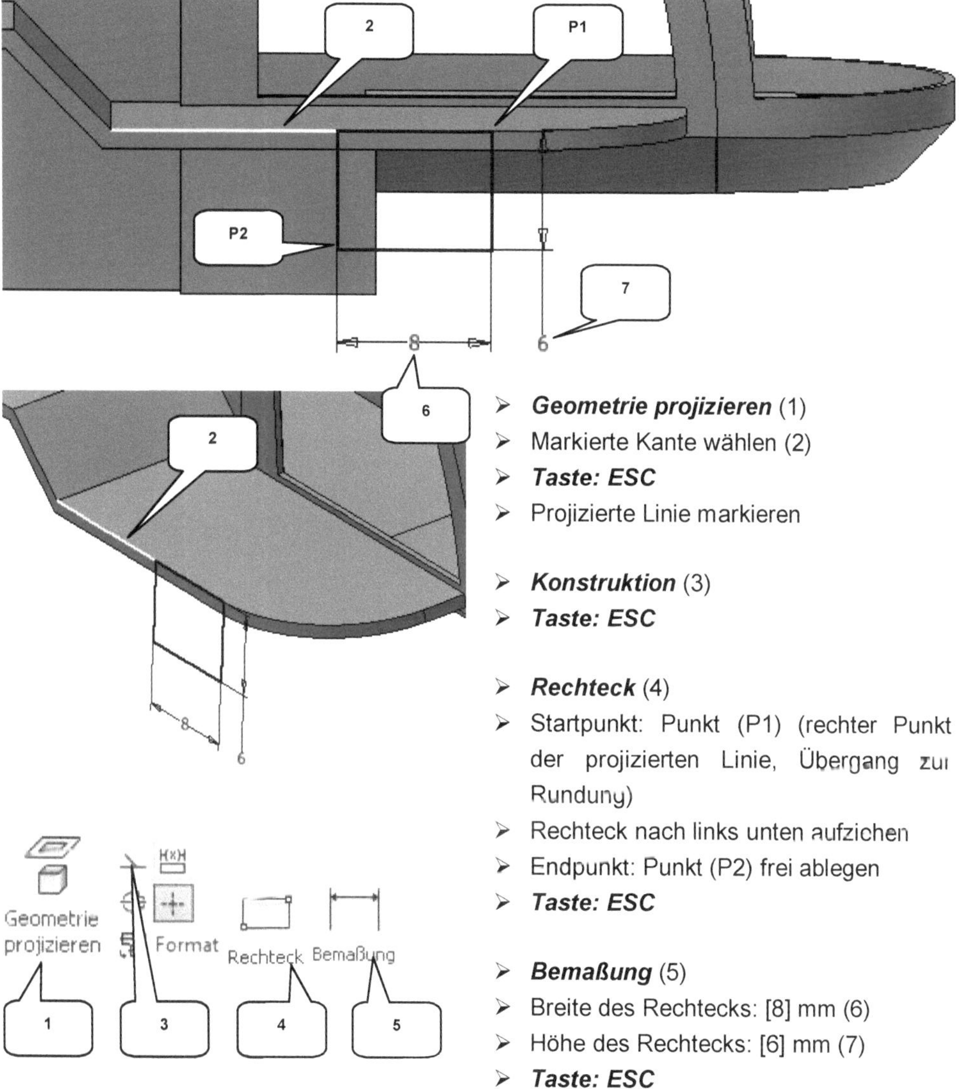

> ***Geometrie projizieren*** (1)
> Markierte Kante wählen (2)
> ***Taste: ESC***
> Projizierte Linie markieren

> ***Konstruktion*** (3)
> ***Taste: ESC***

> ***Rechteck*** (4)
> Startpunkt: Punkt (P1) (rechter Punkt der projizierten Linie, Übergang zur Rundung)
> Rechteck nach links unten aufzichen
> Endpunkt: Punkt (P2) frei ablegen
> ***Taste: ESC***

> ***Bemaßung*** (5)
> Breite des Rechtecks: [8] mm (6)
> Höhe des Rechtecks: [6] mm (7)
> ***Taste: ESC***

<u>HINWEIS:</u> Die zu projizierende Kante am Schutzblech (2) gehört zur Oberseite dieses Schutzbleches. Der Punkt (P1) stellt den Übergang zwischen linearer Kante und Rundung dar.

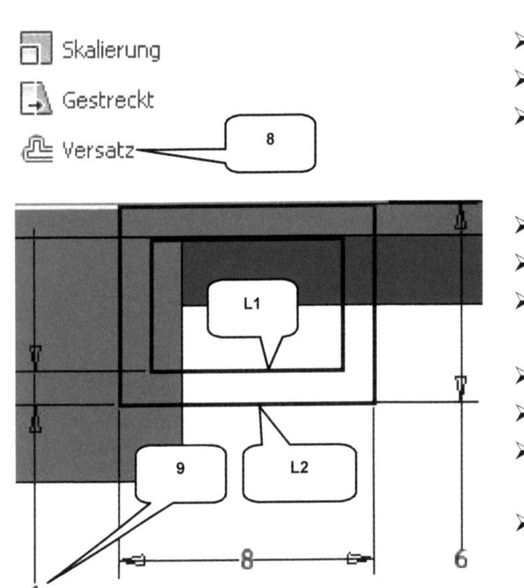

> *Versatz* (8)
> Untere Linie des Rechtecks wählen (L2)
> Kopie des Rechtecks innerhalb des Originals frei ablegen

> *Bemaßung* (5)
> Markierte Linie der Kopie wählen (L1)
> Markierte Linie des Originals wählen (L2)
> Maß ablegen (9)
> Wert: [1] mm
> *Taste: ESC*

> *Skizze fertig stellen*

7.34 Extrudieren des oberen Leiterbereiches

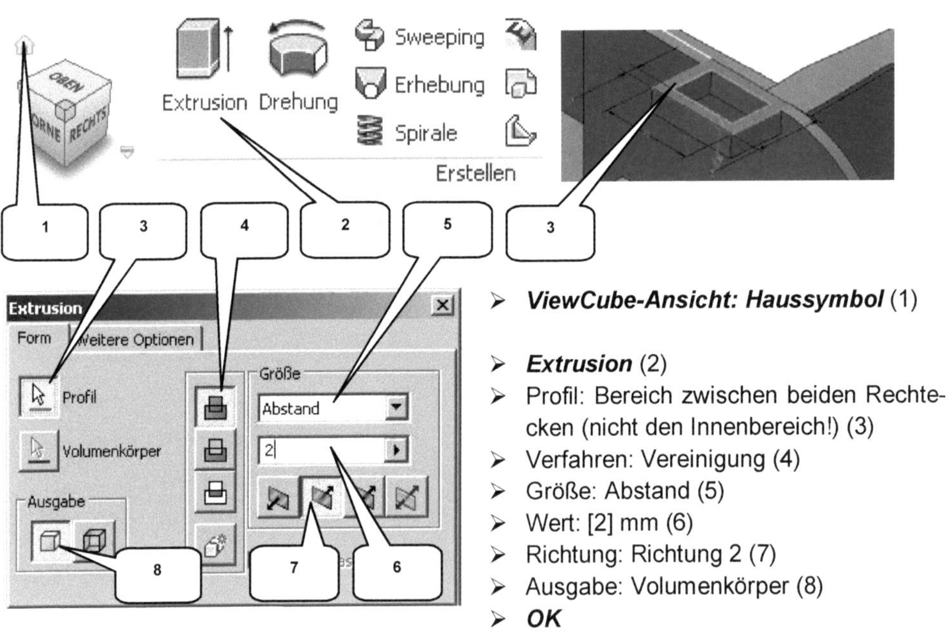

> *ViewCube-Ansicht: Haussymbol* (1)

> *Extrusion* (2)
> Profil: Bereich zwischen beiden Rechtecken (nicht den Innenbereich!) (3)
> Verfahren: Vereinigung (4)
> Größe: Abstand (5)
> Wert: [2] mm (6)
> Richtung: Richtung 2 (7)
> Ausgabe: Volumenkörper (8)
> *OK*

7.35 Oberen Leiterbereich mittels rechteckiger Anordnung kopieren

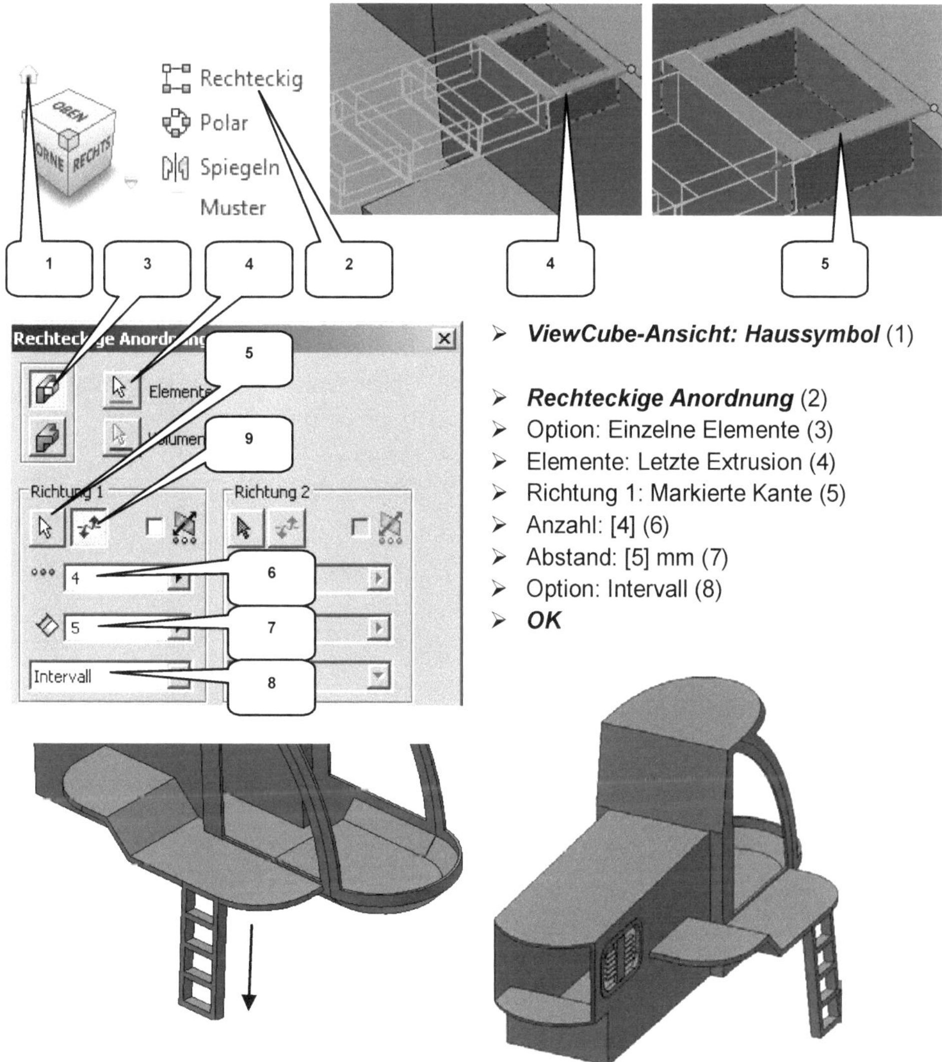

> ***ViewCube-Ansicht: Haussymbol*** (1)

> ***Rechteckige Anordnung*** (2)
> Option: Einzelne Elemente (3)
> Elemente: Letzte Extrusion (4)
> Richtung 1: Markierte Kante (5)
> Anzahl: [4] (6)
> Abstand: [5] mm (7)
> Option: Intervall (8)
> ***OK***

HINWEIS: Die rechteckige Anordnung sollte, wie in der unteren Abb. dargestellt, nach unten zeigen. Sollte dies nicht der Fall sein, muss mit der Option ***Umschalten*** (9) korrigiert werden.

7.36 Trennen des Volumenkörpers

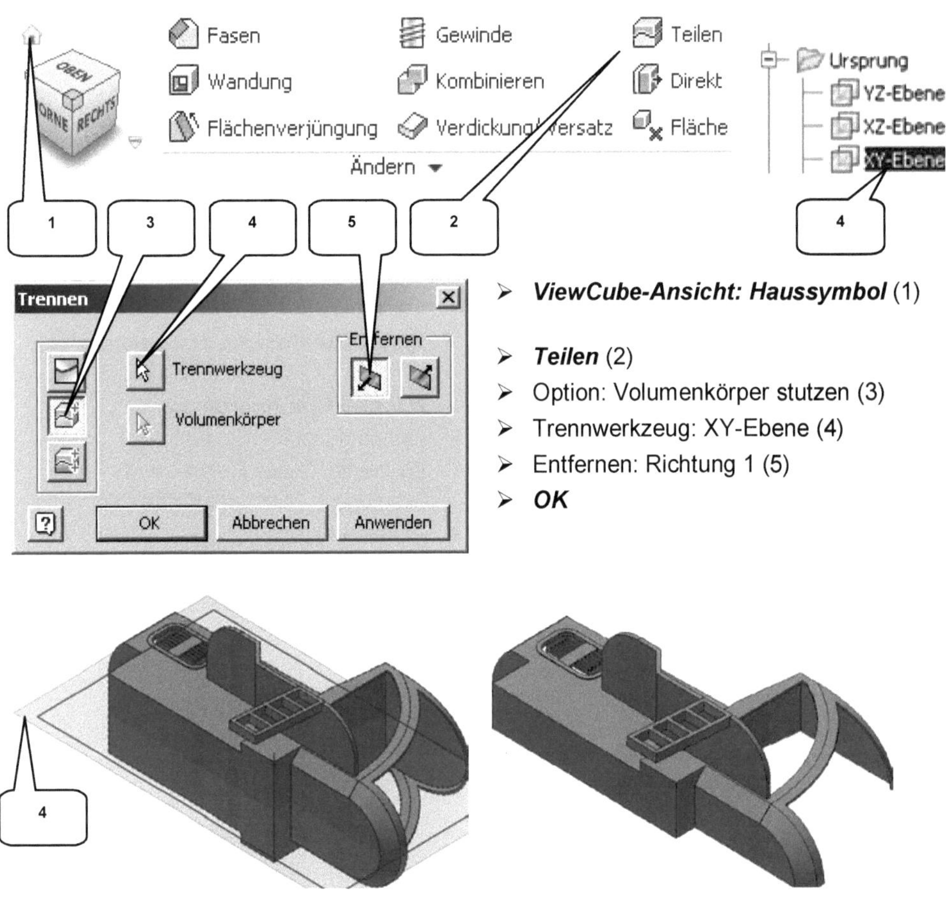

> **ViewCube-Ansicht: Haussymbol** (1)

> **Teilen** (2)
> Option: Volumenkörper stutzen (3)
> Trennwerkzeug: XY-Ebene (4)
> Entfernen: Richtung 1 (5)
> **OK**

HINWEIS: Für diese Übung wurde die Option **Volumenkörper stutzen** verwendet, da der hintere Teil des Volumenkörpers entfernt werden soll. Um einen Volumenkörper zu trennen, jedoch beide Hälften zu behalten, kann die Option **Volumenkörper teilen** genutzt werden.

7.37 Spiegeln des Volumenkörpers

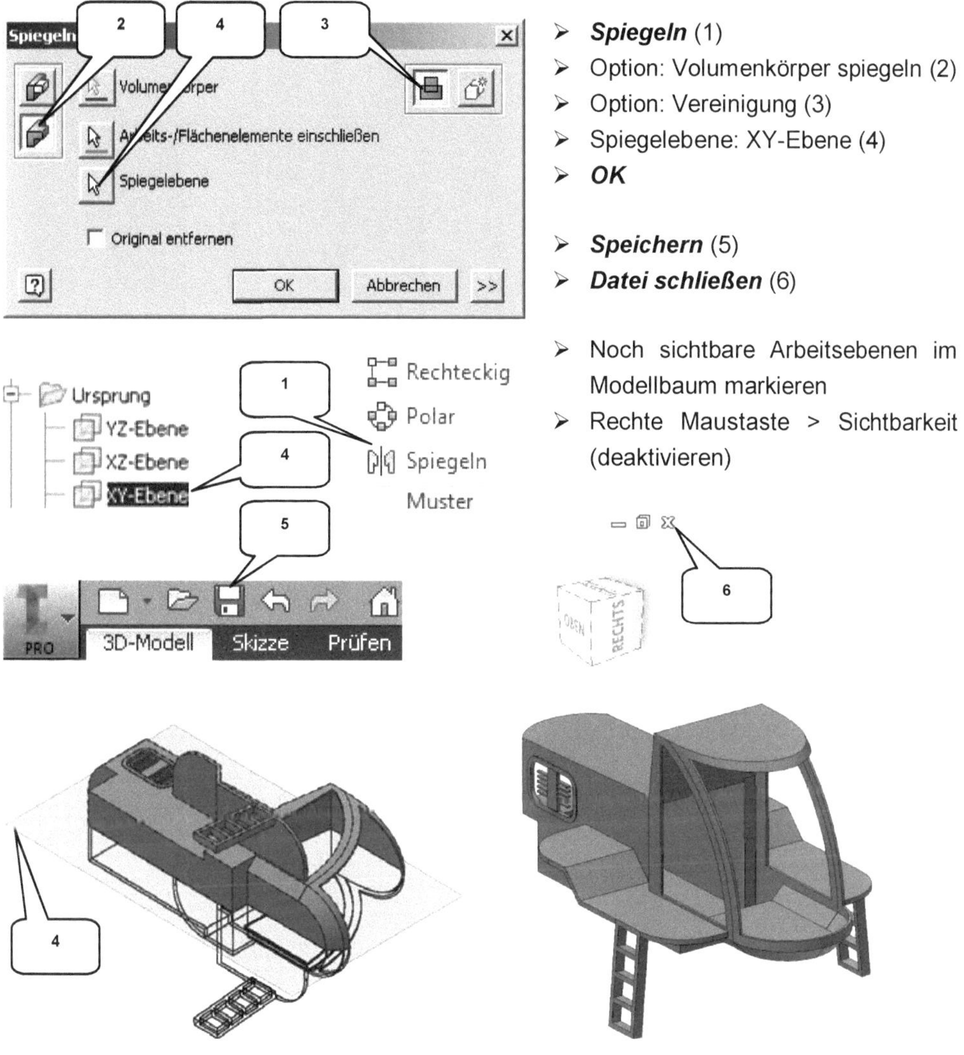

- **Spiegeln** (1)
- Option: Volumenkörper spiegeln (2)
- Option: Vereinigung (3)
- Spiegelebene: XY-Ebene (4)
- **OK**

- **Speichern** (5)
- **Datei schließen** (6)

- Noch sichtbare Arbeitsebenen im Modellbaum markieren
- Rechte Maustaste > Sichtbarkeit (deaktivieren)

HINWEIS: Der Volumenkörper wurde zuerst getrennt und anschließend wieder gespiegelt, um alle Modellierungen der einen Seite (Leiter, Schutzblech, Lüftungsöffnung) auch auf die andere Seite zu kopieren. Durch ein reines Spiegeln der einzelnen Elemente, könnten vereinzelt Probleme auftreten, daher das zusätzliche Trennen vorab.

8 Bauteil: Unterwagen

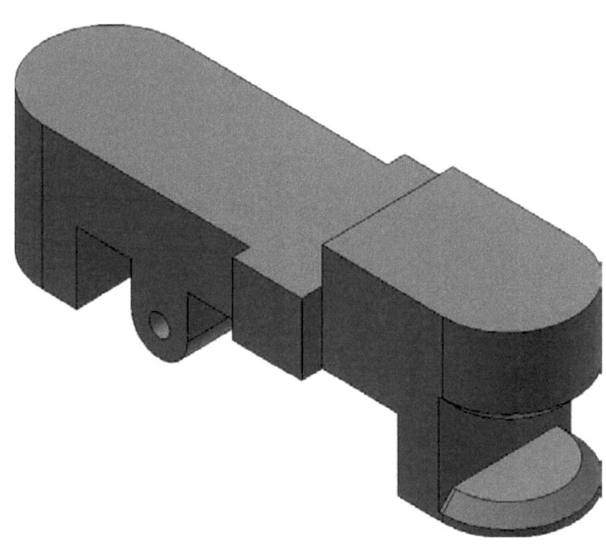

8.1 Bauteil „02-Unterwagen" erstellen

> ➢ ***Neu*** (1)
> ➢ Templates (2)
> ➢ Bauteil: Norm.ipt (3)
> ➢ ***Erstellen*** (4)

> ➢ ***Speichern*** (5)
> ➢ Dateiname: [02-Unterwagen] (6)
> ➢ ***Speichern*** (7)

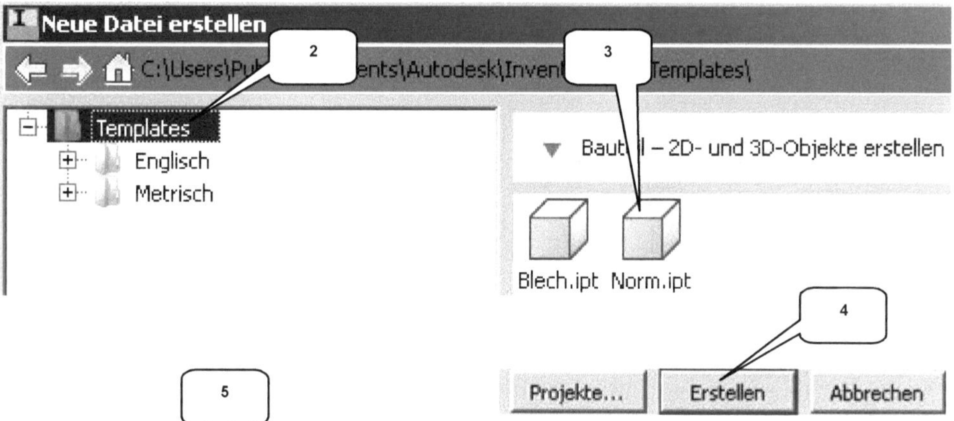

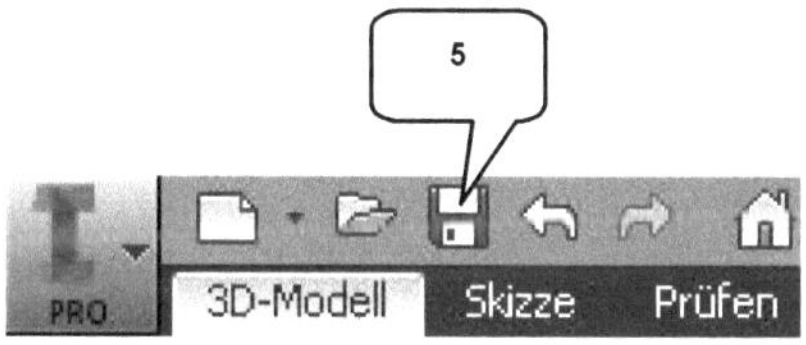

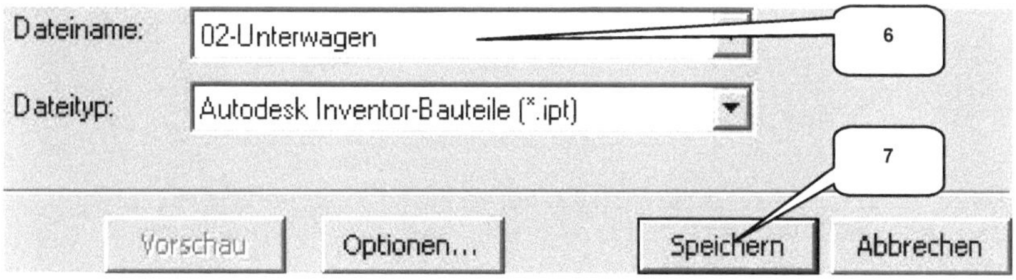

8.2 2D-Skizze auf XY-Ebene öffnen

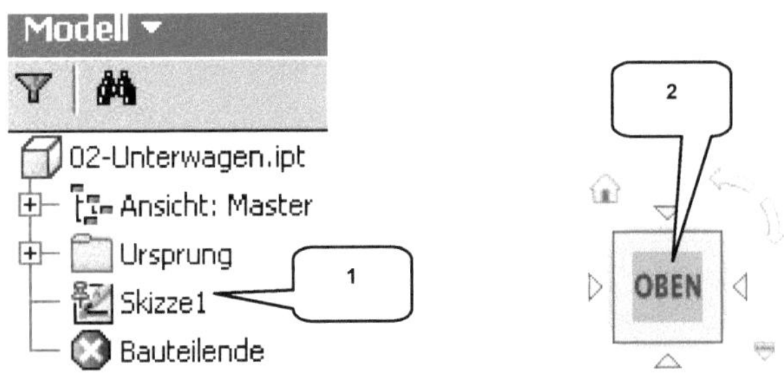

> „Skizze1" im Modellbaum doppelklicken (1)

> **ViewCube-Ansicht: OBEN** (2)

8.3 Achsen projizieren und als Konstruktionsobjekte definieren

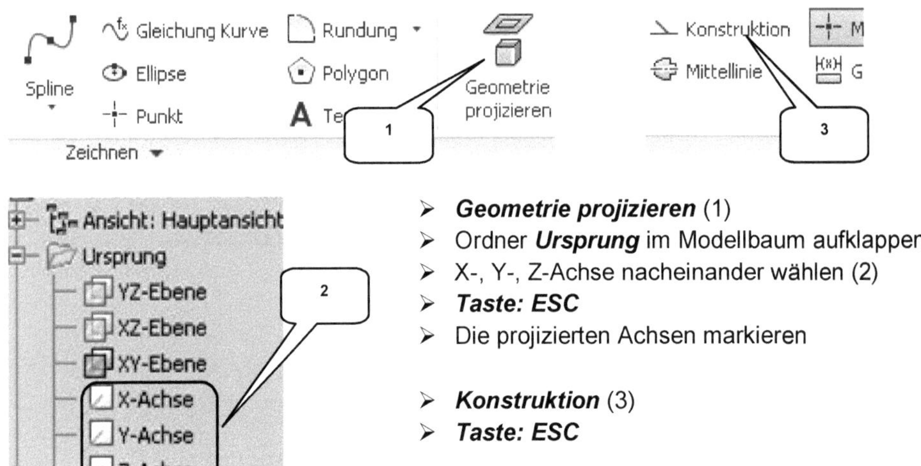

> **Geometrie projizieren** (1)
> Ordner **Ursprung** im Modellbaum aufklappen
> X-, Y-, Z-Achse nacheinander wählen (2)
> **Taste: ESC**
> Die projizierten Achsen markieren

> **Konstruktion** (3)
> **Taste: ESC**

8.4 Zeichnen der Basiskontur

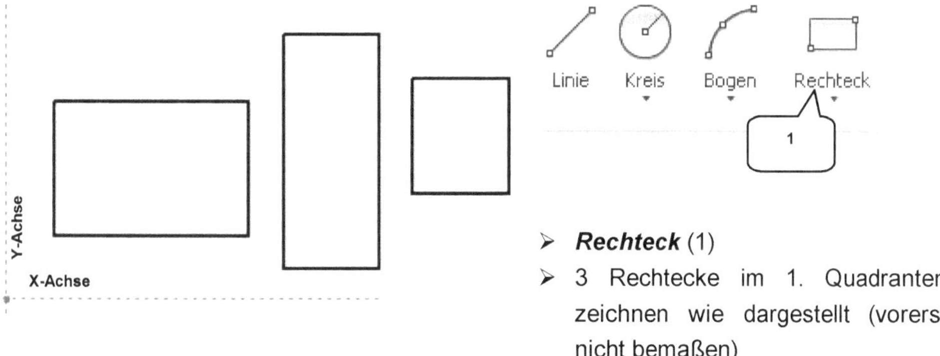

> ***Rechteck*** (1)
> 3 Rechtecke im 1. Quadranten zeichnen wie dargestellt (vorerst nicht bemaßen)
> ***Taste: ESC***

8.5 Setzen der Abhängigkeiten

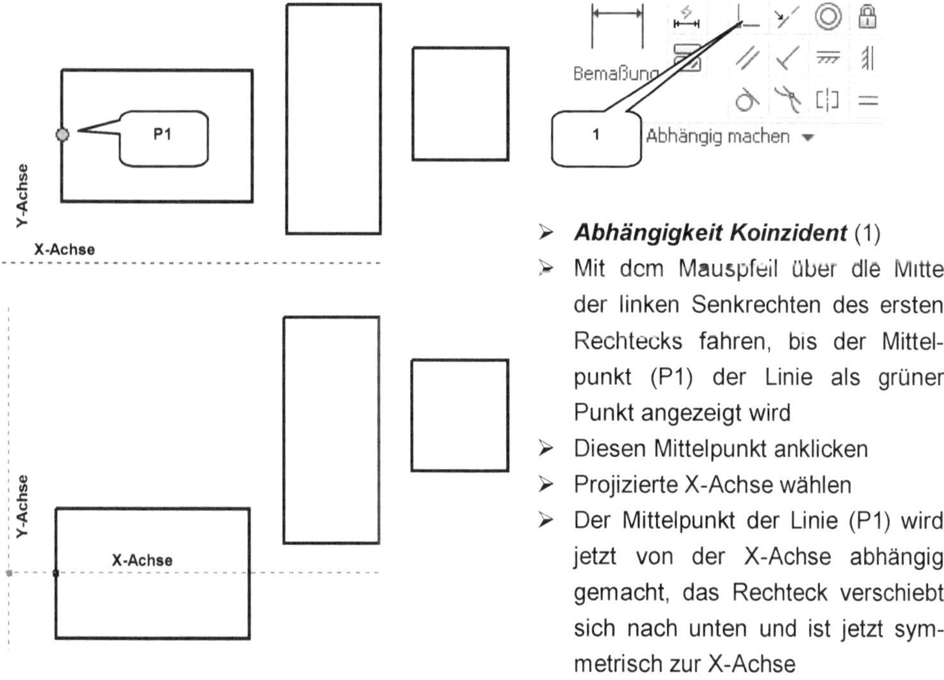

> ***Abhängigkeit Koinzident*** (1)
> Mit dem Mauspfeil über die Mitte der linken Senkrechten des ersten Rechtecks fahren, bis der Mittelpunkt (P1) der Linie als grüner Punkt angezeigt wird
> Diesen Mittelpunkt anklicken
> Projizierte X-Achse wählen
> Der Mittelpunkt der Linie (P1) wird jetzt von der X-Achse abhängig gemacht, das Rechteck verschiebt sich nach unten und ist jetzt symmetrisch zur X-Achse

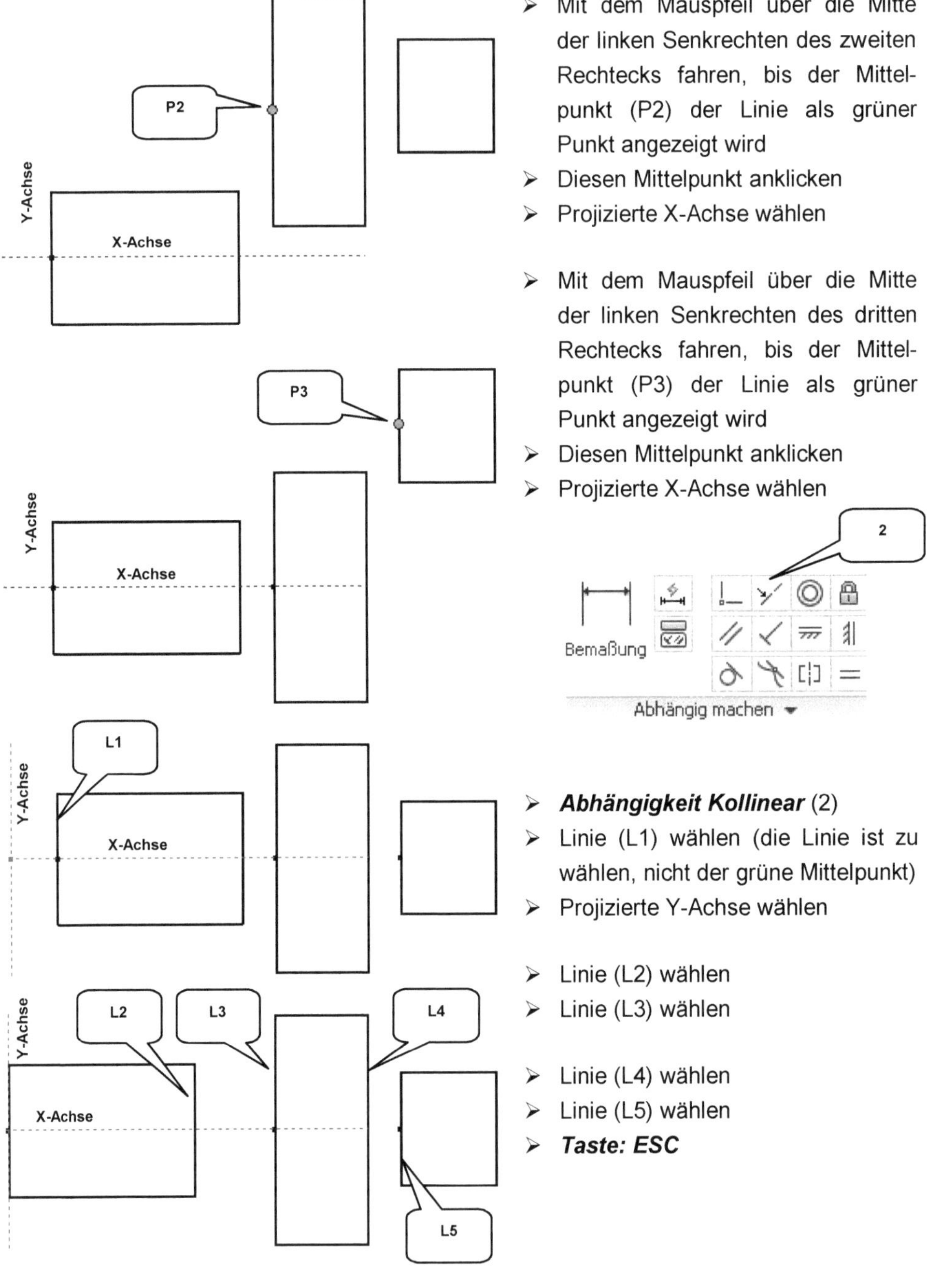

➢ Mit dem Mauspfeil über die Mitte der linken Senkrechten des zweiten Rechtecks fahren, bis der Mittelpunkt (P2) der Linie als grüner Punkt angezeigt wird

➢ Diesen Mittelpunkt anklicken

➢ Projizierte X-Achse wählen

➢ Mit dem Mauspfeil über die Mitte der linken Senkrechten des dritten Rechtecks fahren, bis der Mittelpunkt (P3) der Linie als grüner Punkt angezeigt wird

➢ Diesen Mittelpunkt anklicken

➢ Projizierte X-Achse wählen

➢ **_Abhängigkeit Kollinear_** (2)

➢ Linie (L1) wählen (die Linie ist zu wählen, nicht der grüne Mittelpunkt)

➢ Projizierte Y-Achse wählen

➢ Linie (L2) wählen

➢ Linie (L3) wählen

➢ Linie (L4) wählen

➢ Linie (L5) wählen

➢ **_Taste: ESC_**

8.6 Bemaßen der Linienabstände

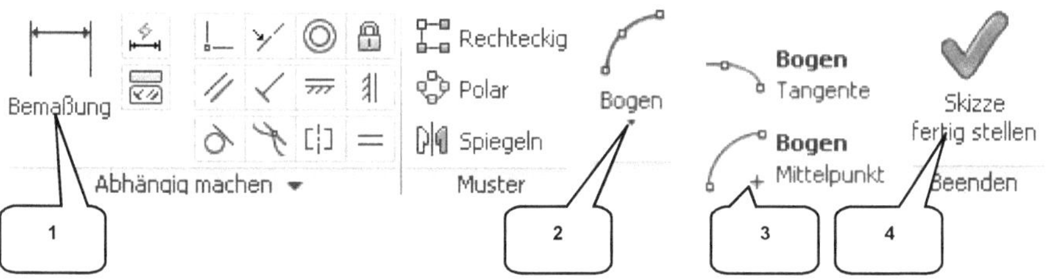

> ***Bemaßung*** (1)

> 1. Schritt:
> Linie (L1) wählen
> Linie (L4) wählen
> Bemaßung ablegen
> Wert: [40] mm

> 2. Schritt:
> Linie (L2) wählen
> Linie (L3) wählen
> Bemaßung ablegen
> Wert: [20] mm

> 3. Schritt:
> Linie (L4) wählen
> Linie (L9) wählen
> Bemaßung ablegen
> Wert: [10] mm

> 4. Schritt:
> Linie (L5) wählen
> Linie (L6) wählen
> Wert: [25] mm

> 5. Schritt:
> Linie (L8) wählen
> Linie (L9) wählen
> Bemaßung ablegen
> Wert: [17,5] mm

> 6. Schritt:
> Linie (L7) wählen
> Linie (L10) wählen
> Bemaßung ablegen
> Wert: [19] mm

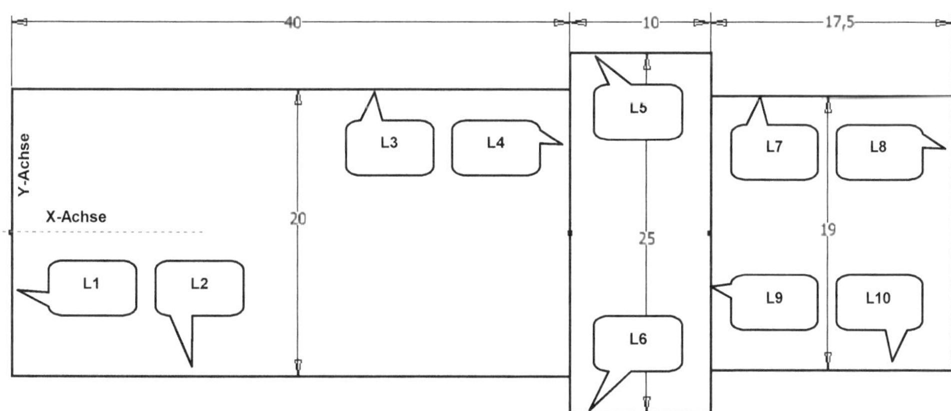

> ***Taste: ESC***

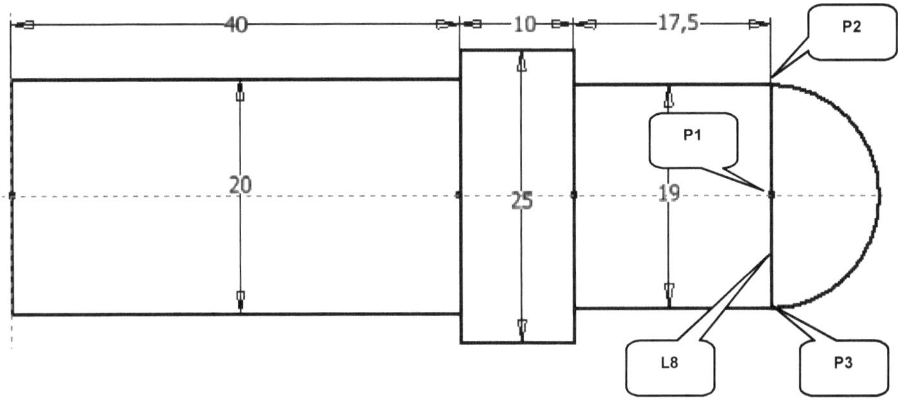

- ➤ Befehlsgruppe *Bogen* erweitern (2)

- ➤ *Bogen (Mittelpunkt)* (3)
- ➤ 1. Punkt: Mittelpunkt (P1) der Linie (L8) wählen
- ➤ 2. Punkt: Startpunkt (P2) der Linie (L8) wählen

- ➤ Kreisbogen mit der Maus im Uhrzeigersinn um den Mittelpunkt (P1) bis zum Punkt (P3) drehen
- ➤ 3. Punkt: Endpunkt (P3) der Linie (L8) wählen
- ➤ *Taste: ESC*

- ➤ *Skizze fertig stellen* (4)

HINWEIS: Beim Befehl *Bogen (Mittelpunkt)* kommt es darauf an, in welcher Drehrichtung der Mauspfeil um den Mittelpunkt (P1) herumgeführt wird. Nachdem der Startpunkt (P2) gesetzt wurde, kann die Maus entweder im Uhrzeigersinn um den Mittelpunkt (P1) gedreht werden oder umgekehrt. Das Programm zeigt eine Vorschau des aufgespannten Bogens, worauf geachtet werden sollte.

8.7 Extrudieren der Basiskontur

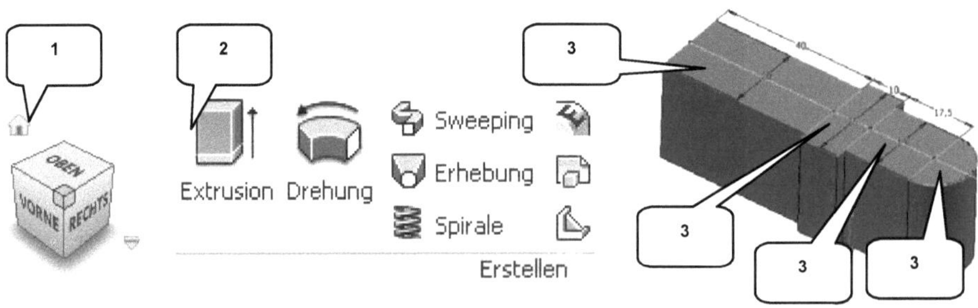

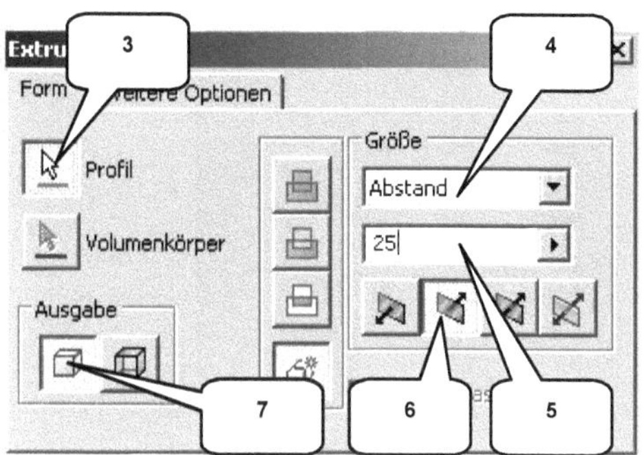

> ***ViewCube-Ansicht: Haussymbol*** (1)

> ***Extrusion*** (2)
> Profil: Alle vier Konturen wählen (3)
> Größe: Abstand (4)
> Wert: [25] mm (5)
> Richtung: Richtung 2 (6)
> Ausgabe: Volumenkörper (7)
> ***OK***

8.8 2D-Skizze auf XZ-Ebene erzeugen

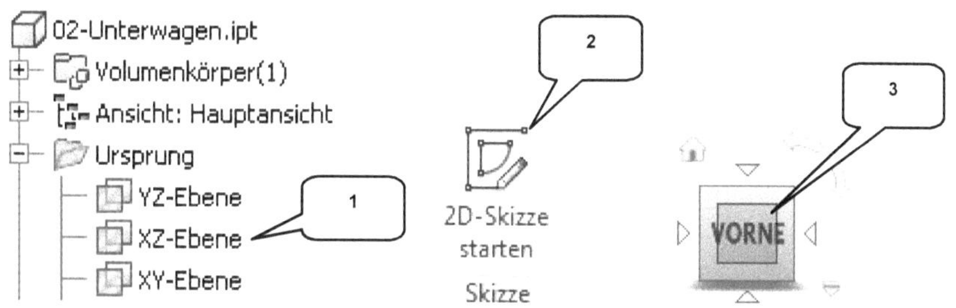

> Ordner ***Ursprung*** im Modellbaum erweitern
> „XZ-Ebene" im Modellbaum markieren (linke Maustaste) (1)

> ***2D-Skizze starten*** (2)
> ***ViewCube-Ansicht: VORNE*** (3)

8.9 Achsen projizieren und als Konstruktionsobjekte definieren

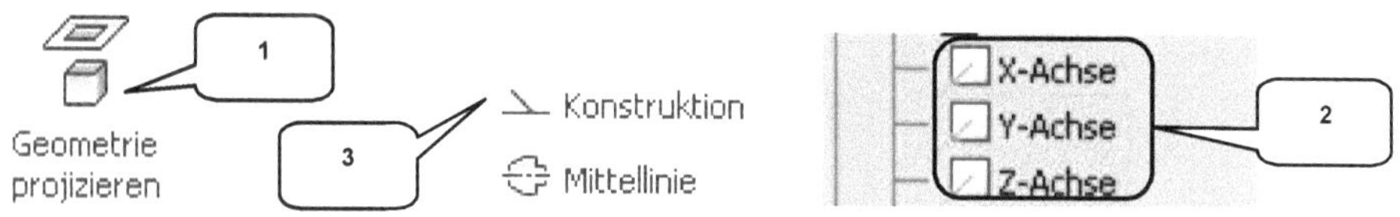

> ***Geometrie projizieren*** (1)
> X-, Y-, Z-Achse wählen (2)
> ***Taste: ESC***
> Die projizierten Achsen markieren

> ***Konstruktion*** (3)
> ***Taste: ESC***

> ***Taste: F7*** (Skizze freischneiden)

8.10 Zeichnen der Schnittmengenkontur

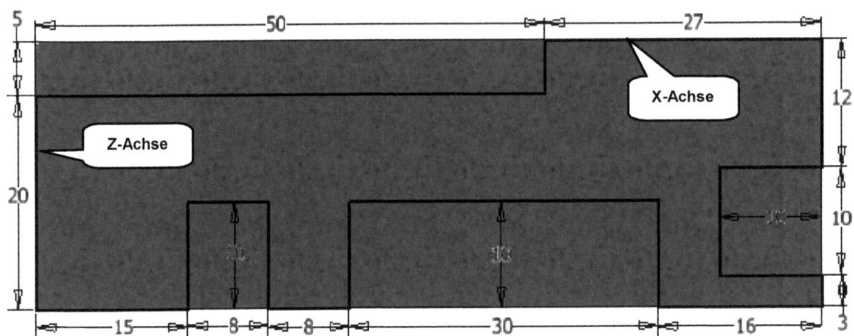

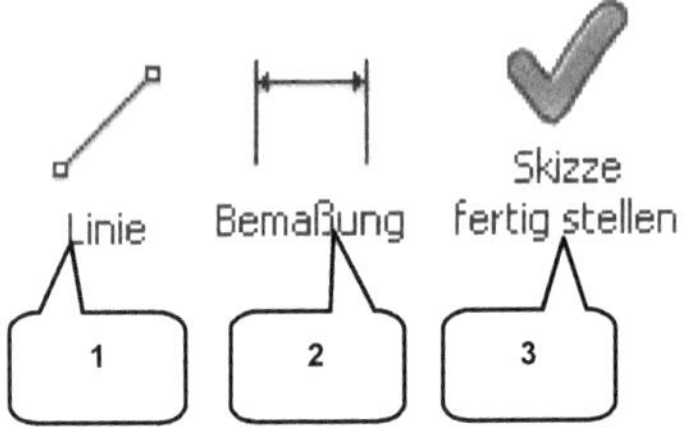

- ➤ **Linie** (1)
- ➤ Zeichnen der geschlossenen Kontur aus insgesamt 18 zusammenhängenden Linien
- ➤ **Taste: ESC**

- ➤ **Bemaßung** (2)
- ➤ Linienkontur bemaßen wie dargestellt
- ➤ **Taste: ESC**

- ➤ **Skizze fertig stellen** (3)

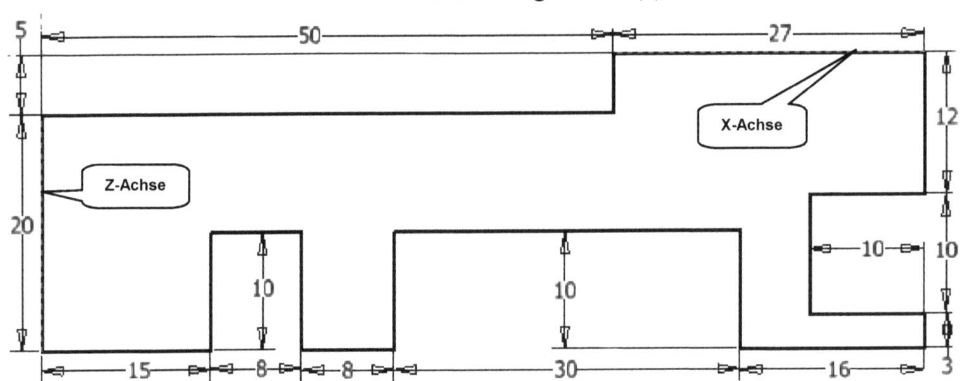

HINWEIS: Zur besseren Darstellung wurde der Volumenkörper in der unteren Abb. ausgeblendet. Die Kontur muss geschlossen sein.

8.11 Extrudieren der Schnittmengenkontur

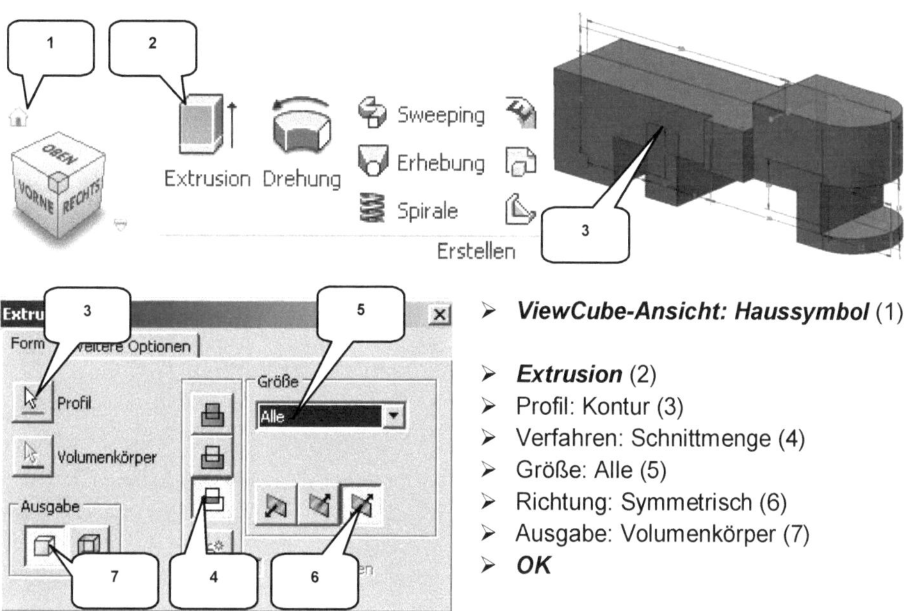

> ***ViewCube-Ansicht: Haussymbol*** (1)

> ***Extrusion*** (2)
> Profil: Kontur (3)
> Verfahren: Schnittmenge (4)
> Größe: Alle (5)
> Richtung: Symmetrisch (6)
> Ausgabe: Volumenkörper (7)
> ***OK***

8.12 Fasen des vorderen Bereiches

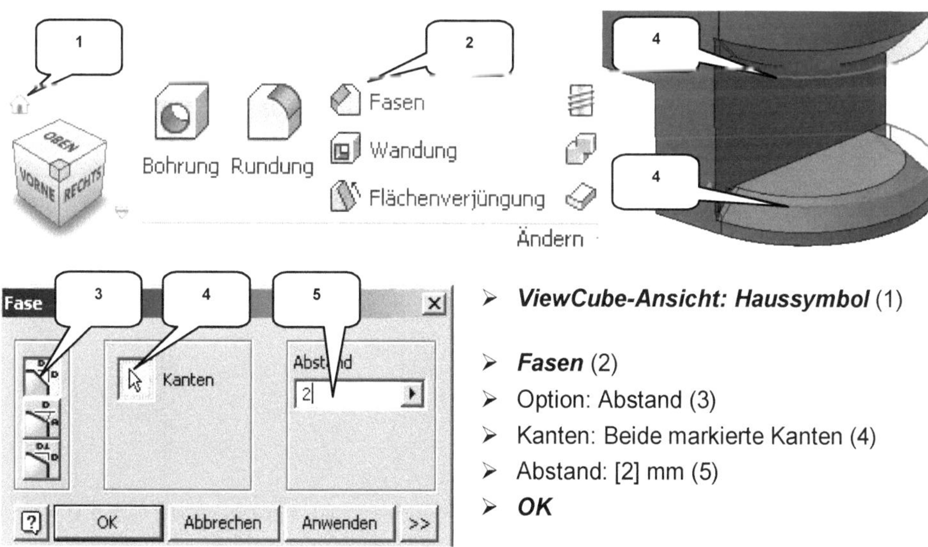

> ***ViewCube-Ansicht: Haussymbol*** (1)

> ***Fasen*** (2)
> Option: Abstand (3)
> Kanten: Beide markierte Kanten (4)
> Abstand: [2] mm (5)
> ***OK***

8.13 Runden des hinteren Bereiches

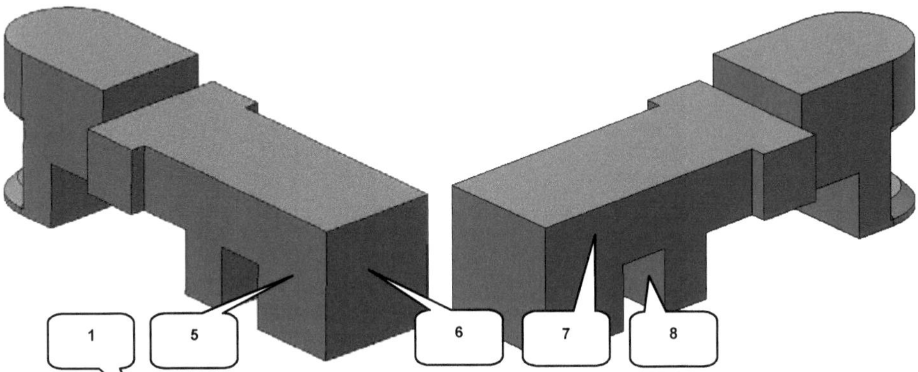

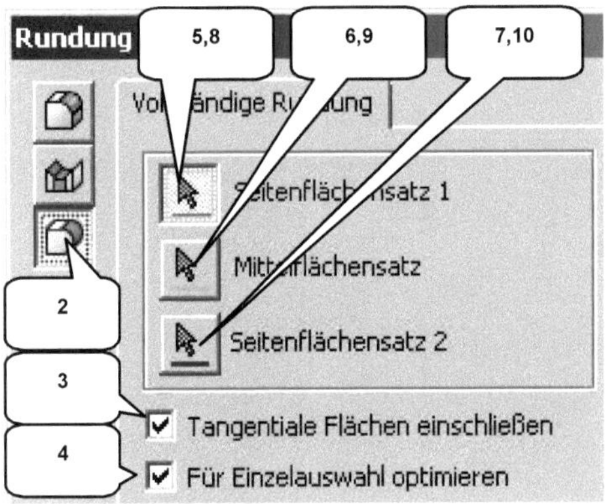

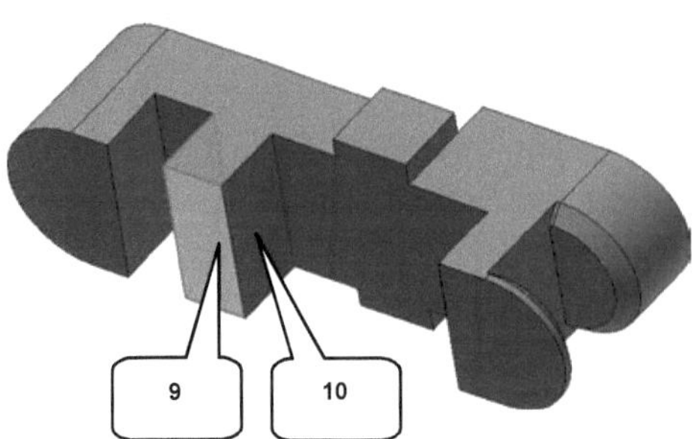

> **Rundung** (1)
> Option: Vollständige Rundung (2)
> Aktivieren: Tangentiale Flächen einschließen (3)
> Aktivieren: Für Einzelauswahl optimieren (4)
> Seitenflächensatz 1: Fläche (5) wählen
> Mittelflächensatz: Fläche (6) wählen
> Seitenflächensatz 2: Fläche (7) wählen
> **ANWENDEN**
>
> Seitenflächensatz 1: Fläche (8) wählen
> Mittelflächensatz: Fläche (9) wählen
> Seitenflächensatz 2: Fläche (10) wählen
> **OK**

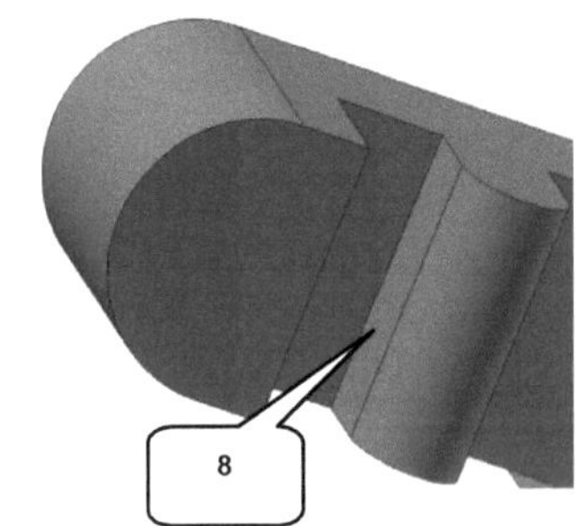

8.14 Erzeugen einer Ebene mit Versatz

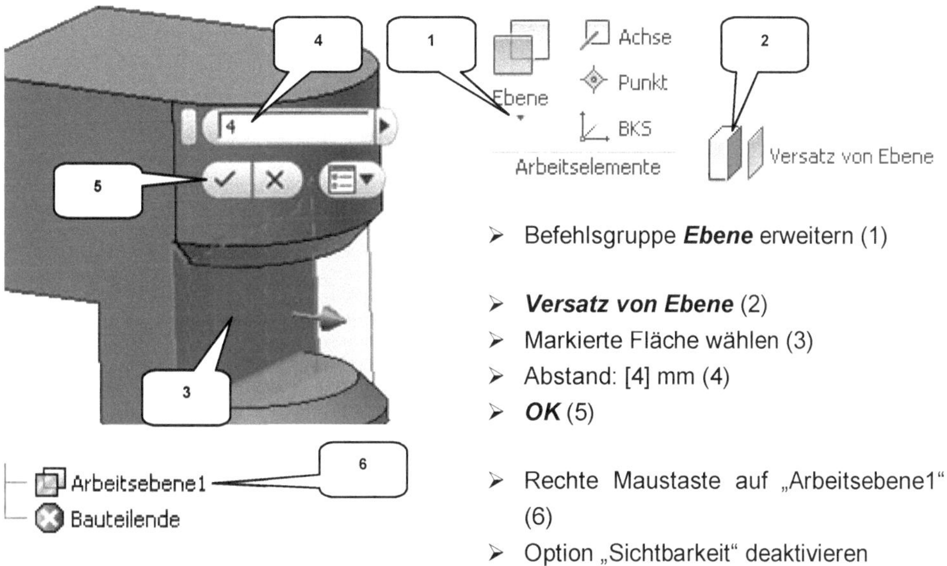

> ➢ Befehlsgruppe *Ebene* erweitern (1)

> ➢ *Versatz von Ebene* (2)
> ➢ Markierte Fläche wählen (3)
> ➢ Abstand: [4] mm (4)
> ➢ *OK* (5)

> ➢ Rechte Maustaste auf „Arbeitsebene1" (6)
> ➢ Option „Sichtbarkeit" deaktivieren

8.15 Erzeugen einer Achse als Schnittlinie zweier Ebenen

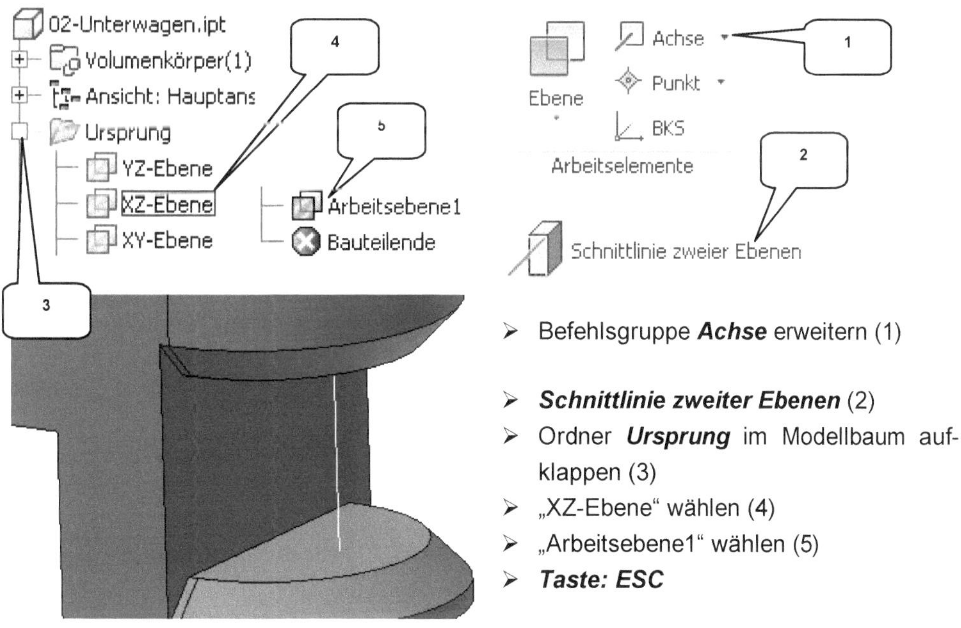

> ➢ Befehlsgruppe *Achse* erweitern (1)

> ➢ *Schnittlinie zweiter Ebenen* (2)
> ➢ Ordner *Ursprung* im Modellbaum aufklappen (3)
> ➢ „XZ-Ebene" wählen (4)
> ➢ „Arbeitsebene1" wählen (5)
> ➢ *Taste: ESC*

8.16 Bohren der hinteren Antriebswellenlagerung

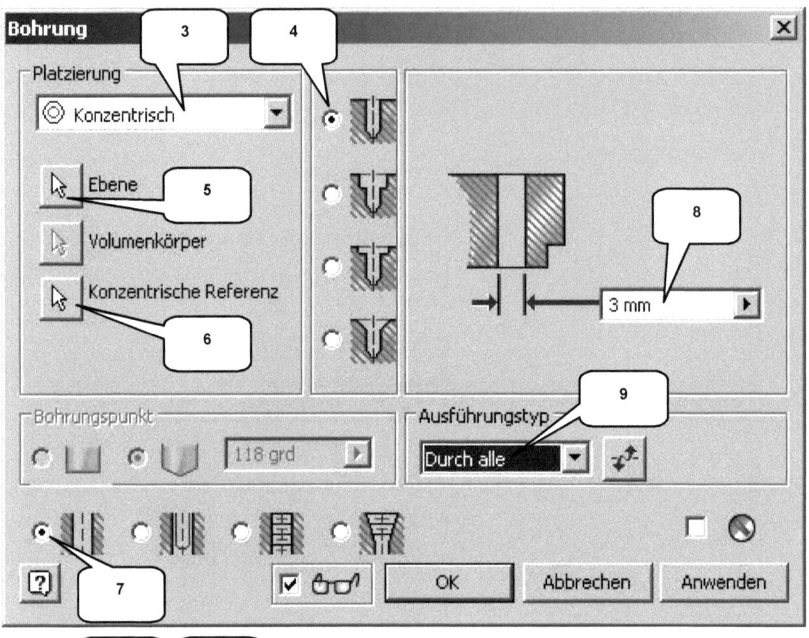

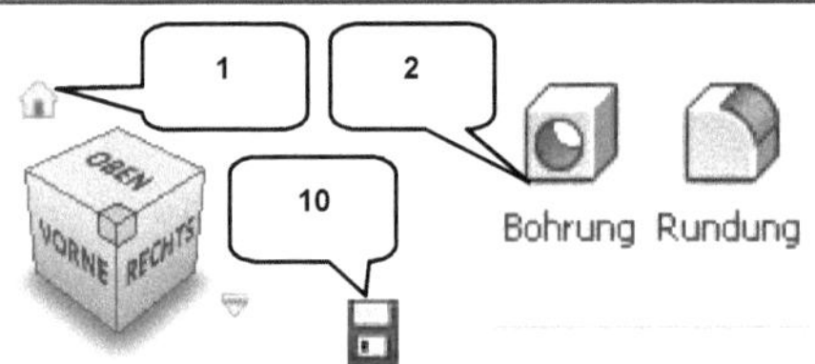

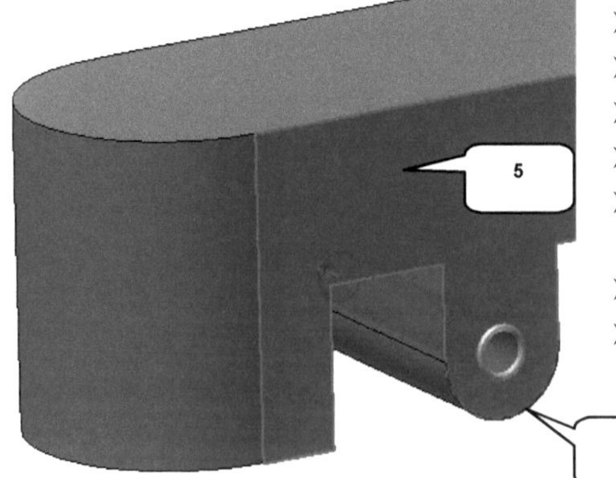

> **ViewCube-Ansicht: Haussymbol** (1)

> **Bohrung** (2)
> Platzierungstyp: Konzentrisch (3)
> Typ: Bohren (4)
> Ebene: Markierte Fläche (5)
> Konzentrische Referenz: Bogenkante (6)
> Bohrungstyp: Einfache Bohrung (7)
> Bohrungsdurchmesser: [3] mm (8)
> (Wert **nicht** durch **ENTER** bestätigen!)
> Ausführungstyp: Durch alle (9)
> **OK**

> **Speichern** (10)
> **Datei schließen**

9   Bauteil: Hubgestell

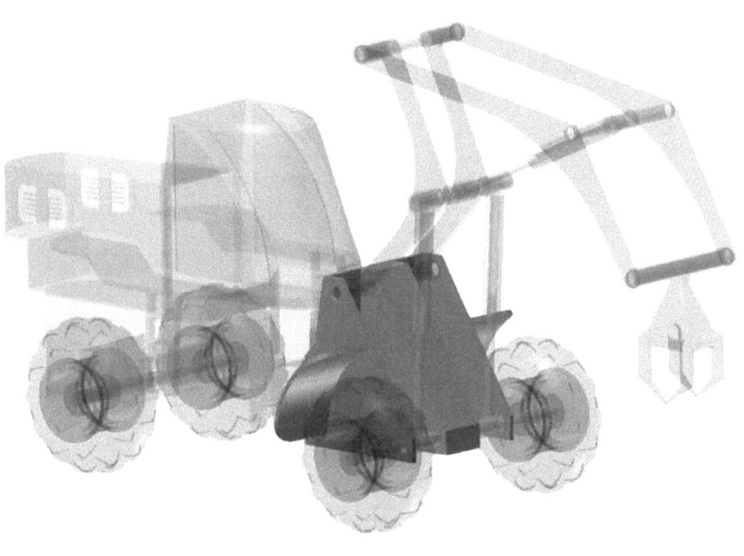

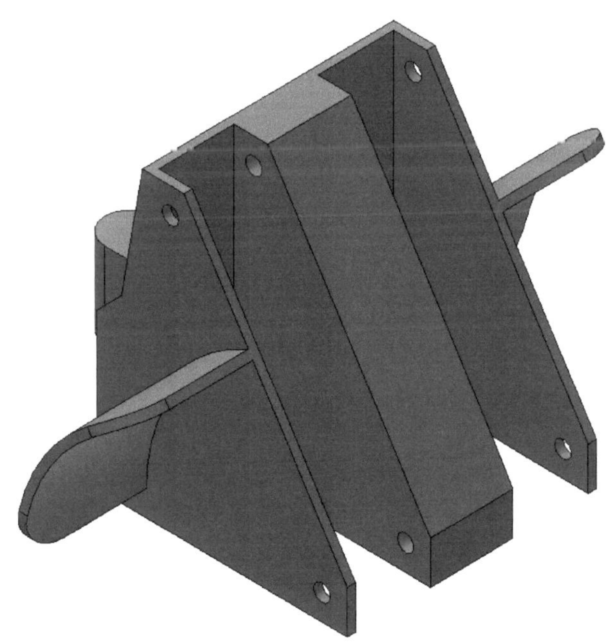

9.1 Bauteil „03-Hubgestell" erstellen

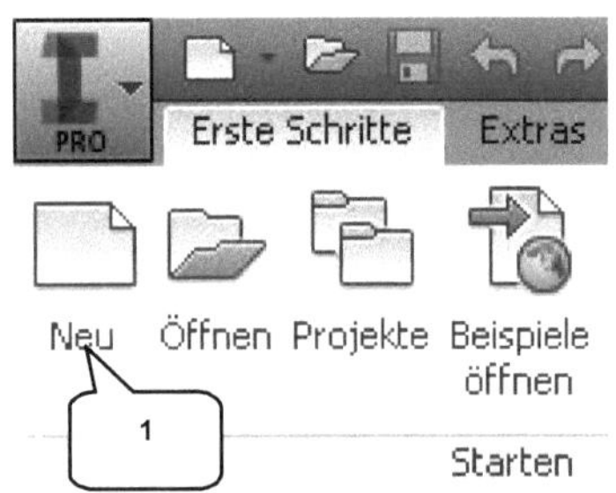

> ➢ **Neu** (1)
> ➢ Templates (2)
> ➢ Bauteil: Norm.ipt (3)
> ➢ **Erstellen** (4)
>
> ➢ **Speichern** (5)
> ➢ Dateiname: [03-Hubgestell] (6)
> ➢ **Speichern** (7)

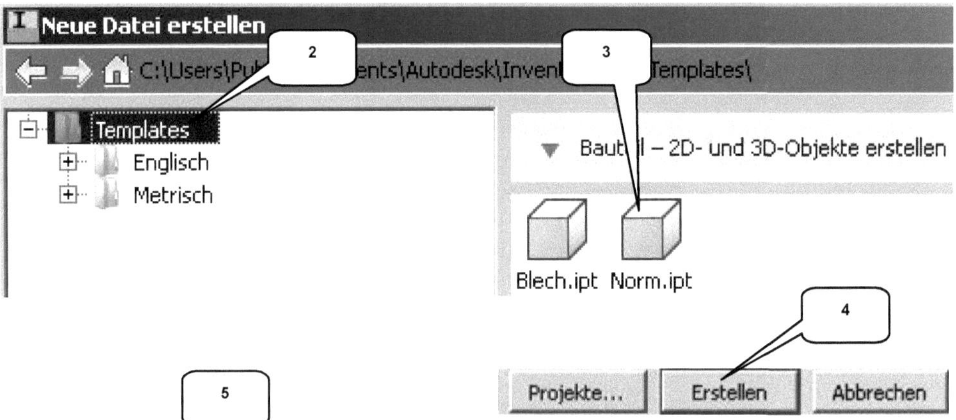

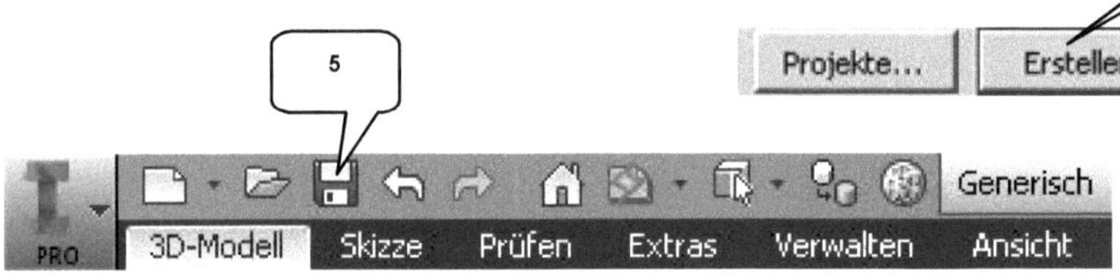

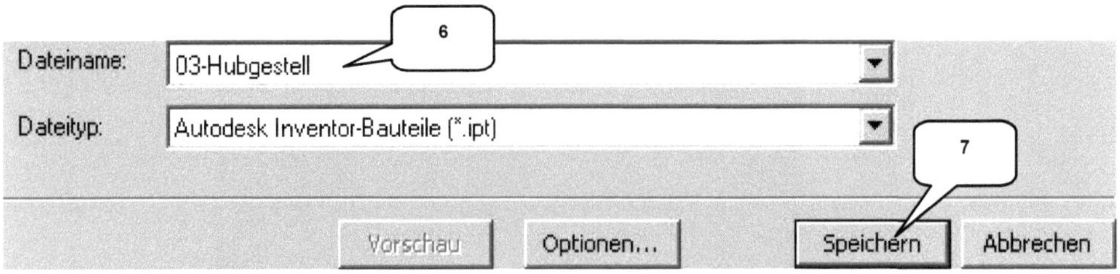

9.2 2D-Skizze auf XY-Ebene öffnen

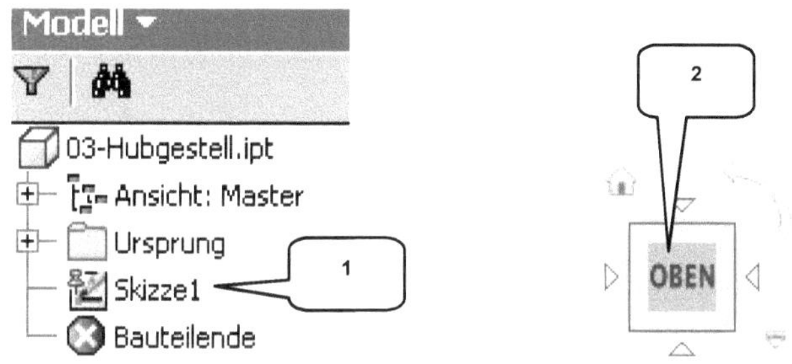

> „Skizze1" im Modellbaum doppelklicken (1)

> *ViewCube-Ansicht: OBEN* (2)

9.3 Achsen projizieren und als Konstruktionsobjekte definieren

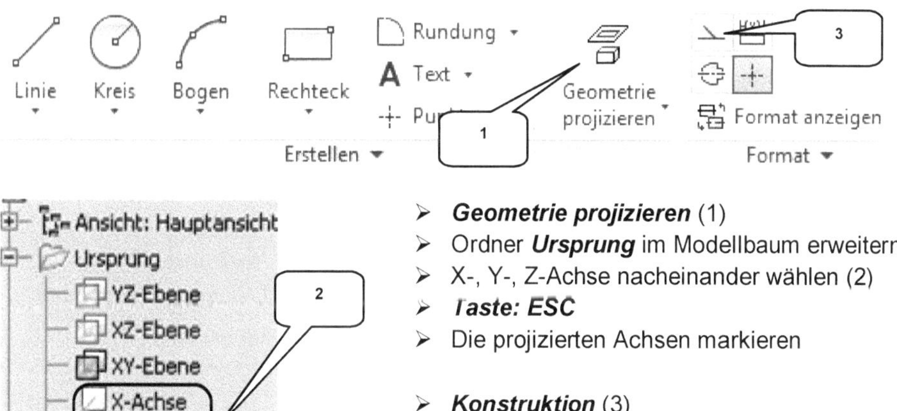

> *Geometrie projizieren* (1)
> Ordner *Ursprung* im Modellbaum erweitern
> X-, Y-, Z-Achse nacheinander wählen (2)
> *Taste: ESC*
> Die projizierten Achsen markieren

> *Konstruktion* (3)
> *Taste: ESC*

9.4   Zeichnen der Basiskontur

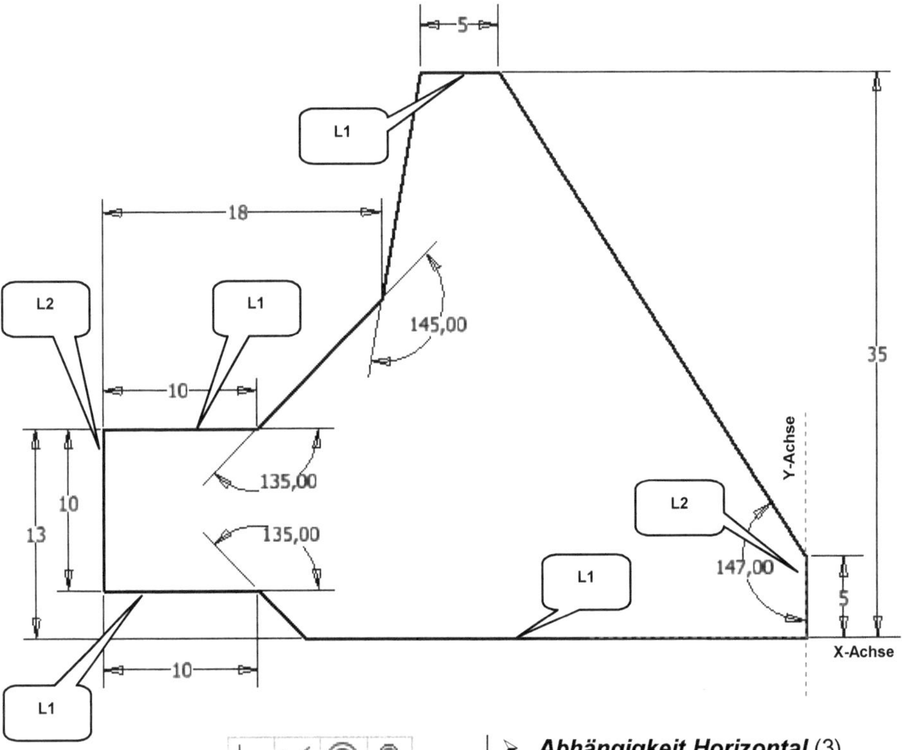

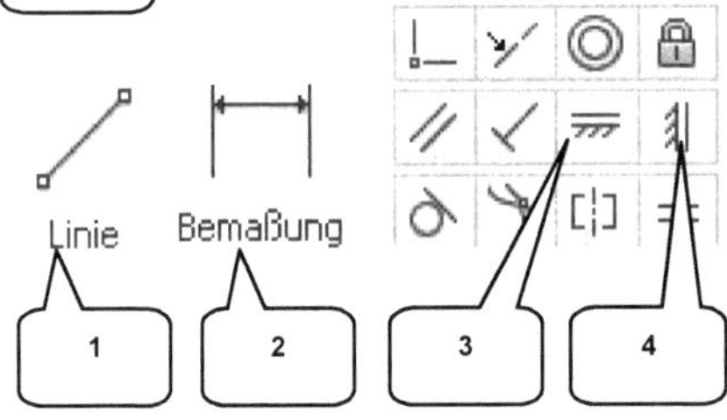

> **Linie** (1)
> Die dargestellte geschlossene Linien-
> kontur aus insgesamt 10 zusammen-
> hängenden Linien zeichnen
> Kontur oberhalb der X-Achse und links
> neben der Y-Achse zeichnen
> **Taste: ESC**

> **Abhängigkeit Horizontal** (3)
> Alle mit (L1) gekennzeichneten Linien
> nacheinander wählen
> **Taste: ESC**

> **Abhängigkeit Vertikal** (4)
> Alle mit (L2) gekennzeichneten Linien
> nacheinander wählen
> **Taste: ESC**

> **Bemaßung** (2)
> Alle Bemaßungen (Längen, Abstände,
> Winkel) wie dargestellt übernehmen
> **Taste: ESC**

> **Skizze fertig stellen**

9.5 Extrudieren der Basiskontur

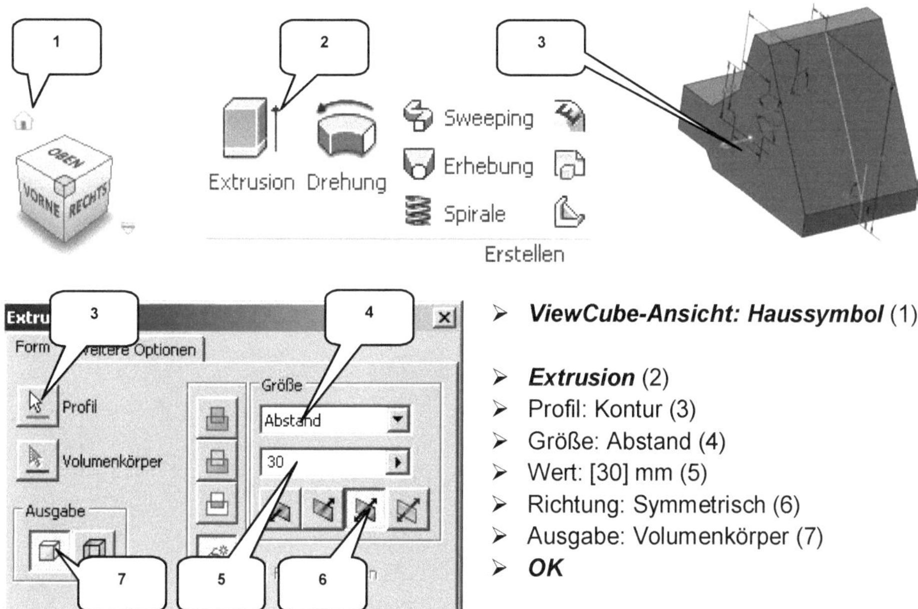

> **ViewCube-Ansicht: Haussymbol** (1)

> **Extrusion** (2)
> Profil: Kontur (3)
> Größe: Abstand (4)
> Wert: [30] mm (5)
> Richtung: Symmetrisch (6)
> Ausgabe: Volumenkörper (7)
> **OK**

9.6 2D-Skizze auf XZ-Ebene erzeugen

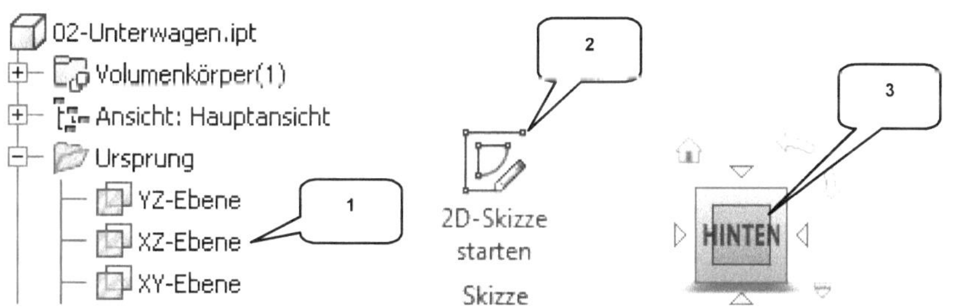

> Ordner **Ursprung** im Modellbaum erweitern
> „XZ-Ebene" im Modellbaum markieren (linke Maustaste) (1)

> **2D-Skizze starten** (2)
> **ViewCube-Ansicht: HINTEN** (3)

9.7 Achsen projizieren und als Konstruktionsobjekte definieren

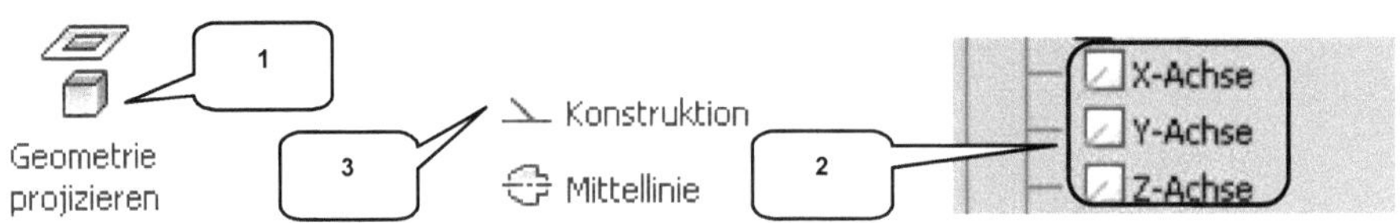

➢ **Geometrie projizieren** (1)	➢ **Konstruktion** (3)
➢ X-, Y-, Z-Achse wählen (2)	➢ **Taste: ESC**
➢ **Taste: ESC**	
➢ Die projizierten Achsen markieren	➢ **Taste: F7** (Skizze freischneiden)

9.8 Zeichnen der Schnittmengengeometrie

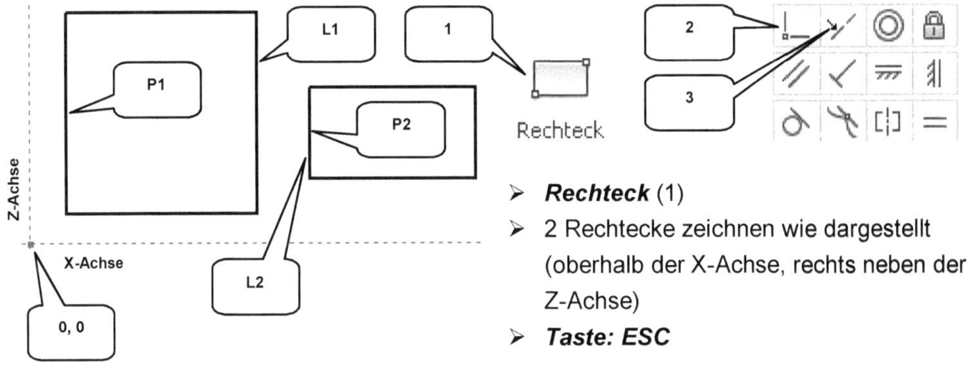

➢ **Rechteck** (1)

➢ 2 Rechtecke zeichnen wie dargestellt (oberhalb der X-Achse, rechts neben der Z-Achse)

➢ **Taste: ESC**

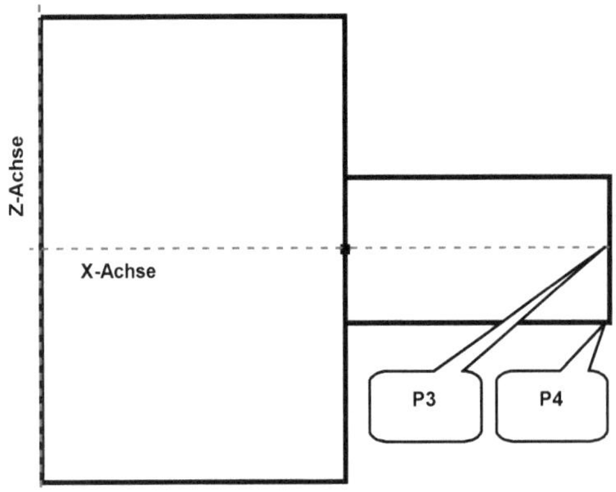

➢ **Abhängigkeit Koinzident** (2)

➢ Linienmittelpunkt (P1) wählen

➢ Koordinatenursprung (0, 0) wählen

➢ Linienmittelpunkt (P2) wählen

➢ Projizierte X-Achse wählen

➢ **Taste: ESC**

➢ **Abhängigkeit Kollinear** (3)

➢ Linie (L1) wählen

➢ Linie (L2) wählen

➢ **Taste: ESC**

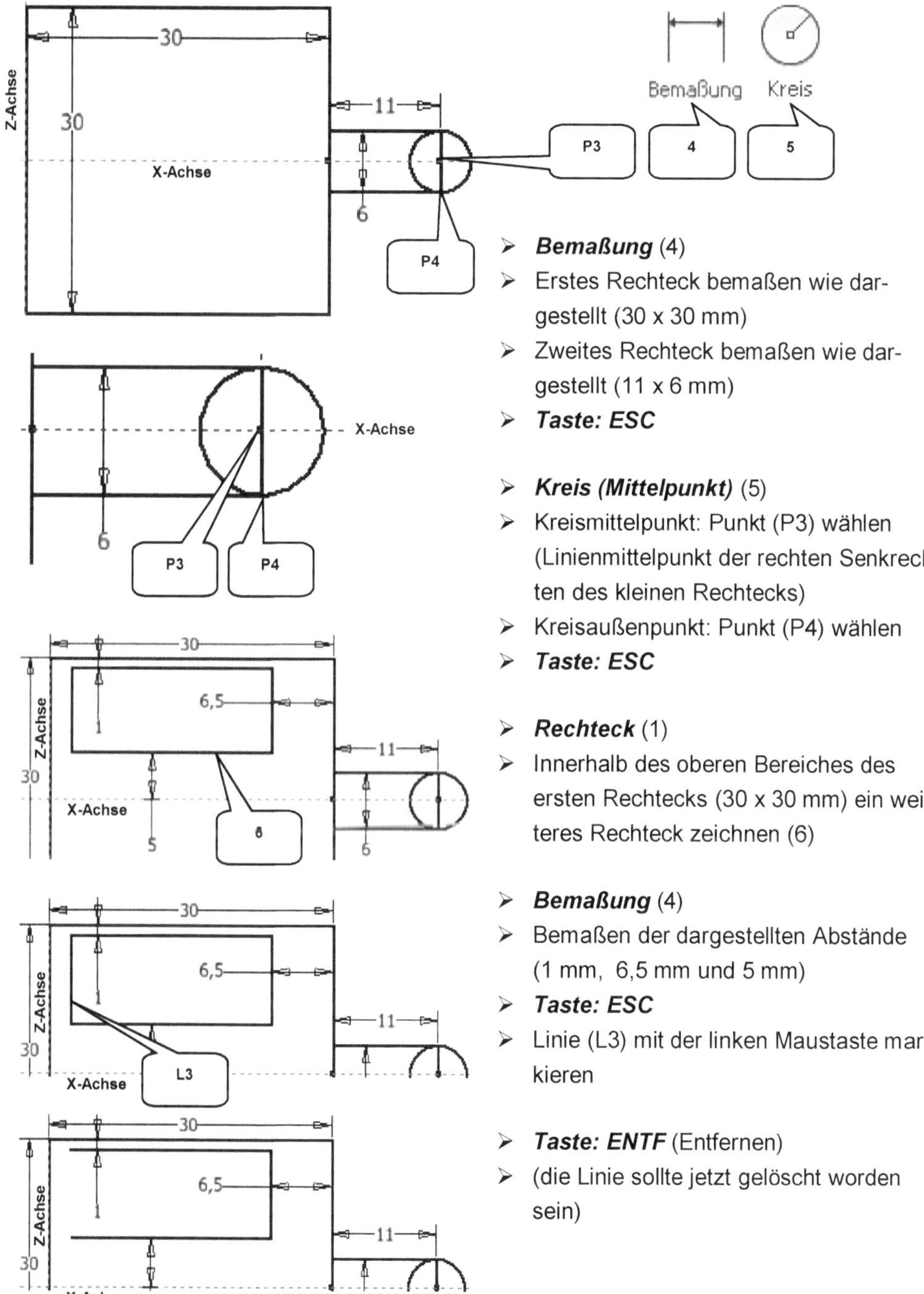

- ➢ **Bemaßung** (4)
- ➢ Erstes Rechteck bemaßen wie dargestellt (30 x 30 mm)
- ➢ Zweites Rechteck bemaßen wie dargestellt (11 x 6 mm)
- ➢ **Taste: ESC**

- ➢ **Kreis (Mittelpunkt)** (5)
- ➢ Kreismittelpunkt: Punkt (P3) wählen (Linienmittelpunkt der rechten Senkrechten des kleinen Rechtecks)
- ➢ Kreisaußenpunkt: Punkt (P4) wählen
- ➢ **Taste: ESC**

- ➢ **Rechteck** (1)
- ➢ Innerhalb des oberen Bereiches des ersten Rechtecks (30 x 30 mm) ein weiteres Rechteck zeichnen (6)

- ➢ **Bemaßung** (4)
- ➢ Bemaßen der dargestellten Abstände (1 mm, 6,5 mm und 5 mm)
- ➢ **Taste: ESC**
- ➢ Linie (L3) mit der linken Maustaste markieren

- ➢ **Taste: ENTF** (Entfernen)
- ➢ (die Linie sollte jetzt gelöscht worden sein)

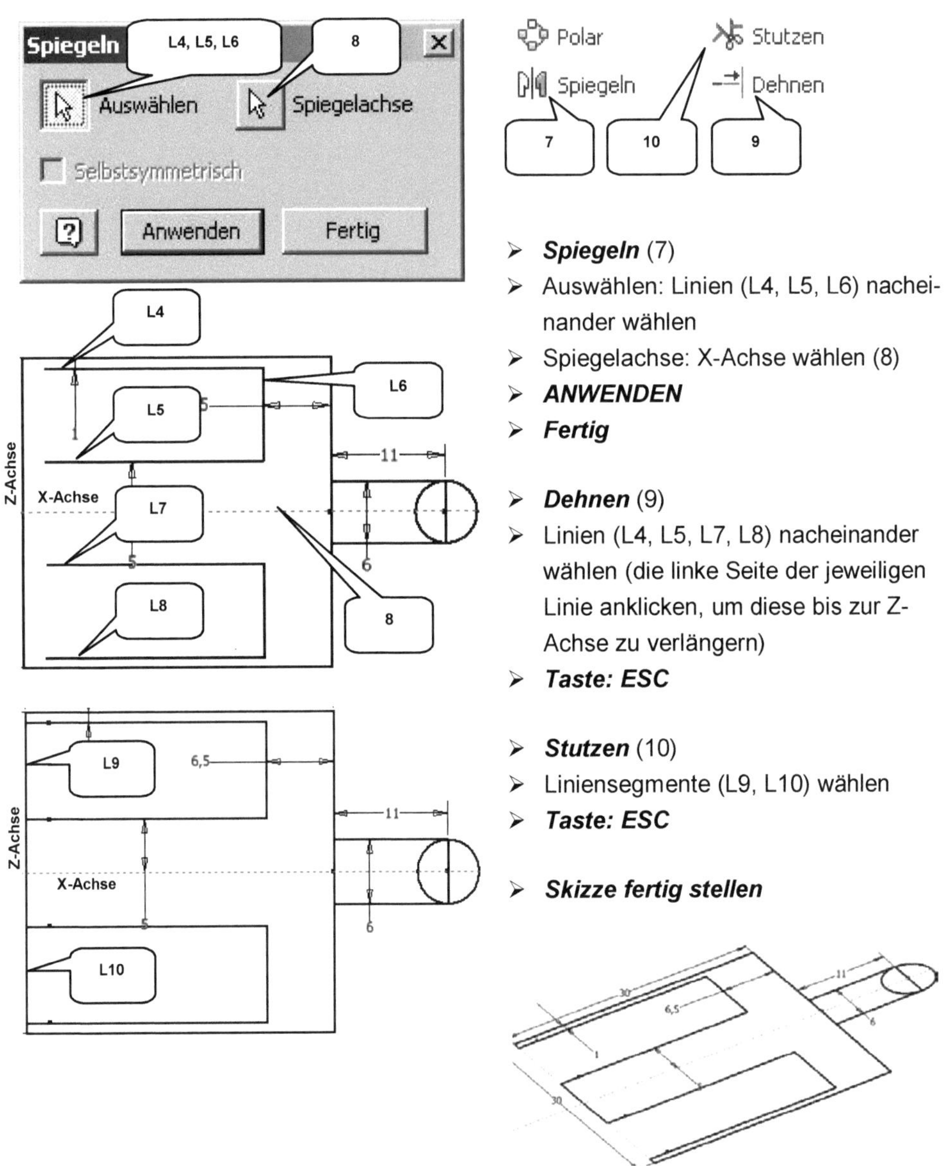

> *Spiegeln* (7)
> Auswählen: Linien (L4, L5, L6) nachei-
nander wählen
> Spiegelachse: X-Achse wählen (8)
> *ANWENDEN*
> *Fertig*

> *Dehnen* (9)
> Linien (L4, L5, L7, L8) nacheinander
wählen (die linke Seite der jeweiligen
Linie anklicken, um diese bis zur Z-
Achse zu verlängern)
> *Taste: ESC*

> *Stutzen* (10)
> Liniensegmente (L9, L10) wählen
> *Taste: ESC*

> *Skizze fertig stellen*

HINWEIS: Der Befehl **_Dehnen_** verlängert eine Linie in eine Richtung bis zur nächsten Linie. Hierbei kommt es darauf an, die Linie an der richtigen Seite anzuwählen. Das Programm zeigt vor dem Verlängern eine Vorschau.

9.9 Extrudieren der Schnittmengenkontur

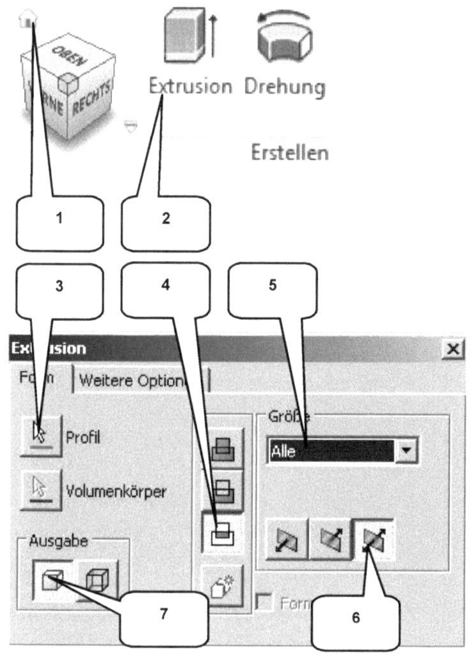

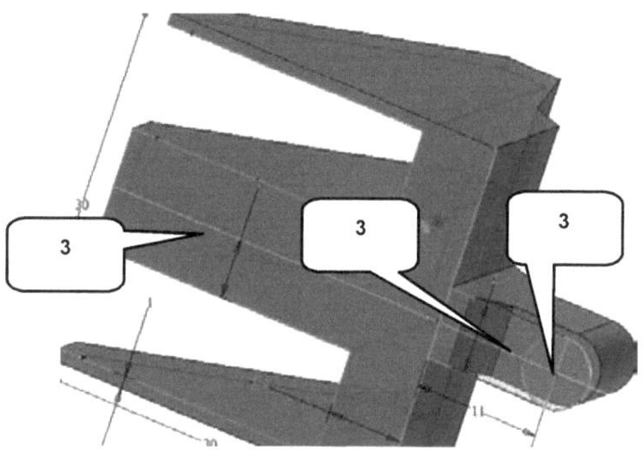

> ***ViewCube-Ansicht: Haussymbol*** (1)

> ***Extrusion*** (2)
> Profil: Kontur, Kreis und Rechteck (3)
> Verfahren: Schnittmenge (4)
> Größe: Alle (5)
> Richtung: Symmetrisch (6)
> Ausgabe: Volumenkörper (7)
> ***OK***

9.10 Befestigungsbohrungen für die Zylinderbolzen einfügen

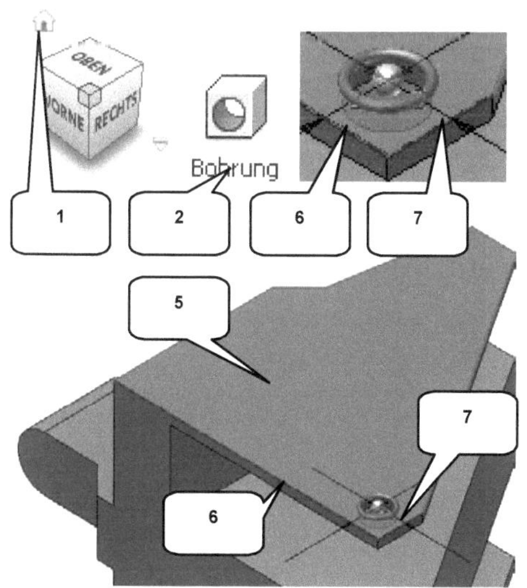

> ***ViewCube-Ansicht: Haussymbol*** (1)

> ***Bohrung*** (2)
> Platzierungstyp: Linear (3)
> Typ: Bohren (4)
> Ebene: Markierte Fläche (5)
> Referenz 1: Kante (6) (Abstand [3] mm)
> Referenz 2: Kante (7) (Abstand [3] mm)
> Bohrungstyp: Einfache Bohrung (8)
> Bohrungsdurchmesser: [3] mm (9)
> (Wert **nicht** durch ***ENTER*** bestätigen!)
> Ausführungstyp: Durch alle (10)
> ***ANWENDEN***

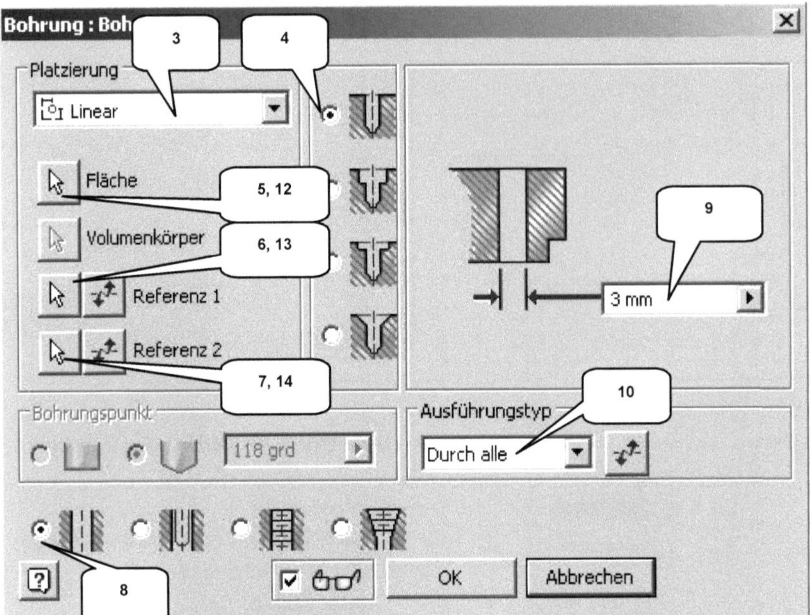

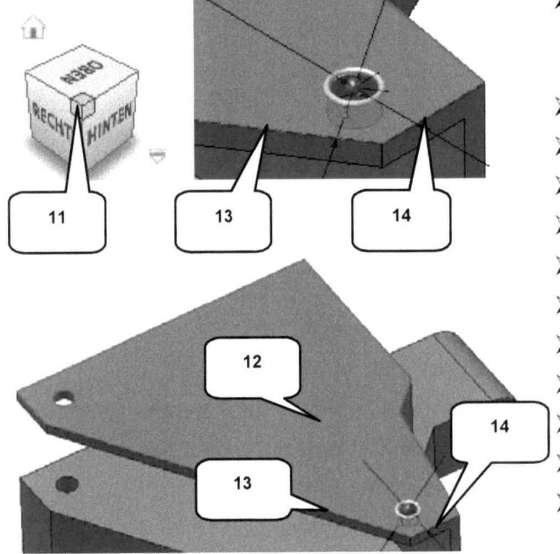

> **ViewCube-Ansicht: Ecke** zwischen den Flächen **OBEN, RECHTS, HINTEN** (11)

> **Bohrung** (2)
> Platzierungstyp: Linear (3)
> Typ: Bohren (4)
> Ebene: Markierte Fläche (12)
> Referenz 1: Kante (13) (Abstand [3] mm)
> Referenz 2: Kante (14) (Abstand [3] mm)
> Bohrungstyp: Einfache Bohrung (8)
> Bohrungsdurchmesser: [3] mm (9)
> (Wert **nicht** durch **ENTER** bestätigen!)
> Ausführungstyp: Durch alle (10)
> **OK**

9.11 Erzeugen einer versetzten Ebene

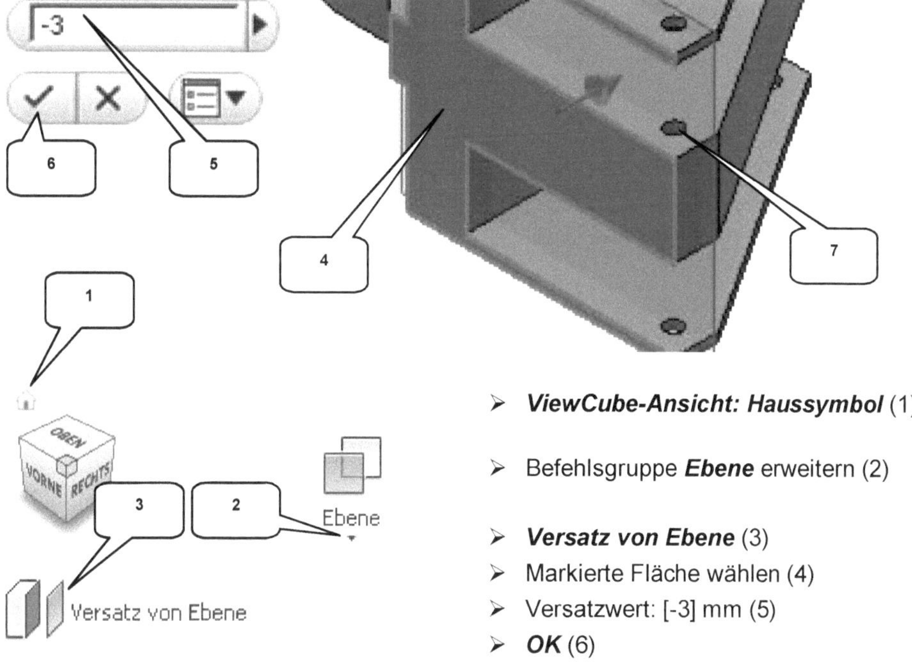

> *ViewCube-Ansicht: Haussymbol* (1)

> Befehlsgruppe *Ebene* erweitern (2)

> *Versatz von Ebene* (3)
> Markierte Fläche wählen (4)
> Versatzwert: [-3] mm (5)
> *OK* (6)

HINWEIS: Die neue Ebene sollte in Richtung des Bauteils erzeugt worden sein und die im ersten Schritt erzeugte *Bohrung1* schneiden (7).

9.12 2D-Skizze auf neuer Ebene erstellen

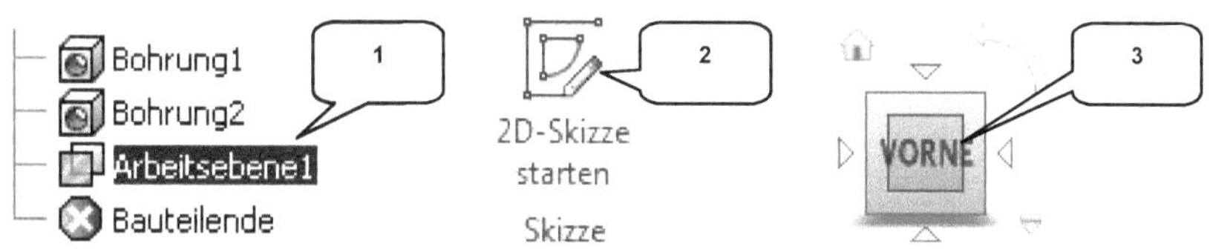

> „Arbeitsebene1" im Modellbaum markieren (linke Maustaste) (1)

> *2D-Skizze starten* (2)
> *ViewCube-Ansicht: VORNE* (3)

> *Taste: F7* (Skizze freischneiden)

9.13 Kanten projizieren, Basiskontur des Schutzblechs zeichnen

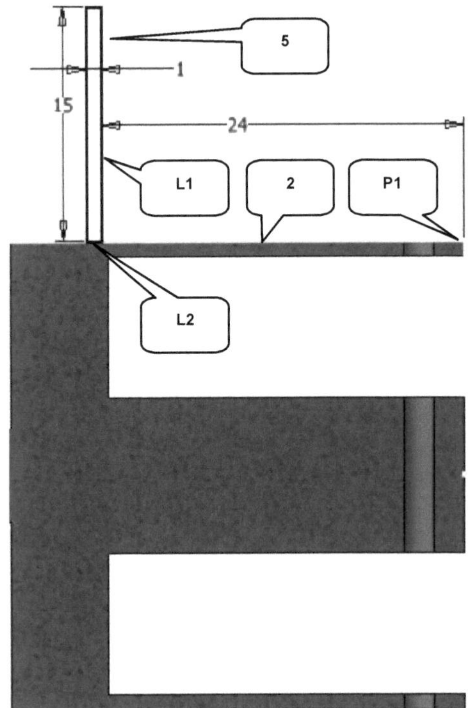

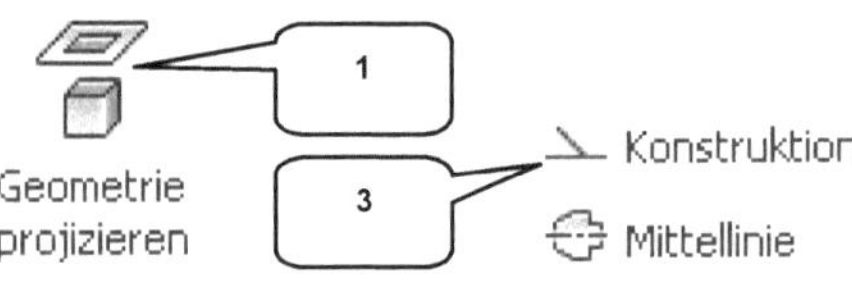

> **Geometrie projizieren** (1)
> Markierte Kante wählen (2)
> **Taste: ESC**
> Projizierte Kante markieren

> **Konstruktion** (3)
> **Taste: ESC**

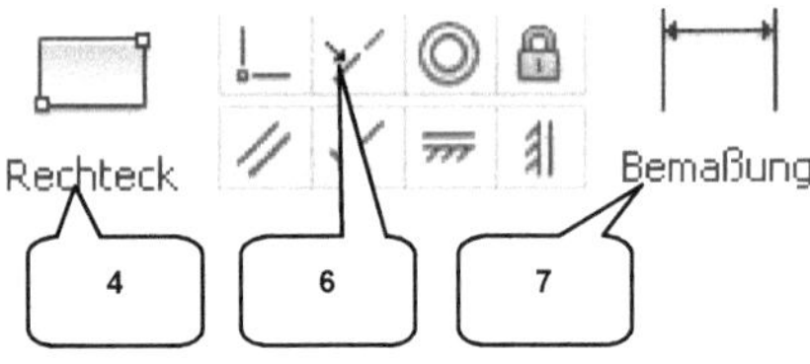

> **Rechteck** (4)
> Rechteck oberhalb der projizierten Kante zeichnen (5)
> **Taste: ESC**

> **Abhängigkeit Kollinear** (6)
> Projizierte Linie wählen (2)
> Untere waagerechte Linie des Rechtecks wählen (L2)
> **Taste: ESC**

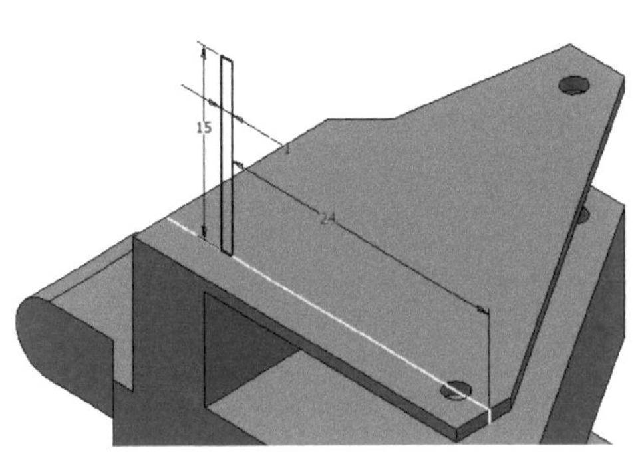

> **Bemaßung** (7)
> Rechteck bemaßen (1 x 15 mm)
> Abstand der Linie (L1) zum Endpunkt der projizierten Linie (P1) bemaßen (24 mm)
> **Taste: ESC**

> **Skizze fertig stellen**

9.14 Erzeugen einer Arbeitsachse

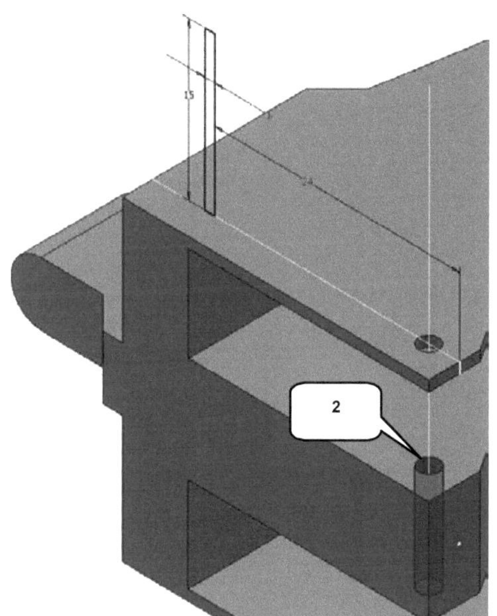

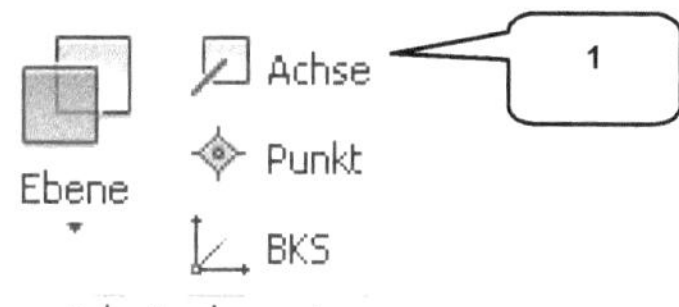

> **Arbeitsachse** (1)
> Zylindrische Fläche der „Bohrung1" wählen (2)
> (Hierfür sollte ausreichend nah herangezoomt werden)
> **Taste: ESC**

9.15 Drehen der Skizzenkontur um die neu erzeugte Arbeitsachse

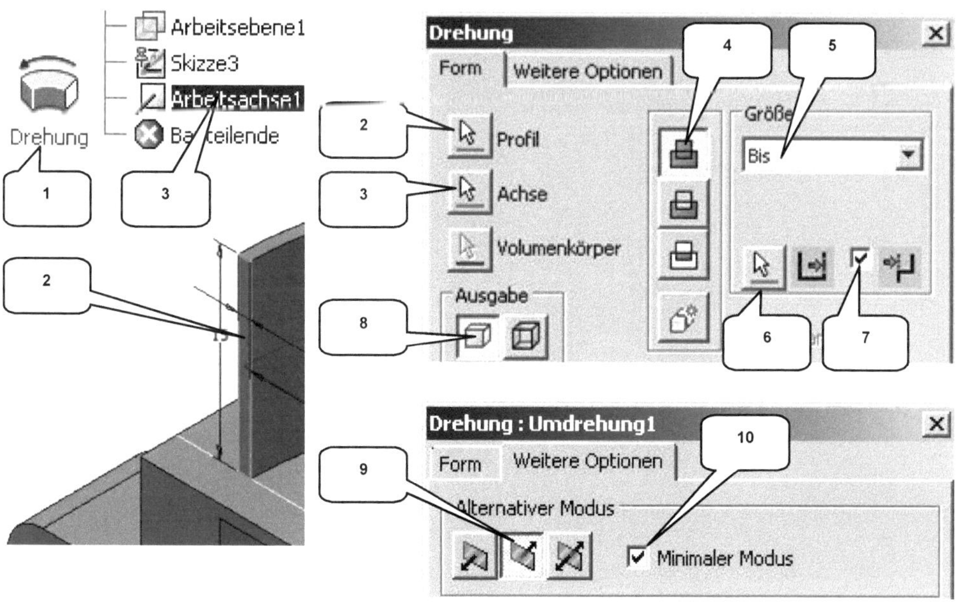

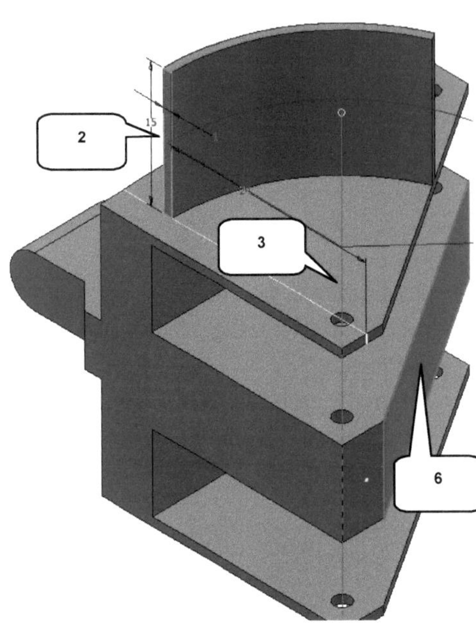

- ➢ **_Drehung_** (1)

- ➢ <u>Reiter: Form</u>
- ➢ Profil: Rechteck (2) wählen
- ➢ Achse: „Arbeitsachse1" im Modellbaum wählen (3)
- ➢ Verfahren: Vereinigung (4)
- ➢ Größe: Bis (5)
- ➢ Referenz: Markierte Fläche (6)
- ➢ Aktivieren: Drehelement endet ... (7)
- ➢ Ausgabe: Volumenkörper (8)

- ➢ <u>Reiter: Weitere Optionen</u>
- ➢ Richtung: Richtung 2 (9)
- ➢ Aktivieren: Minimaler Modus (10)

- ➢ **_OK_**

9.16 Runden des Schutzblechs

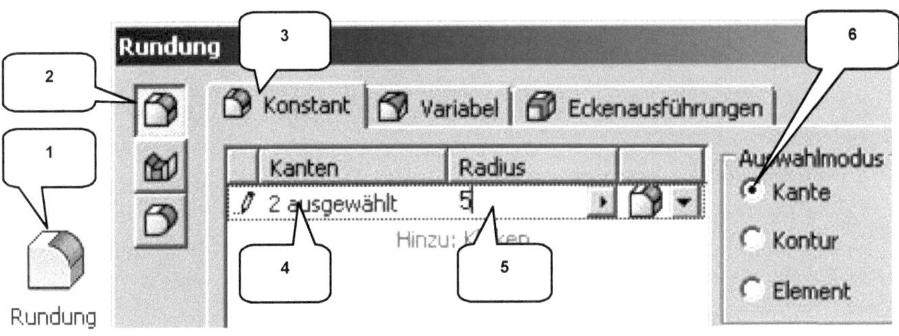

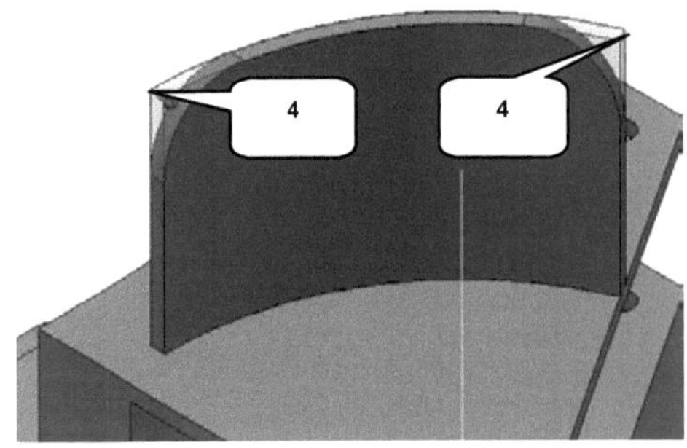

- ➢ **_Rundung_** (1)
- ➢ Option: Kantenabrundung (2)
- ➢ Reiter: Konstant (3)
- ➢ Kanten: 2 markierte Kanten wählen (4)
- ➢ Radius: [5] mm (5)
- ➢ Auswahlmodus: Kante (6)
- ➢ **_OK_**

9.17 Schutzblech spiegeln

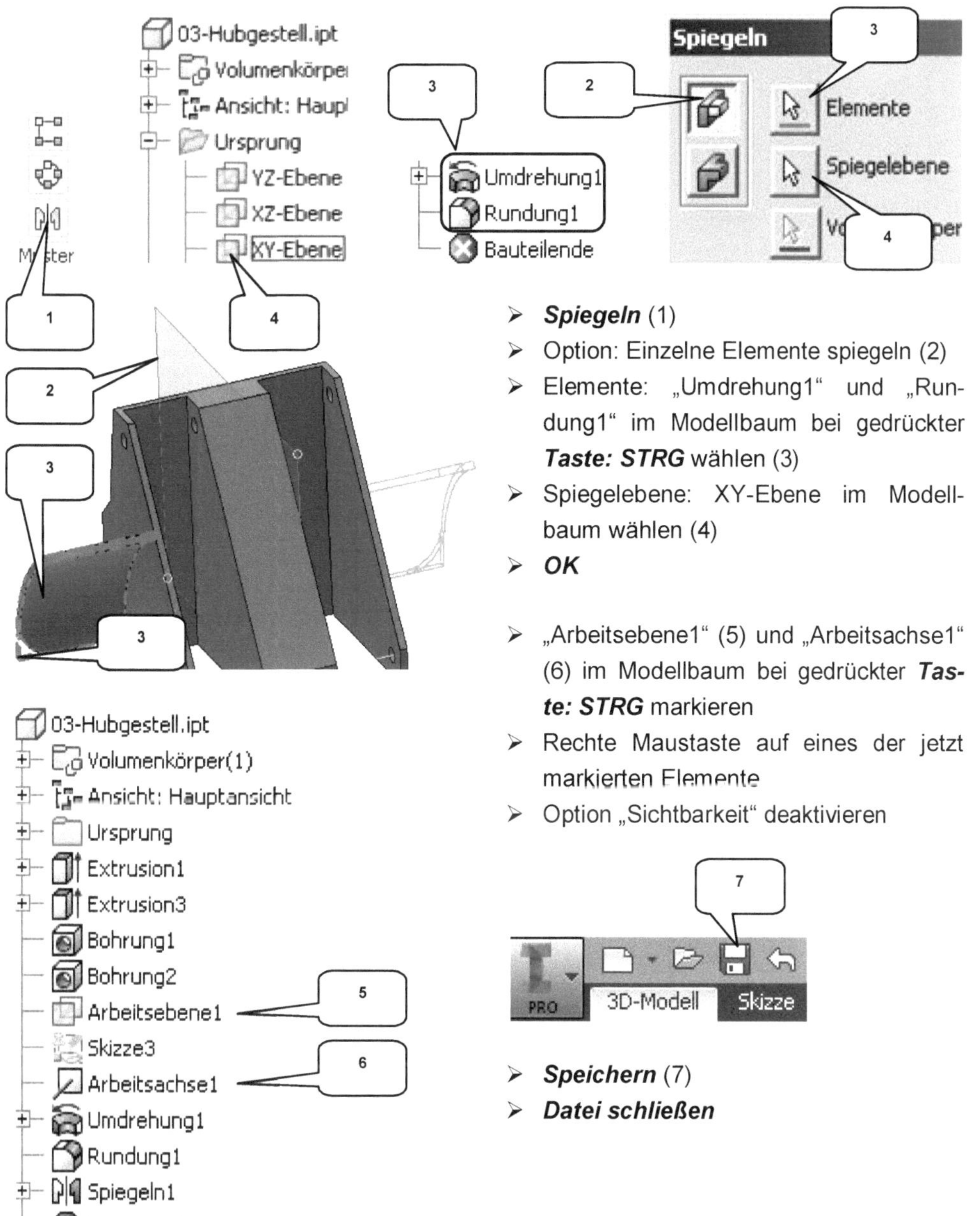

> ➤ **Spiegeln** (1)
> ➤ Option: Einzelne Elemente spiegeln (2)
> ➤ Elemente: „Umdrehung1" und „Run-dung1" im Modellbaum bei gedrückter **Taste: STRG** wählen (3)
> ➤ Spiegelebene: XY-Ebene im Modell-baum wählen (4)
> ➤ **OK**

> ➤ „Arbeitsebene1" (5) und „Arbeitsachse1" (6) im Modellbaum bei gedrückter **Tas-te: STRG** markieren
> ➤ Rechte Maustaste auf eines der jetzt markierten Elemente
> ➤ Option „Sichtbarkeit" deaktivieren

> ➤ **Speichern** (7)
> ➤ **Datei schließen**

10 Bauteil: Ausleger

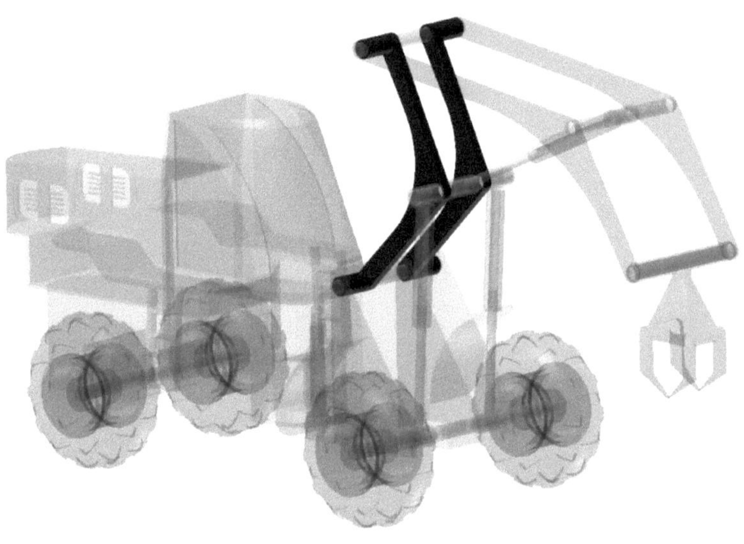

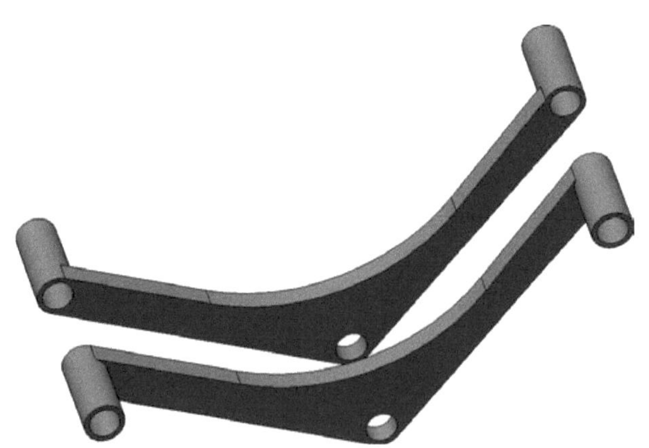

10.1 Bauteil „04-Ausleger" erstellen

> ➢ **Neu** (1)
> ➢ Templates (2)
> ➢ Bauteil: Norm.ipt (3)
> ➢ **Erstellen** (4)
>
> ➢ **Speichern** (5)
> ➢ Dateiname: [04-Ausleger] (6)
> ➢ **Speichern** (7)

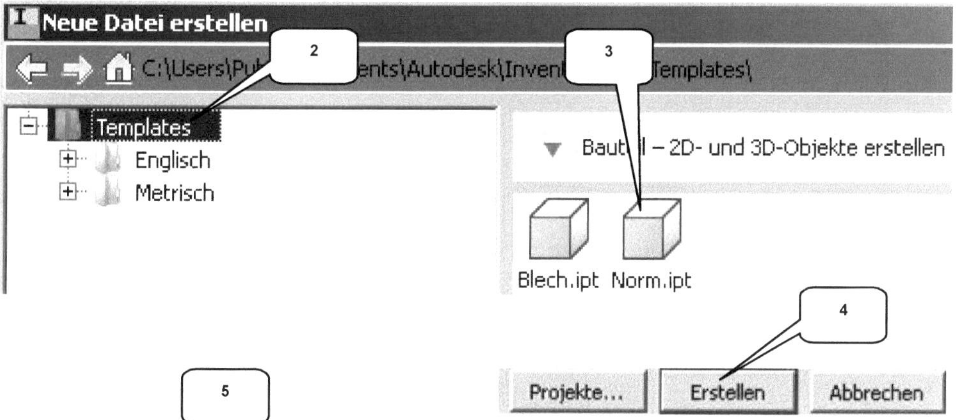

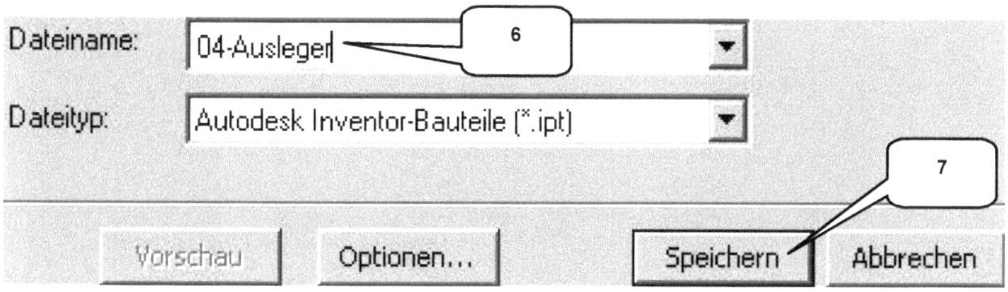

10.2 2D-Skizze auf XY-Ebene öffnen

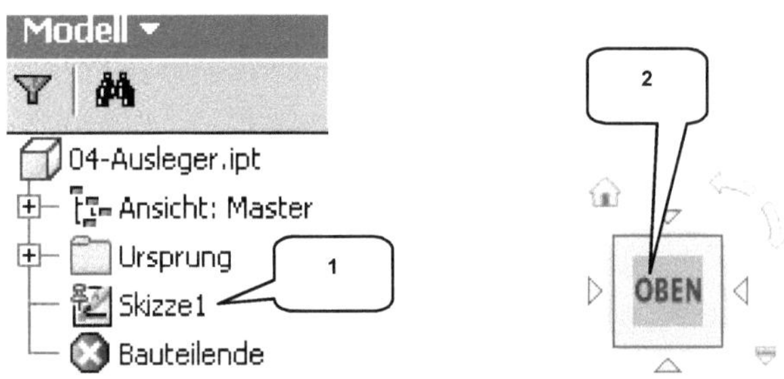

➢ „Skizze1" im Modellbaum doppelklicken (1)

➢ **ViewCube-Ansicht: OBEN** (2)

10.3 Achsen projizieren und als Konstruktionsobjekte definieren

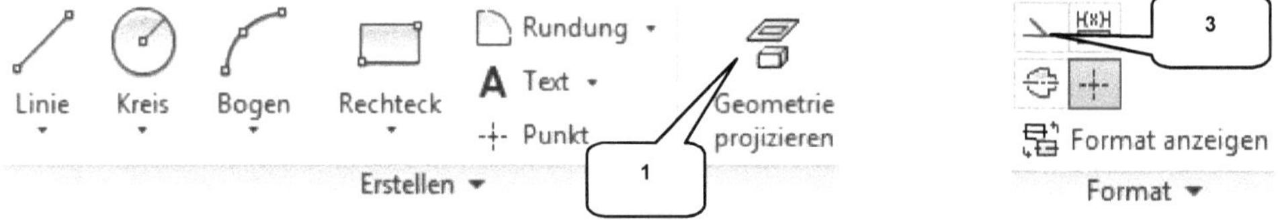

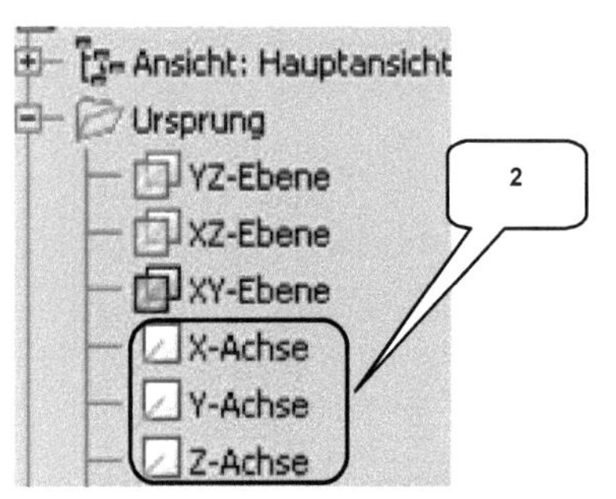

➢ **Geometrie projizieren** (1)
➢ Ordner **Ursprung** im Modellbaum aufklappen
➢ X-, Y-, Z-Achse nacheinander wählen (2)
➢ **Taste: ESC**
➢ Die projizierten Achsen markieren

➢ **Konstruktion** (3)
➢ **Taste: ESC**

10.4 Zeichnen der Basiskontur

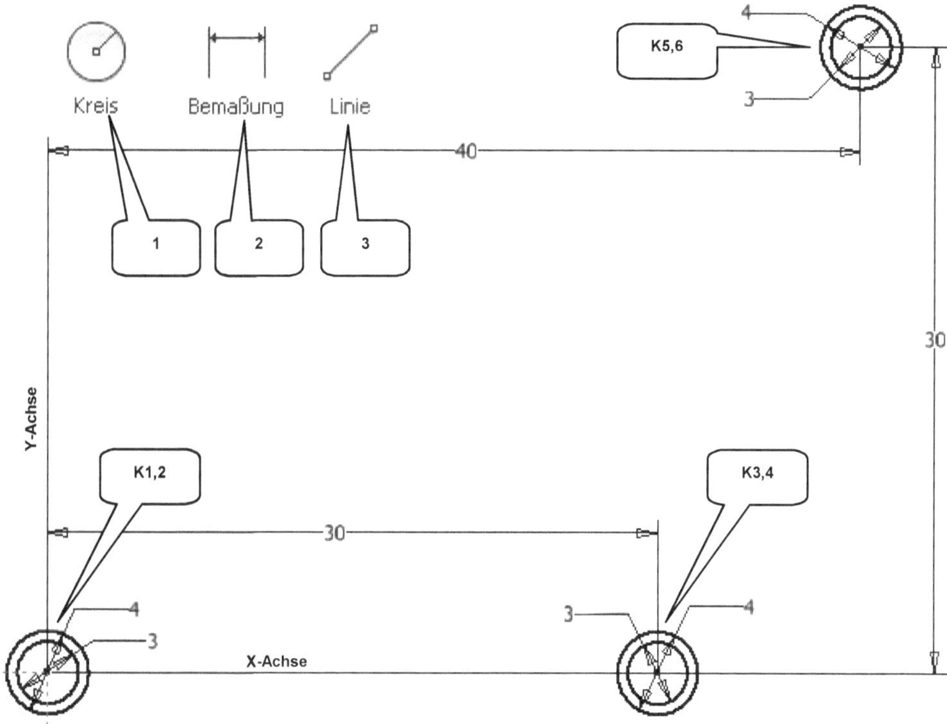

- ➤ **Kreis durch Mittelpunkt** (1)
- ➤ 6 Kreise zeichnen wie dargestellt
  (D1= [3] mm, D2= [4] mm) (K1...6)
- ➤ **Taste: ESC**

- ➤ **Bemaßung** (2)
- ➤ Bemaßen wie dargestellt
- ➤ **Taste: ESC**

- ➤ **Linie** (3)
- ➤ Linie (L1) zeichnen (Zw. den Kreis-
  außenpunkten P1 und P2)
- ➤ Linie (L2) zeichnen (Zw. den Kreis-
  außenpunkten P3 und P4)

- ➤ Linie (L3) zeichnen (Zw. den Kreis-
  außenpunkten P2 und P5)
- ➤ Linie (L4) zeichnen (rechts neben der
  Kontur wie dargestellt)
- ➤ **Taste: ESC**

- ➤ **Abhängigkeit Tangential** (4)
- ➤ Linie (L4) und Kreis (K4) nachein-
  ander wählen (Kreis mit D= 4mm)
- ➤ Linie (L4) und Kreis (K6) nachein-
  ander wählen (Kreis mit D= 4mm)
- ➤ **Taste: ESC**

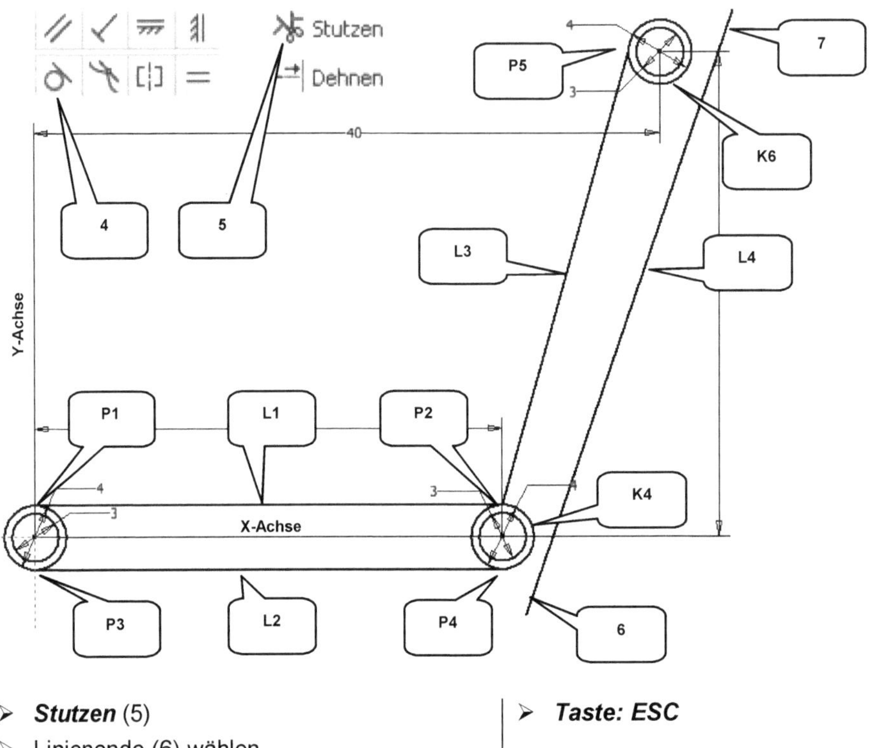

> ***Stutzen*** (5)
> Linienende (6) wählen
> Linienende (7) wählen

> ***Taste: ESC***

> ***Skizze fertig stellen***

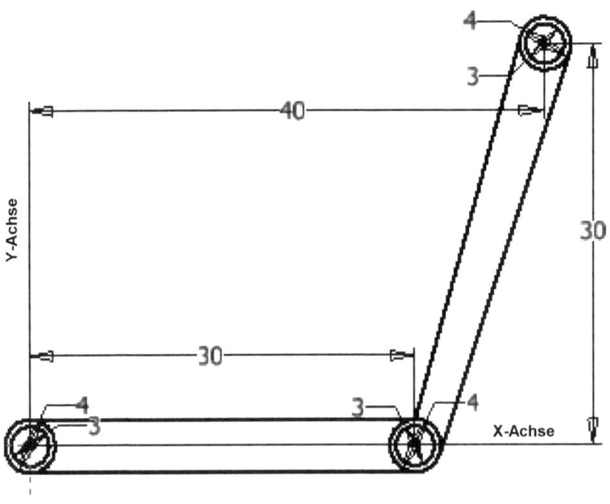

10.5 Extrudieren der beiden äußeren Kreisringe

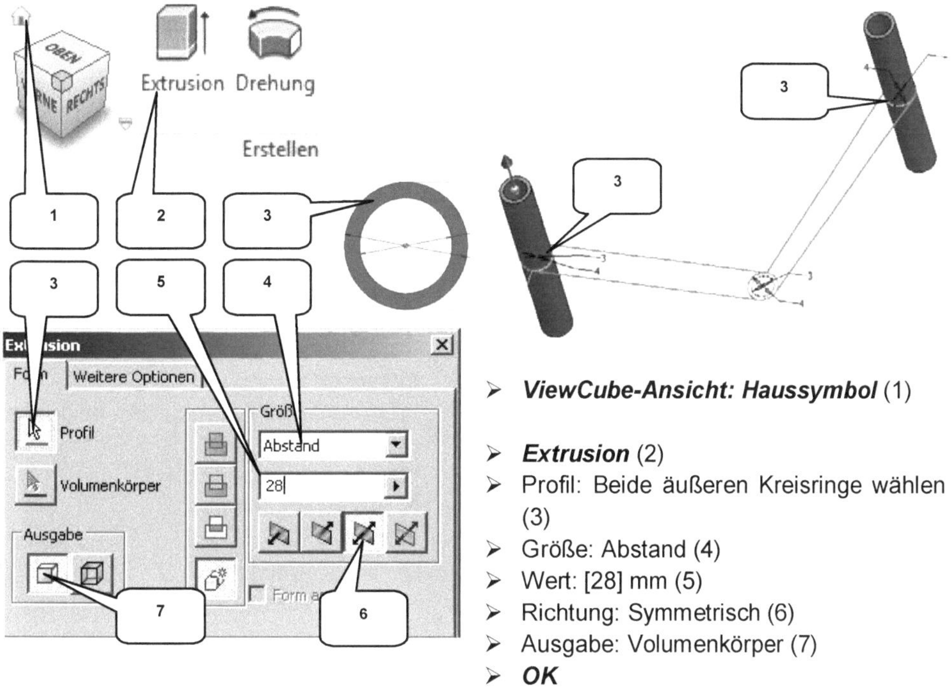

> **ViewCube-Ansicht: Haussymbol** (1)

> **Extrusion** (2)
> Profil: Beide äußeren Kreisringe wählen (3)
> Größe: Abstand (4)
> Wert: [28] mm (5)
> Richtung: Symmetrisch (6)
> Ausgabe: Volumenkörper (7)
> **OK**

HINWEIS: Nur die beiden äußeren Kreisringe sollen extrudiert werden (Bereich zwischen den Kreisen D=3 mm und D=4 mm) Das Ergebnis sollten zwei Rohre der Länge 28 mm sein.

10.6 Skizze wieder verwenden

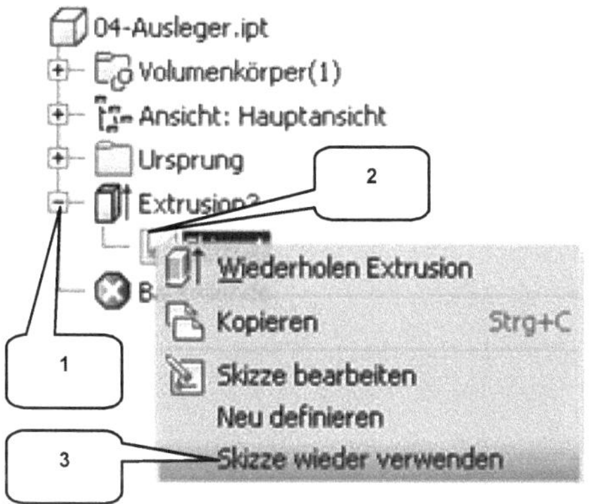

> Extrusion im Modellbaum erweitern (1)
> Rechte Maustaste auf die darin enthaltene Skizze (2)
> Option: Skizze wieder verwenden (3)

HINWEIS: Bereits in einem 3D-Befehl verwendete Skizzen können mit diesem Befehl reaktiviert werden.

10.7 Extrudieren der Zwischenbereiche

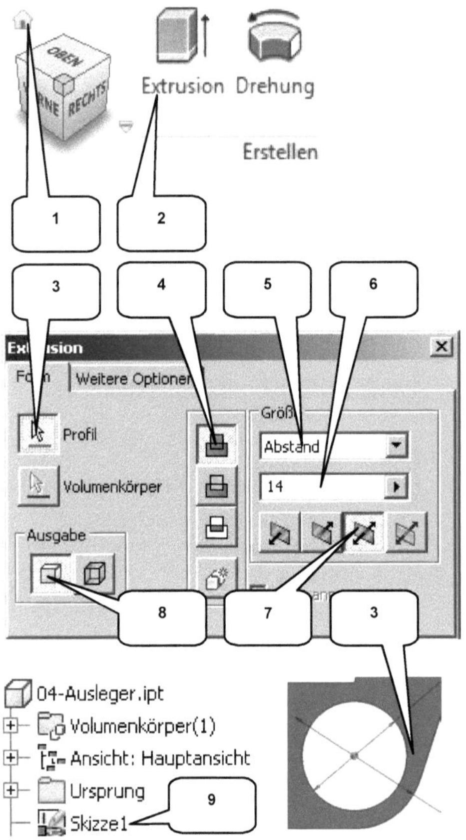

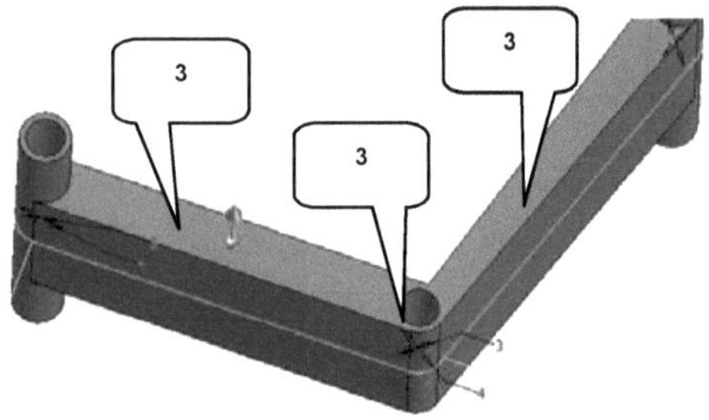

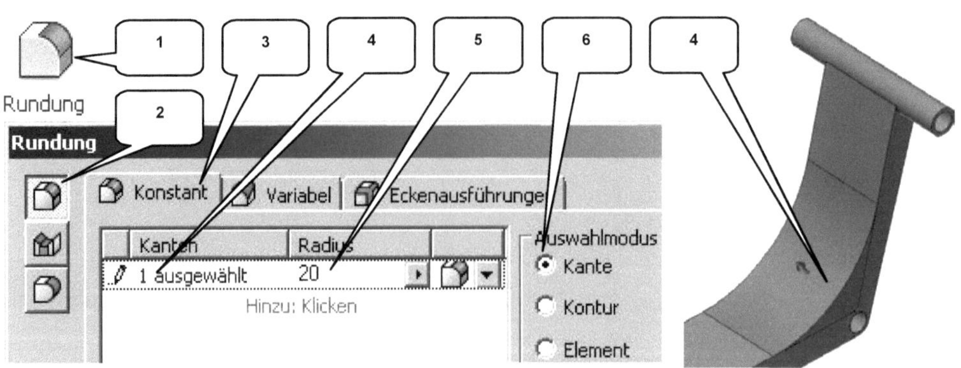

> ***ViewCube-Ansicht: Haussymbol*** (1)

> ***Extrusion*** (2)
> Profil: Mittlerer Kreisring und beide Zwischenbereiche (3)
> Verfahren: Vereinigung (4)
> Größe: Abstand (5)
> Wert: [14] mm (6)
> Richtung: Symmetrisch (7)
> Ausgabe: Volumenkörper (8)
> ***OK***

> Rechte Maustaste auf die reaktivierte Skizze im Modellbaum (9)
> Option „Sichtbarkeit" deaktivieren

10.8 Runden der inneren Kante

> ➢ ***Rundung*** (1)
> ➢ Option: Kantenabrundung (2)
> ➢ Reiter: Konstant (3)
> ➢ Kanten: Markierte Kante wählen (4)

> ➢ Radius: [20] mm (5)
> ➢ Auswahlmodus: Kante (6)
> ➢ ***OK***

10.9 2D-Skizze auf der XZ-Ebene erzeugen

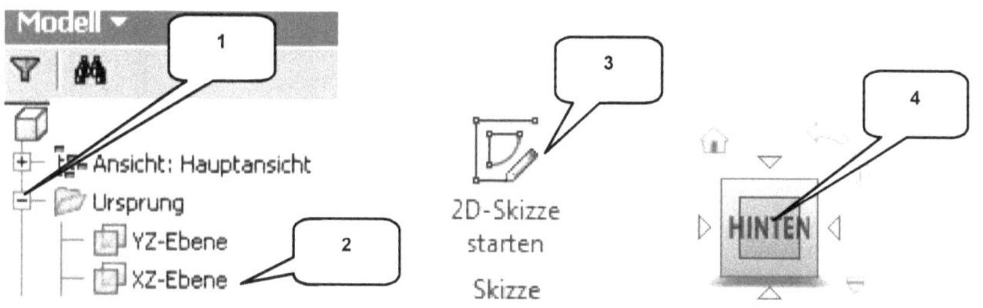

> ➢ Ordner ***Ursprung*** im Modellbaum erweitern (1)
> ➢ „XZ-Ebene" im Modellbaum markieren (linke Maustaste) (2)

> ➢ ***2D-Skizze starten*** (3)
> ➢ ***ViewCube-Ansicht: HINTEN*** (4)

10.10 Achsen projizieren und als Konstruktionsobjekte definieren

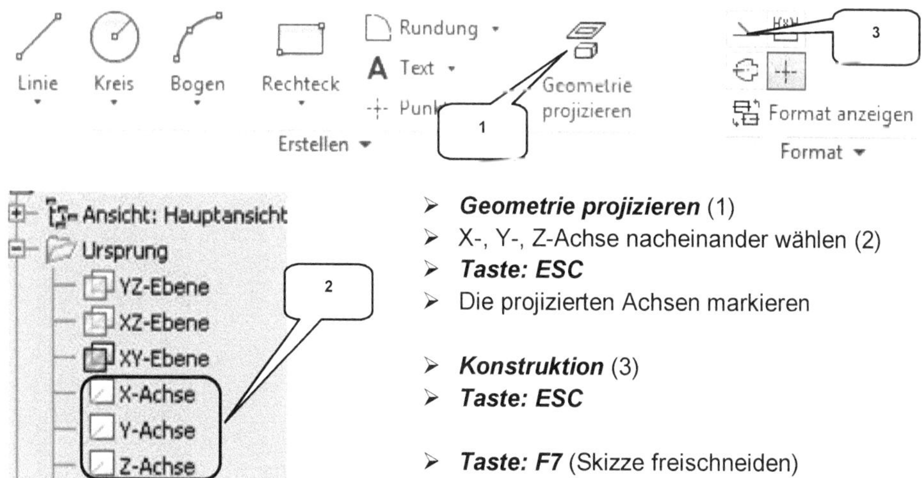

> ➢ ***Geometrie projizieren*** (1)
> ➢ X-, Y-, Z-Achse nacheinander wählen (2)
> ➢ ***Taste: ESC***
> ➢ Die projizierten Achsen markieren

> ➢ ***Konstruktion*** (3)
> ➢ ***Taste: ESC***

> ➢ ***Taste: F7*** (Skizze freischneiden)

10.11 Zeichnen der Subtraktionsgeometrie

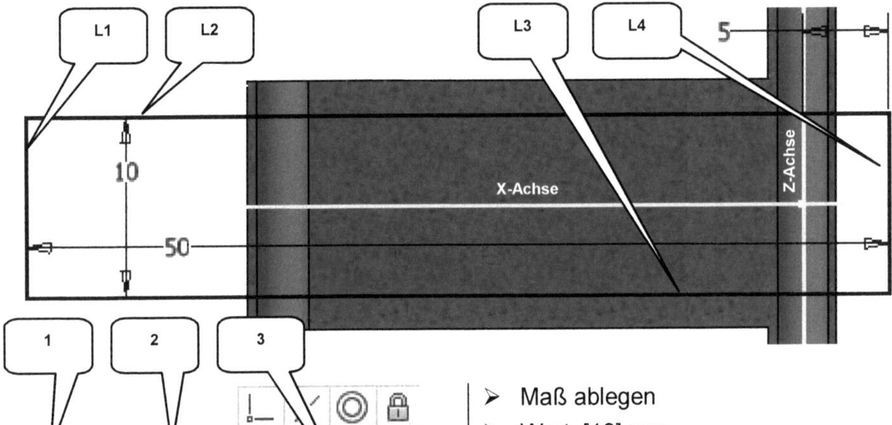

> **Rechteck** (1)
> Rechteck zeichnen wie dargestellt
> **Taste: ESC**

> **Bemaßung** (2)
> Linie (L1) wählen
> Linie (L4) wählen
> Maß ablegen
> Wert: [50] mm

> Linie (L2) wählen
> Linie (L3) wählen

> Maß ablegen
> Wert: [10] mm

> Linie (L4) wählen
> Z-Achse wählen
> Maß ablegen
> Wert: [5] mm
> **Taste: ESC**

> **Abhängigkeit Symmetrisch** (3)
> Linie (L2) wählen
> Linie (L3) wählen
> Projizierte X-Achse wählen
> **Taste: ESC**

> **Skizze fertig stellen**

HINWEIS: Beim Bemaßen des Abstandes zwischen Linie (L4) und der Z-Achse ist darauf zu achten, dass die Linie (L4) **rechts** neben der **Z-Achse** liegt.

10.12 Extrudieren der Differenzkontur

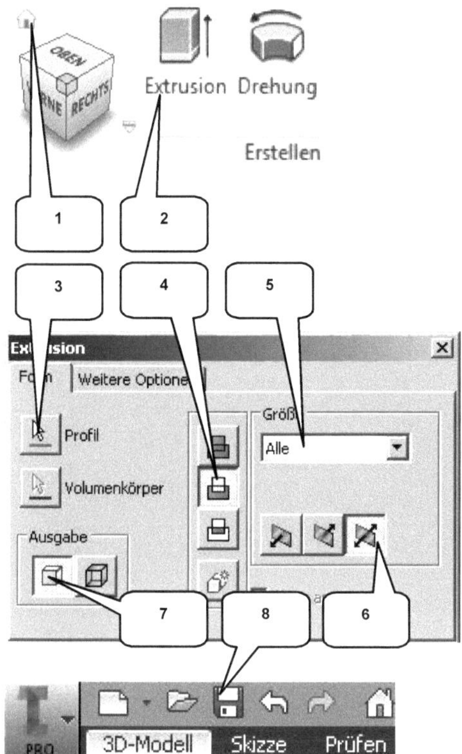

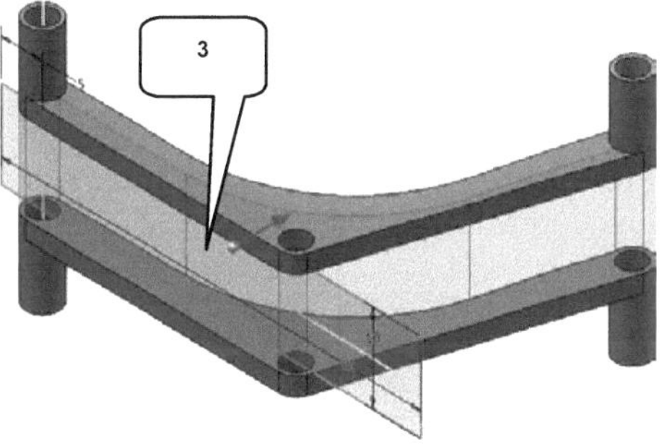

> ***ViewCube-Ansicht: Haussymbol*** (1)

> ***Extrusion*** (2)
> Profil: Rechteck (3)
> Verfahren: Differenz (4)
> Größe: Alle (5)
> Richtung: Symmetrisch (6)
> Ausgabe: Volumenkörper (7)
> ***OK***

> ***Speichern*** (8)
> ***Datei schließen***

11 Bauteil: Greiferstiel

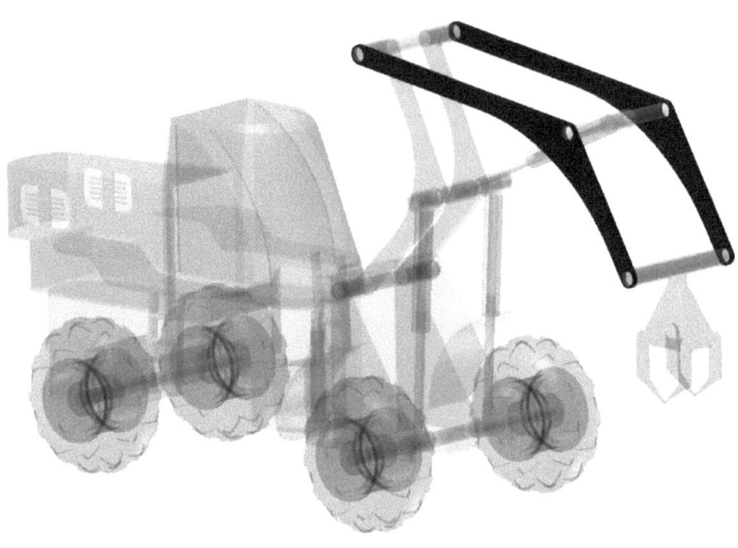

11.1 Bauteil „05-Greiferstiel" erstellen

> ➤ **Neu** (1)
> ➤ Templates (2)
> ➤ Bauteil: Norm.ipt (3)
> ➤ **Erstellen** (4)
>
> ➤ **Speichern** (5)
> ➤ Dateiname: [05-Greiferstiel] (6)
> ➤ **Speichern** (7)

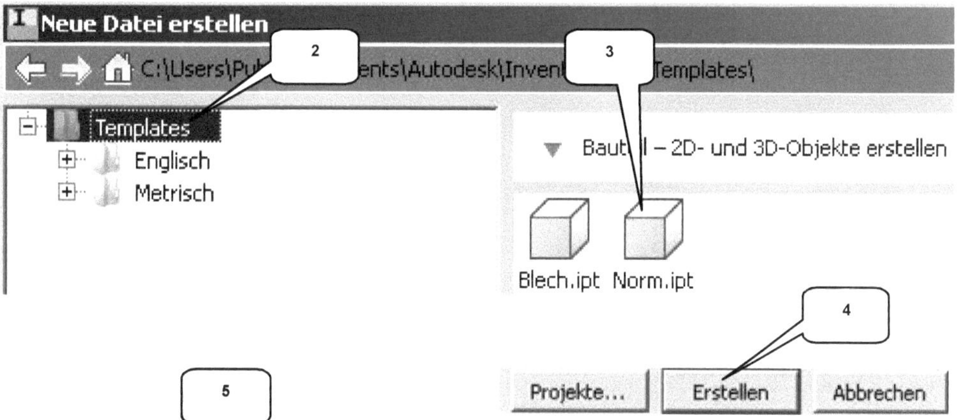

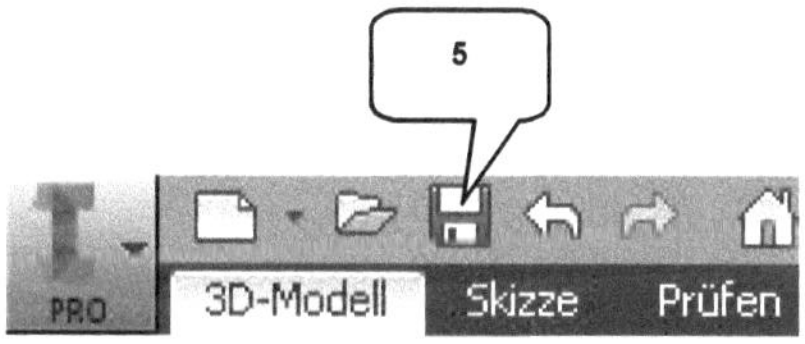

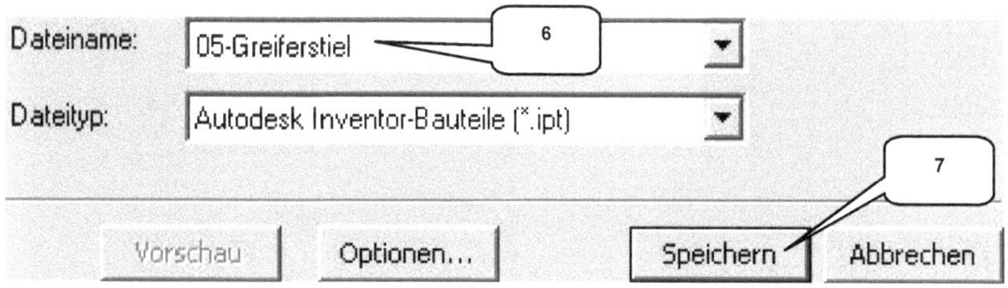

11.2 2D-Skizze auf XY-Ebene öffnen

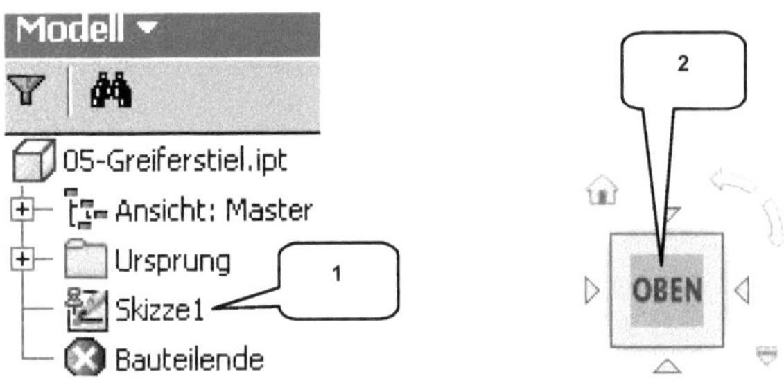

> „Skizze1" im Modellbaum doppelklicken (linke Maustaste) (1)

> **ViewCube-Ansicht: OBEN** (2)

11.3 Achsen projizieren und als Konstruktionsobjekte definieren

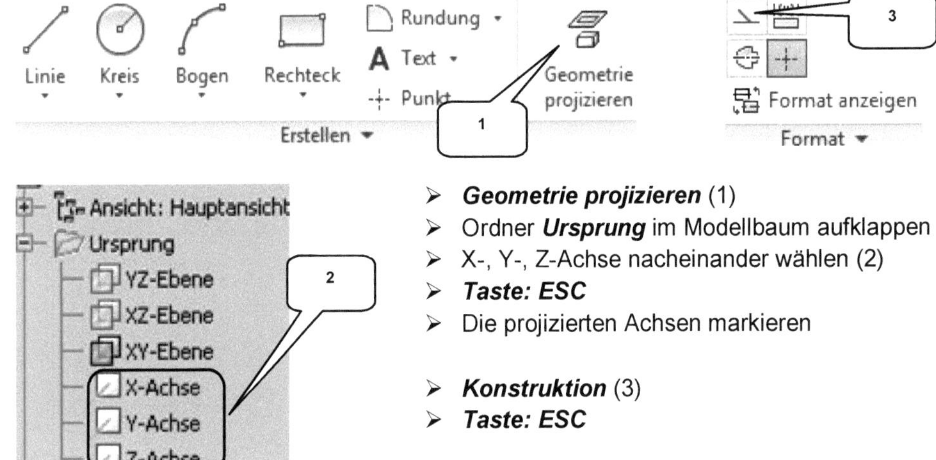

> **Geometrie projizieren** (1)
> Ordner **Ursprung** im Modellbaum aufklappen
> X-, Y-, Z-Achse nacheinander wählen (2)
> **Taste: ESC**
> Die projizierten Achsen markieren

> **Konstruktion** (3)
> **Taste: ESC**

11.4 Zeichnen der Basiskontur

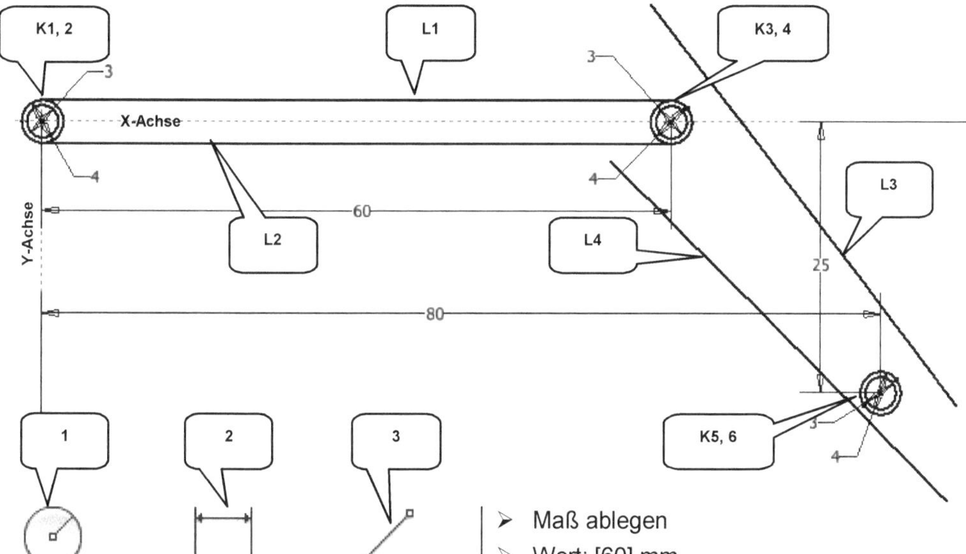

> ***Kreis durch Mittelpunkt*** (1)
> Zwei konzentrische Kreise im Koordina-
> tenursprung zeichnen (D1= [3] mm,
> D2= [4] mm) (K1,2)
> Zwei konzentrische Kreise (D1= [3] mm,
> D2= [4] mm) auf der X-Achse und rechts
> neben der Y-Achse zeichnen (K3,4)
> Zwei konzentrische Kreise (D1= [3] mm,
> D2= [4] mm) unterhalb der X-Achse und
> rechts neben der Y-Achse zeichnen
> (K5,6)
> ***Taste: ESC***
>
> ***Bemaßung*** (2)
> Mittelpunkte der Kreise (K3,4) wählen
> Projizierte Y-Achse wählen

> Maß ablegen
> Wert: [60] mm
> Mittelpunkte der Kreise (K5,6) wählen
> Projizierte Y-Achse wählen
> Maß ablegen
> Wert: [80] mm
> Mittelpunkte der Kreise (K5,6) wählen
> Projizierte X-Achse wählen
> Maß ablegen
> Wert: [25] mm
> ***Taste: ESC***
>
> ***Linie*** (3)
> Linie (L1) zeichnen (Linie verbindet die
> oberen Kreispunkte von K1,2 und K3,4)
> Linie (L2) zeichnen (Linie verbindet die
> unteren Kreispunkte von K1,2 und K3,4)
> Eine freiliegende Linie (L3) zeichnen
> Eine freiliegende Linie (L4) zeichnen
> ***Taste: ESC***

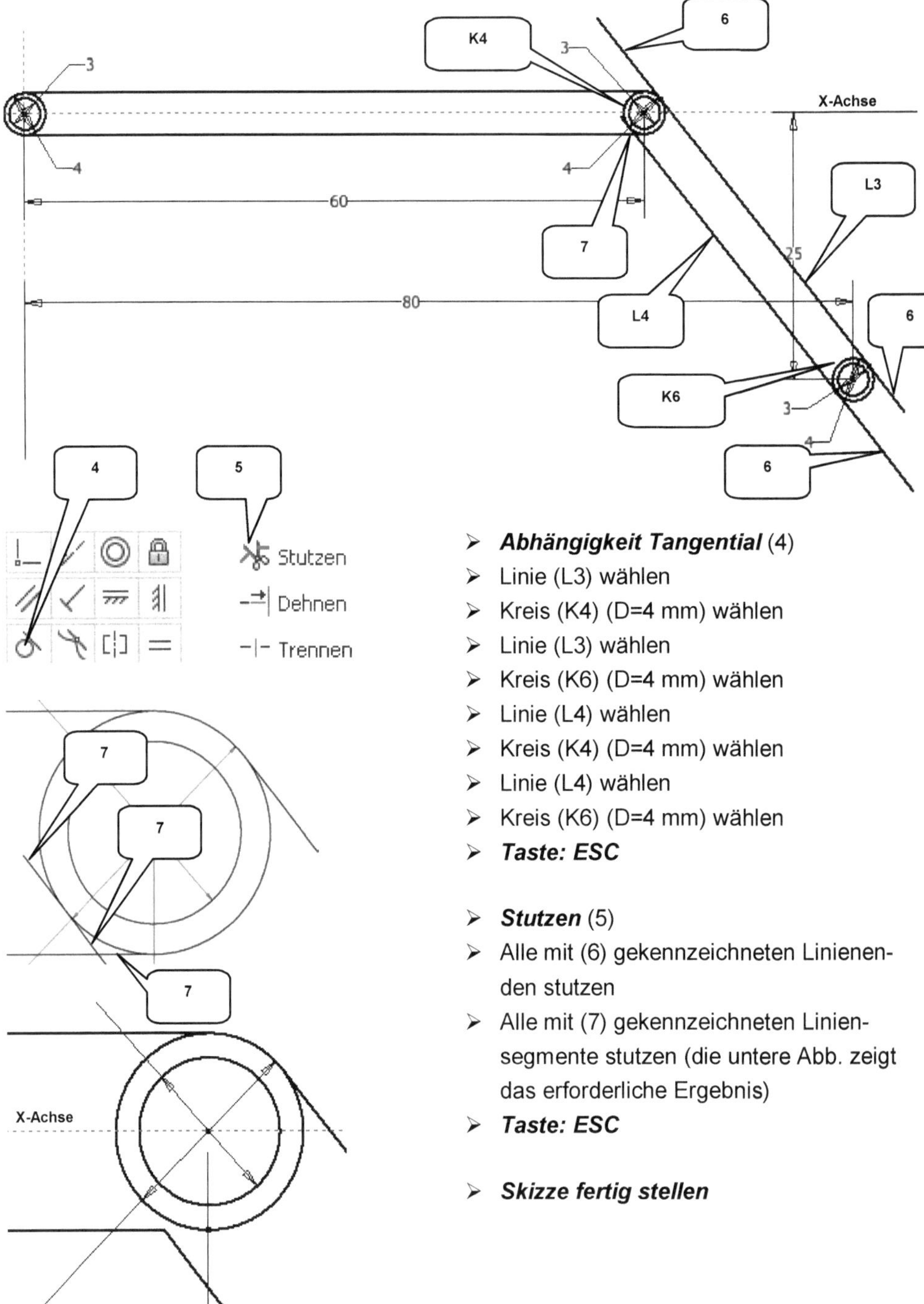

> ***Abhängigkeit Tangential*** (4)
> Linie (L3) wählen
> Kreis (K4) (D=4 mm) wählen
> Linie (L3) wählen
> Kreis (K6) (D=4 mm) wählen
> Linie (L4) wählen
> Kreis (K4) (D=4 mm) wählen
> Linie (L4) wählen
> Kreis (K6) (D=4 mm) wählen
> ***Taste: ESC***

> ***Stutzen*** (5)
> Alle mit (6) gekennzeichneten Linienen-
> den stutzen
> Alle mit (7) gekennzeichneten Linien-
> segmente stutzen (die untere Abb. zeigt
> das erforderliche Ergebnis)
> ***Taste: ESC***

> ***Skizze fertig stellen***

11.5 Extrudieren der Basiskontur

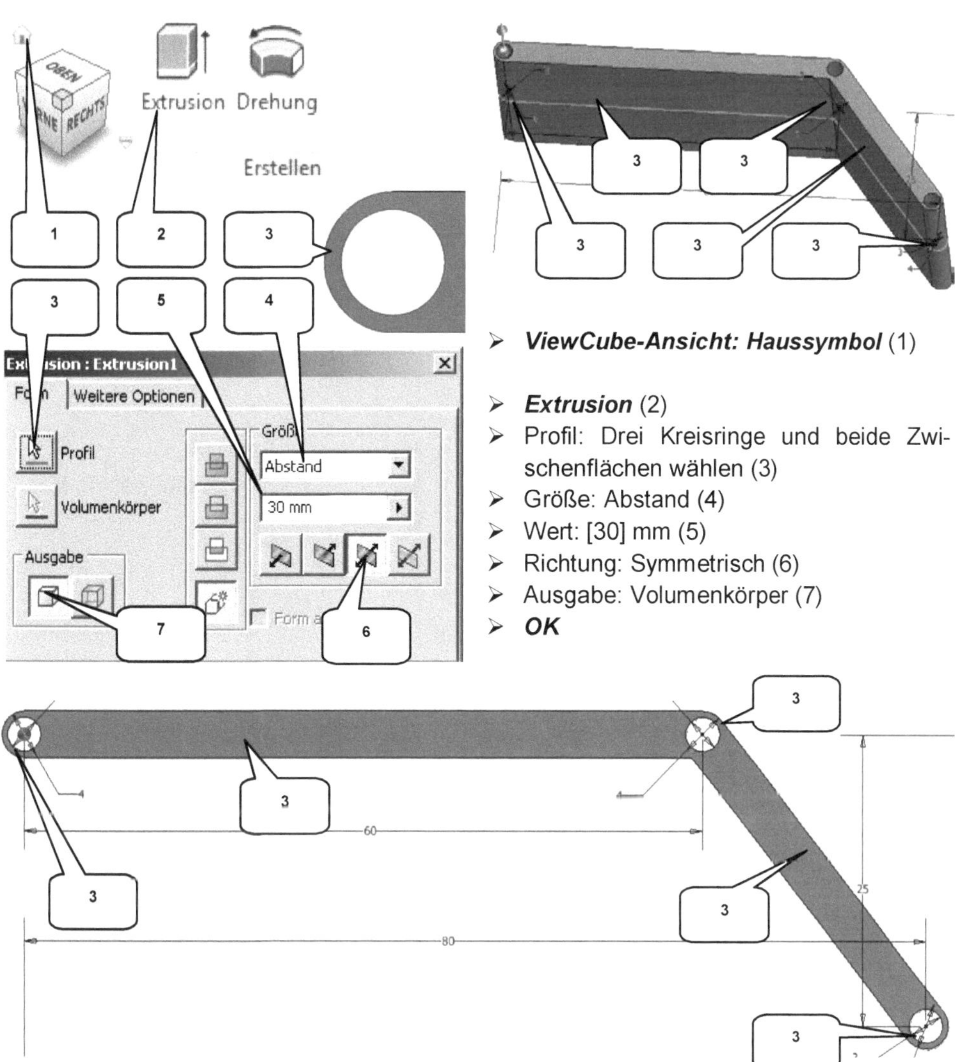

> **ViewCube-Ansicht: Haussymbol** (1)

> **Extrusion** (2)
> Profil: Drei Kreisringe und beide Zwischenflächen wählen (3)
> Größe: Abstand (4)
> Wert: [30] mm (5)
> Richtung: Symmetrisch (6)
> Ausgabe: Volumenkörper (7)
> **OK**

HINWEIS: Neben den beiden großflächigen Konturen sind die 3 Kreisflächen (Bereiche zwischen den Durchmessern 3 und 4 mm) zu extrudieren. Die Bohrungen (D=3 mm) sollen nicht extrudiert werden.

11.6 Runden der inneren Kante

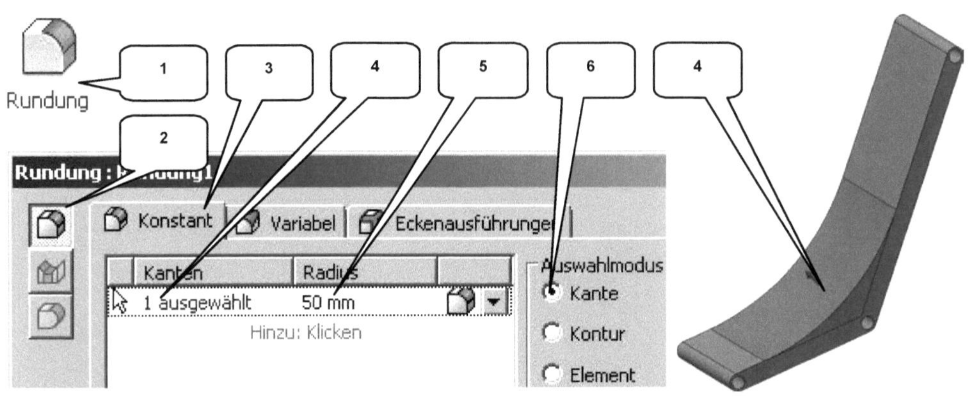

> **Rundung** (1)
> Option: Kantenabrundung (2)
> Reiter: Konstant (3)
> Kanten: Markierte Kante wählen (4)

> Radius: [50] mm (5)
> Auswahlmodus: Kante wählen (5)
> **OK**

11.7 2D-Skizze auf der XZ-Ebene erzeugen

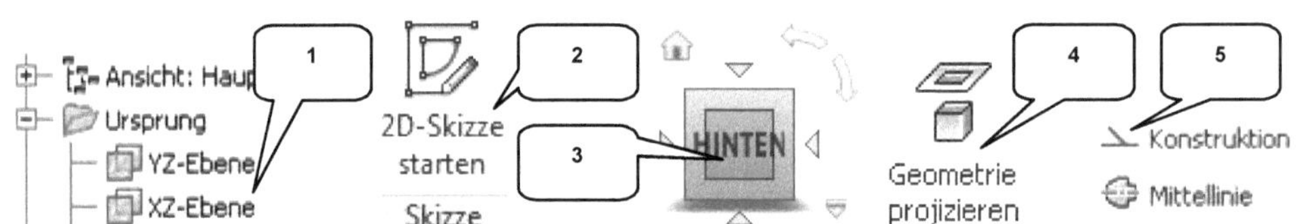

> „XZ-Ebene" im Modellbaum markieren (linke Maustaste) (1)
>
> **2D-Skizze starten** (2)
> **ViewCube-Ansicht: HINTEN** (3)
>
> **Taste: F7** (Skizze freischneiden)

> **Geometrie projizieren** (4)
> X-, Y-, Z-Achse nacheinander wählen
> **Taste: ESC**
> Die projizierten Achsen markieren
>
> **Konstruktion** (5)
> **Taste: ESC**

11.8 Zeichnen der Subtraktionsgeometrie

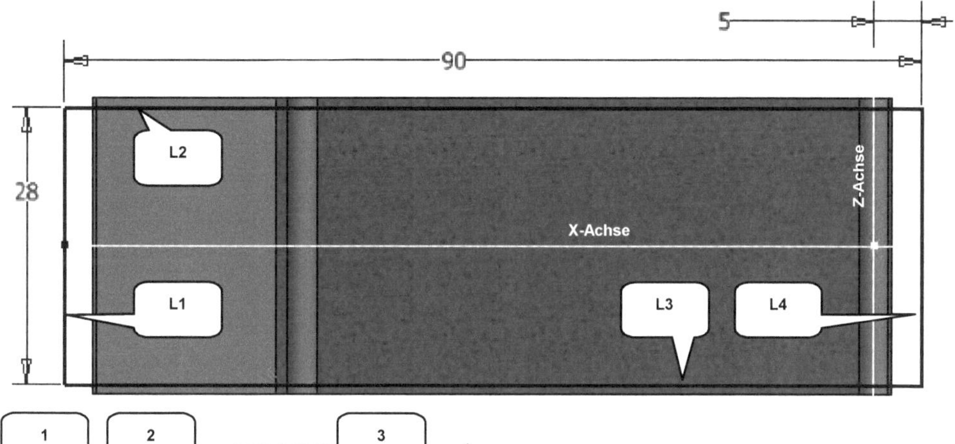

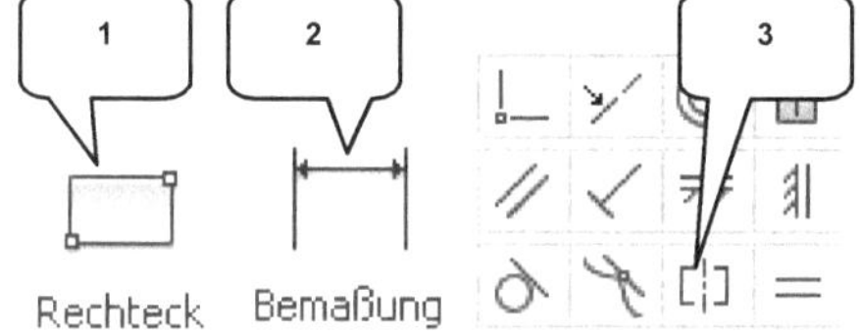

> **Rechteck** (1)
> Rechteck zeichnen wie dargestellt
> **Taste: ESC**

> **Bemaßung** (2)

> Linie (L1) wählen
> Linie (L4) wählen
> Maß ablegen
> Wert: [90] mm

> Linie (L2) wählen
> Linie (L3) wählen

> Maß ablegen
> Wert: [28] mm

> Linie (L4) wählen
> Projizierte Z-Achse wählen
> Maß ablegen
> Wert: [5] mm
> **Taste: ESC**

> **Abhängigkeit Symmetrisch** (3)
> Linie (L2) wählen
> Linie (L3) wählen
> Projizierte X-Achse wählen
> **Taste: ESC**

> **Skizze fertig stellen**

HINWEIS: Auch bei diesem Rechteck muss die rechte Senkrechte 5 mm rechts neben der Z-Achse liegen.

11.9 Extrudieren der Subtraktionsgeometrie

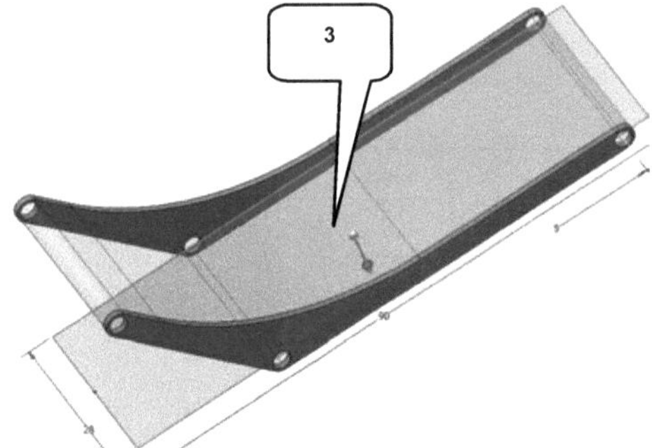

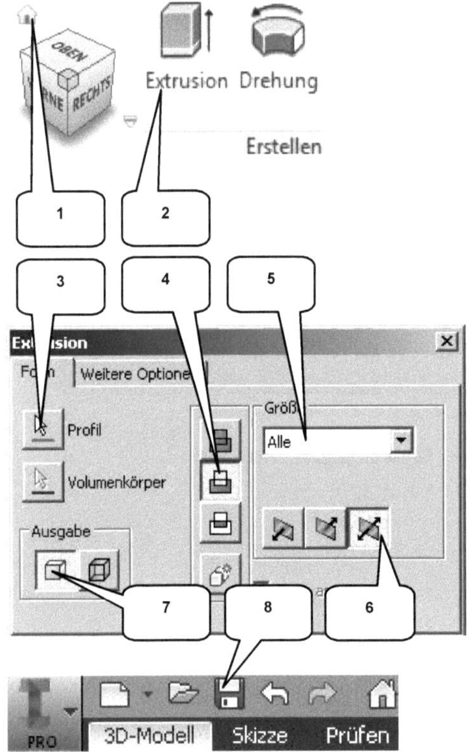

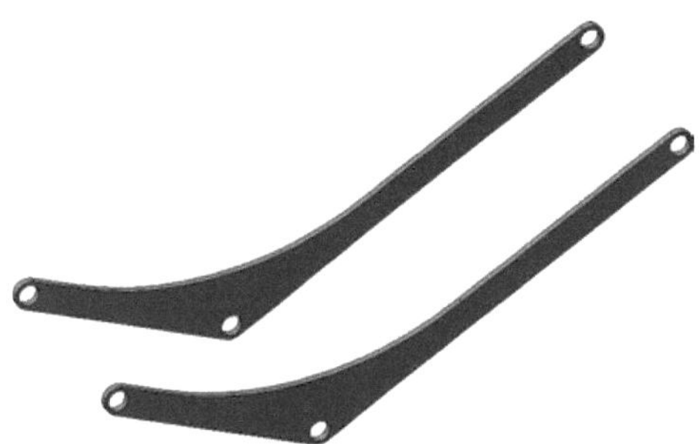

> ***ViewCube-Ansicht: Haussymbol*** (1)

> ***Extrusion*** (2)
> Profil: Rechteck (3)
> Verfahren: Differenz (4)
> Größe: Alle (5)
> Richtung: Symmetrisch (6)
> Ausgabe: Volumenkörper (7)
> ***OK***

> ***Speichern*** (8)
> ***Datei schließen***

12 Bauteil: Greifer

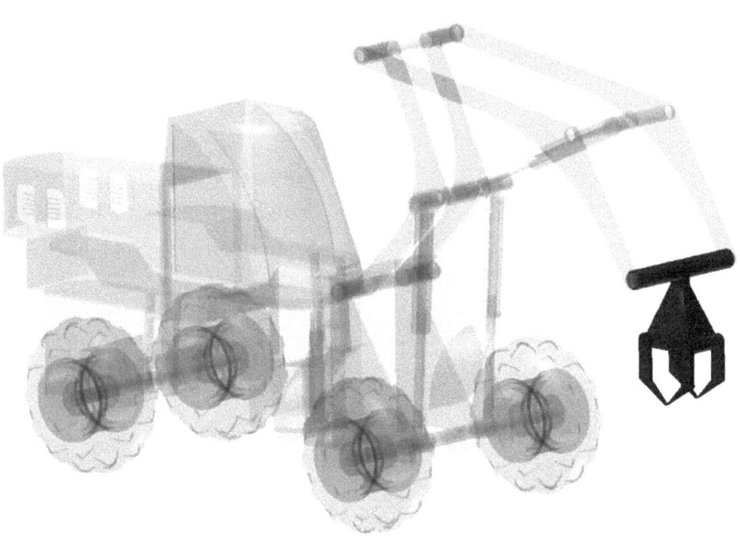

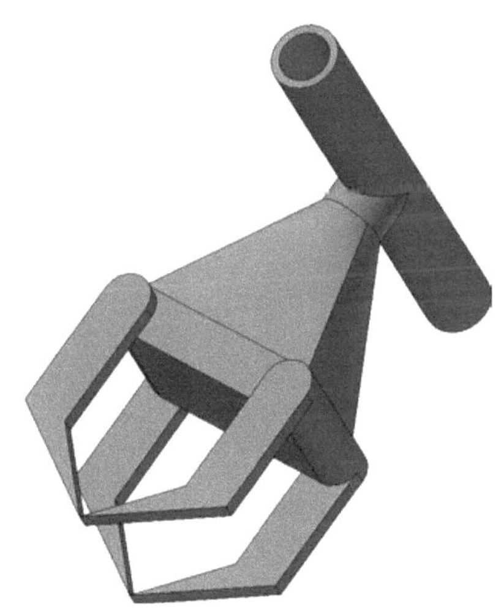

12.1 Bauteil „06-Greifer" erstellen

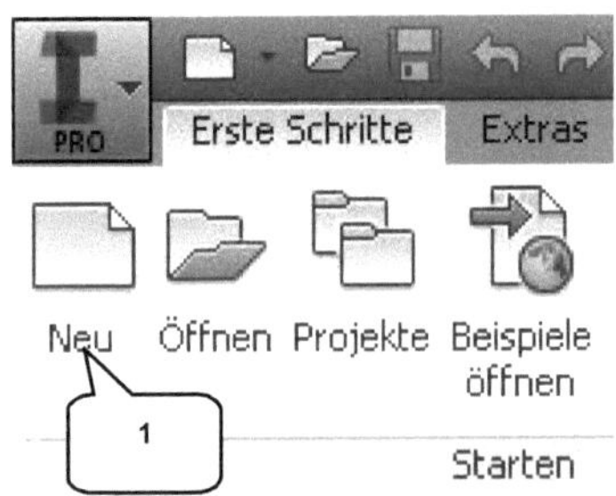

- ➢ **Neu** (1)
- ➢ Templates (2)
- ➢ Bauteil: Norm.ipt (3)
- ➢ **Erstellen** (4)

- ➢ **Speichern** (5)
- ➢ Dateiname: [06-Greifer] (6)
- ➢ **Speichern** (7)

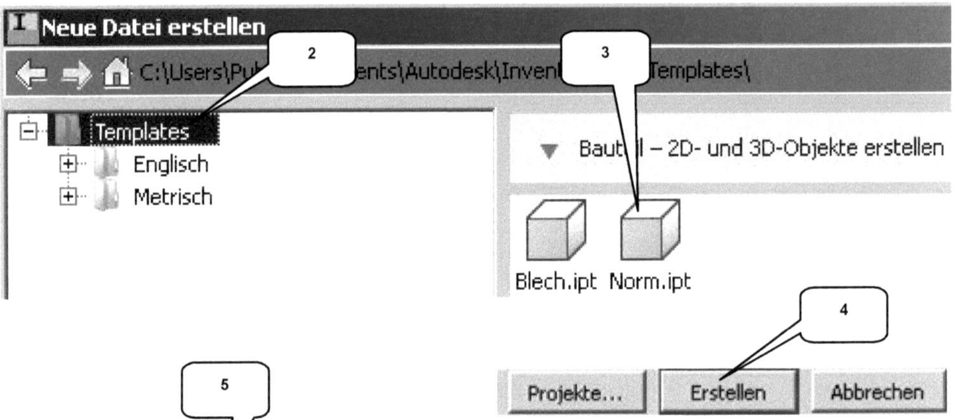

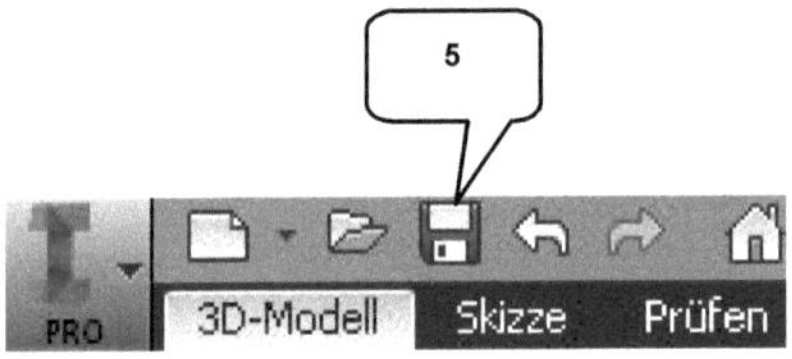

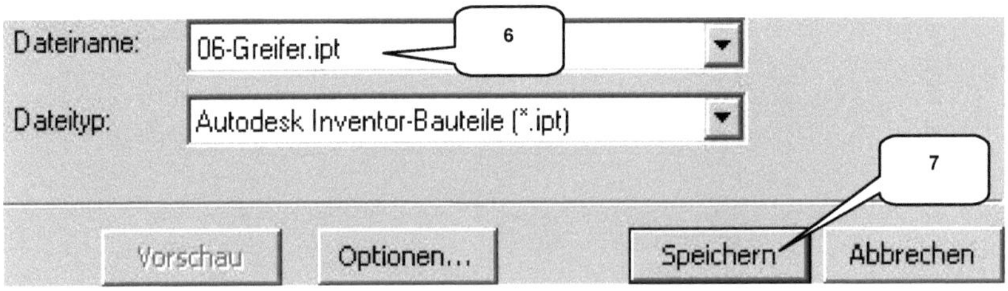

12.2 Basiskontur mittels Zylinder erzeugen

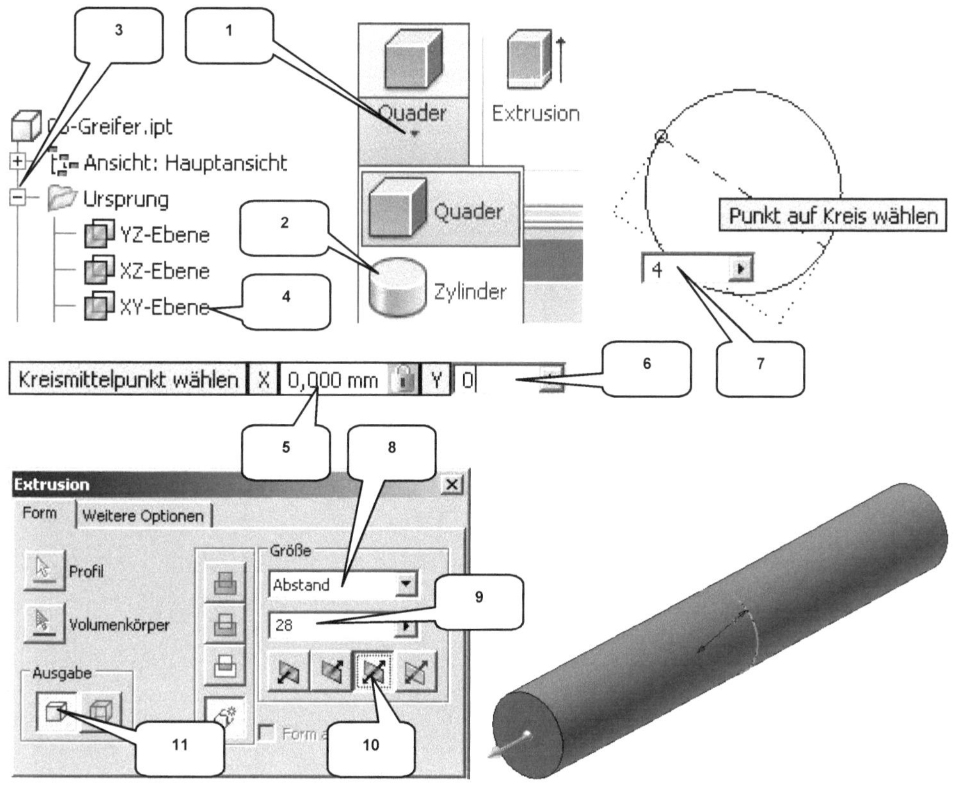

> Gruppe „Grundkörper" aufklappen (1)

> **Zylinder** (2)

> Ordner **Ursprung** im Modellbaum auf-
klappen (3)

> „XY-Ebene" wählen (4)

> Mauspfeil in den Zeichenbereich ziehen

> Koordinaten für Kreismittelpunkt:

> **Taste: TAB**

> X-Wert: [0] (5)

> **Taste: TAB**

> Y-Wert: [0] (6)

> **Taste: ENTER**

> Wert für Durchmesser des Kreises:

> Durchmesser: [4] mm (7)

> **Taste: ENTER**

> Im Befehl Extrusion:

> Größe: Abstand (8)

> Wert: [28] mm (9)

> Richtung: Symmetrisch (10)

> Ausgabe: Volumenkörper (11)

> **OK**

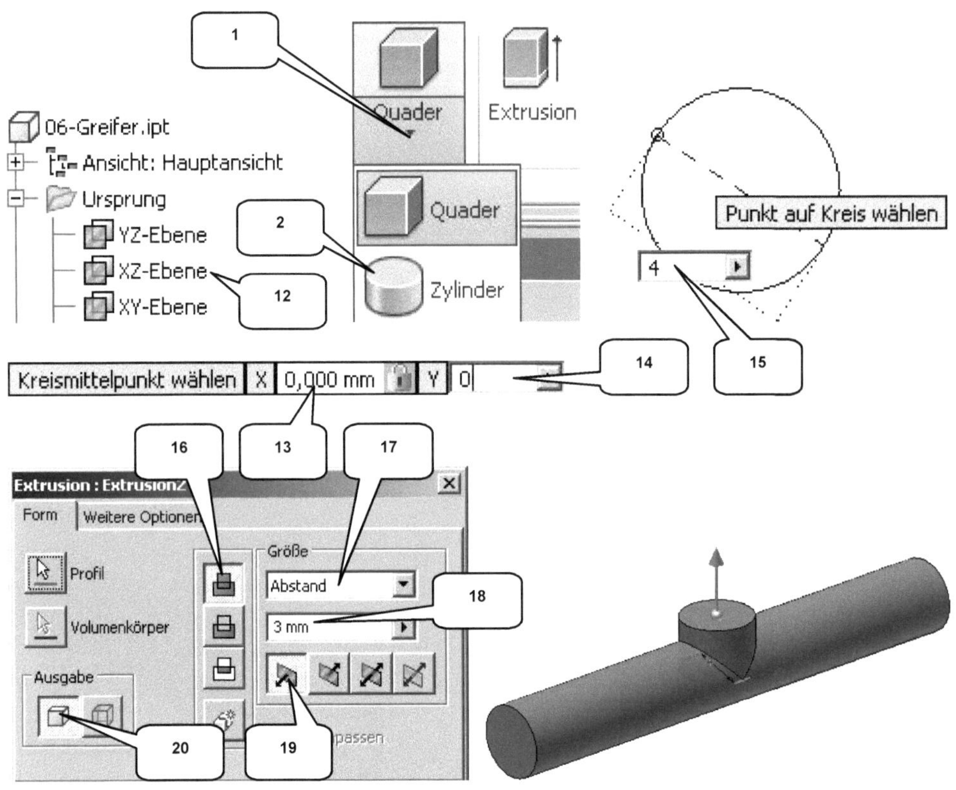

> Gruppe „Grundkörper" aufklappen (1)

> **Zylinder** (2)
> „XZ-Ebene" im Modellbaum wählen (12)
> Mauspfeil in den Zeichenbereich ziehen

> Koordinaten für Kreismittelpunkt:
> **Taste: TAB**
> X-Wert: [0] (13)
> **Taste: TAB**
> Y-Wert: [0] (14)
> **Taste: ENTER**

> Wert für Durchmesser des Kreises:
> Durchmesser: [4] mm (15)
> **Taste: ENTER**

> Im Befehl Extrusion:
> Verfahren: Vereinigung (16)
> Größe: Abstand (17)
> Wert: [3] mm (18)
> Richtung: Richtung 1 (19)
> Ausgabe: Volumenkörper (20)
> **OK**

12.3 Erzeugen einer Ebene mit Versatz

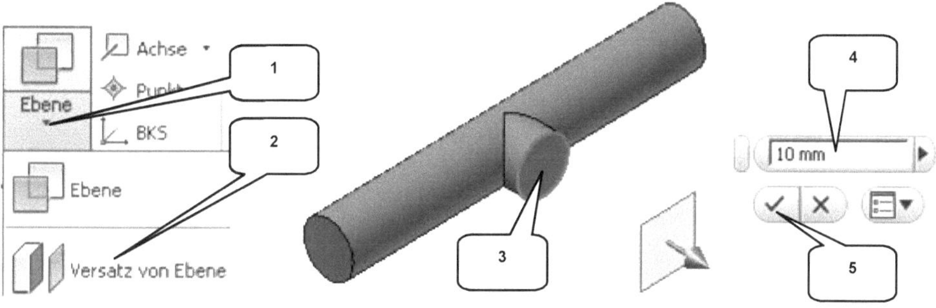

> Befehlsgruppe *Ebene* erweitern (1)

> *Versatz von Ebene* (2)
> Markierte Fläche wählen (3)
> Versatz: [10] mm (4)
> *OK* (5)

12.4 2D-Skizze auf neuer Ebene erzeugen

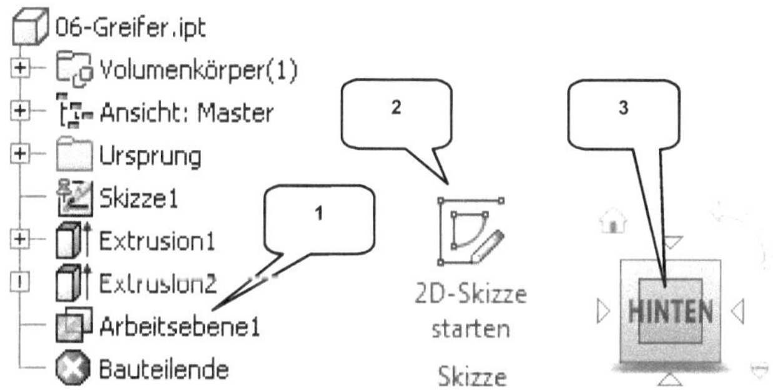

> Neue Arbeitsebene im Modellbaum markieren (linke Maustaste) (1)

> *2D-Skizze starten* (2)
> *ViewCube-Ansicht: HINTEN* (3)

12.5 Achsen projizieren und als Konstruktionsobjekte definieren

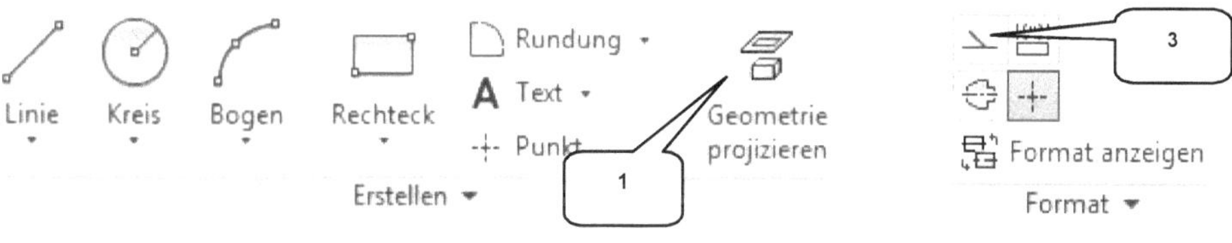

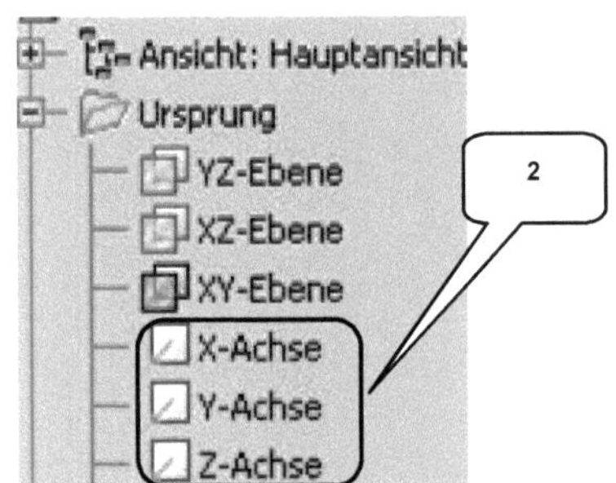

> ➢ **Geometrie projizieren** (1)
> ➢ X-, Y-, Z-Achse nacheinander wählen (2)
> ➢ **Taste: ESC**
> ➢ Die projizierten Achsen markieren
>
> ➢ **Konstruktion** (3)
> ➢ **Taste: ESC**

12.6 Zeichnen der Basiskontur

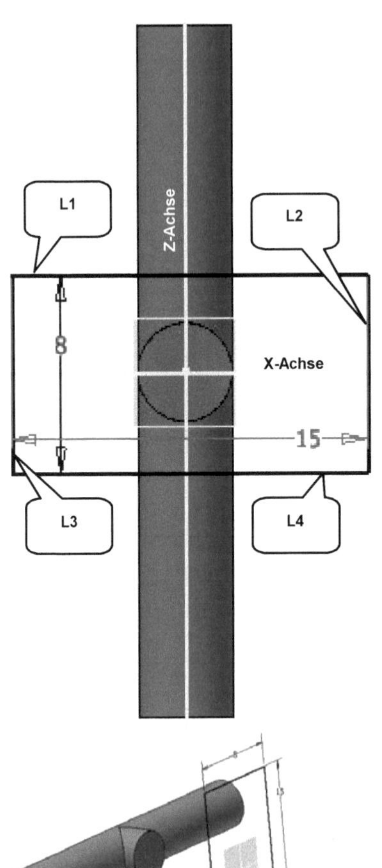

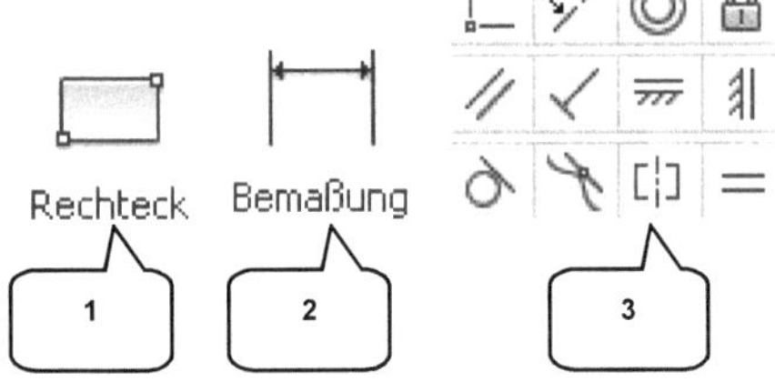

> ➢ **Rechteck** (1)
> ➢ Rechteck zeichnen wie dargestellt
> ➢ **Taste: ESC**
>
> ➢ **Bemaßung** (2)
> ➢ Linie (L1) wählen
> ➢ Linie (L4) wählen
> ➢ Maß ablegen
> ➢ Wert: [8] mm
> ➢ Linie (L2) wählen
> ➢ Linie (L3) wählen
> ➢ Maß ablegen
> ➢ Wert: [15] mm
> ➢ **Taste: ESC**

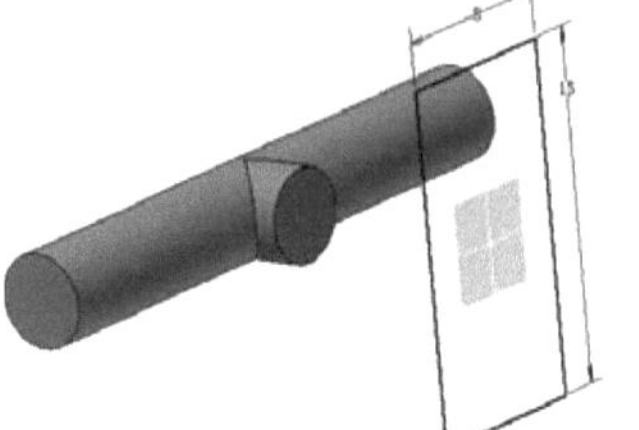

> ➤ *Abhängigkeit Symmetrisch* (3)
> ➤ Linie (L1) wählen
> ➤ Linie (L4) wählen
> ➤ Projizierte X-Achse wählen
> ➤ *Taste: ESC*

> ➤ *Abhängigkeit Symmetrisch* (3)
> ➤ Linie (L3) wählen
> ➤ Linie (L2) wählen
> ➤ Projizierte Z-Achse wählen
> ➤ *Taste: ESC*
>
> ➤ *Skizze fertig stellen*

12.7 Extrudieren der Skizzengeometrie

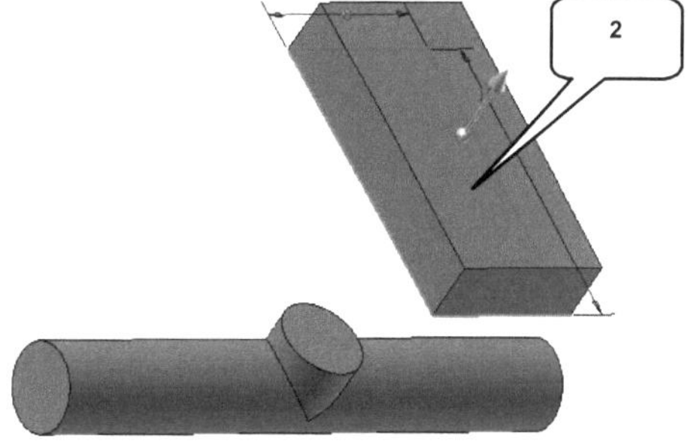

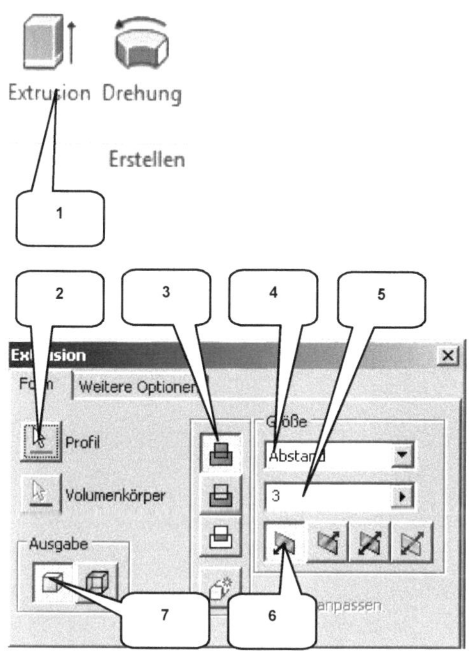

> ➤ *Extrusion* (1)
> ➤ Profil: Rechteck (2)
> ➤ Verfahren: Vereinigung (3)
> ➤ Größe: Abstand (4)
> ➤ Wert: [3] mm (5)
> ➤ Richtung: Richtung 1 (6)
> ➤ Ausgabe: Volumenkörper (7)
> ➤ *OK*

12.8 Deaktivieren der Arbeitsebene

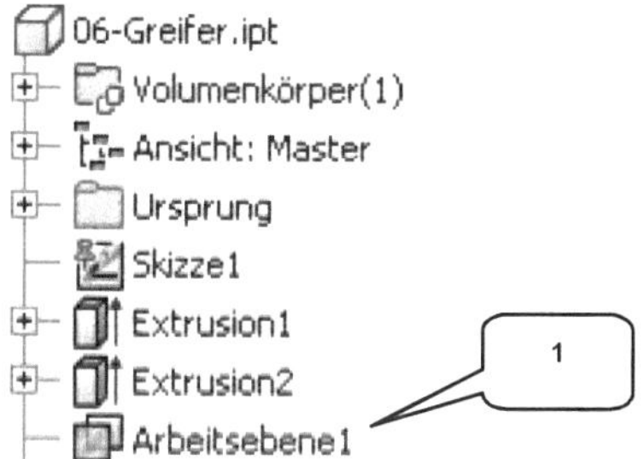

> ➤ Rechte Maustaste auf die Arbeitsebene
>   im Modellbaum (1)
> ➤ Option „Sichtbarkeit" deaktivieren

12.9 Runden der letzten Extrusion

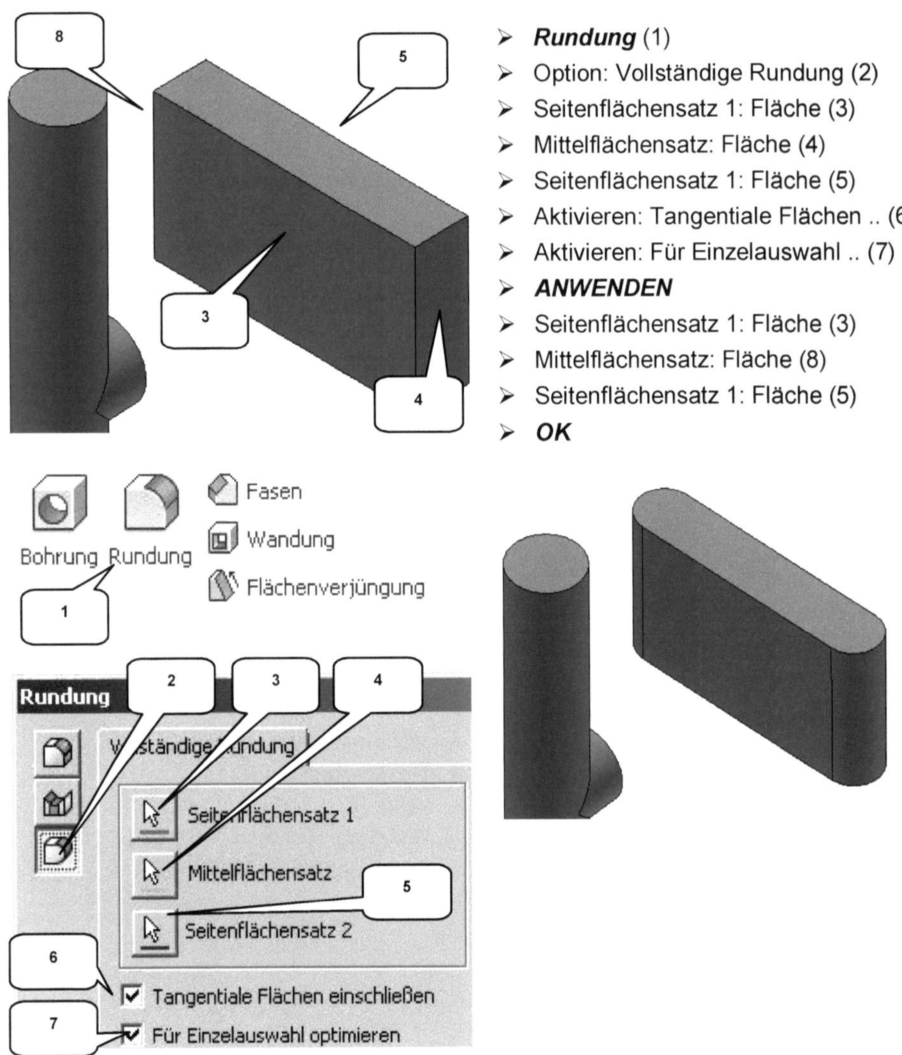

➢ **Rundung** (1)
➢ Option: Vollständige Rundung (2)
➢ Seitenflächensatz 1: Fläche (3)
➢ Mittelflächensatz: Fläche (4)
➢ Seitenflächensatz 1: Fläche (5)
➢ Aktivieren: Tangentiale Flächen .. (6)
➢ Aktivieren: Für Einzelauswahl .. (7)
➢ **ANWENDEN**
➢ Seitenflächensatz 1: Fläche (3)
➢ Mittelflächensatz: Fläche (8)
➢ Seitenflächensatz 1: Fläche (5)
➢ **OK**

HINWEIS: Die Flächen (5) und (8) sind zwei in der oberen Abbildung nicht sichtbare (verdeckte) Flächen. Die untere Abbildung zeigt das gewünschte Ergebnis.

12.10 Bohren der Greiferführung

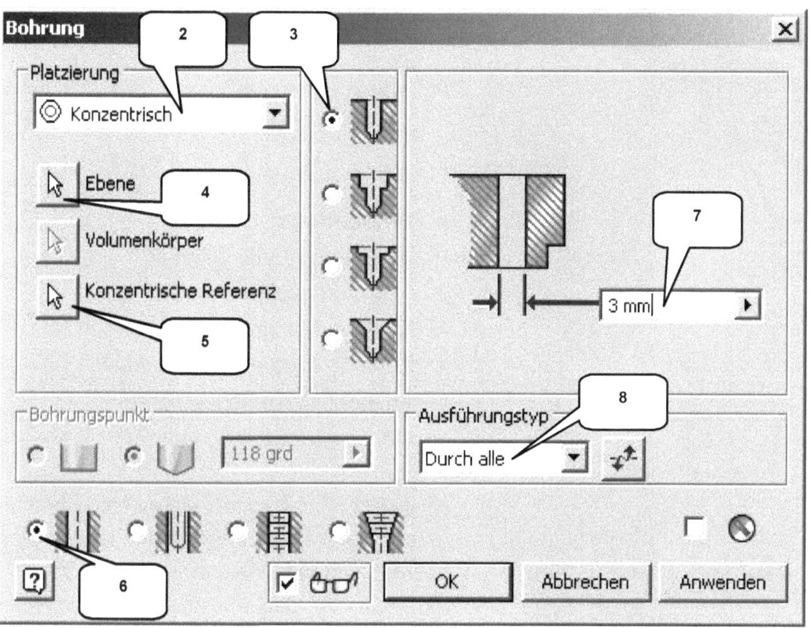

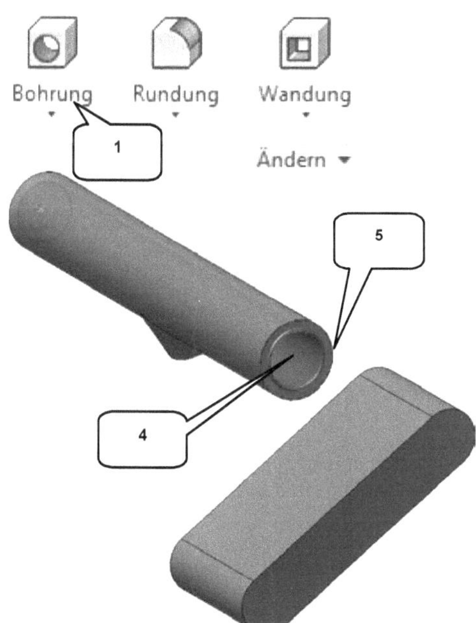

> ***Bohrung*** (1)
> Platzierungstyp: Konzentrisch (2)
> Typ: Bohren (3)
> Ebene: Markierte Fläche (4) (Stirnfläche des langen Zylinders)
> Konzentrische Referenz: Kreiskante (5)
> Bohrungstyp: Einfache Bohrung (6)
> Bohrungsdurchmesser: [3] mm (7)
> (Wert **nicht** durch ***ENTER*** bestätigen!)
> Ausführungstyp: Durch alle (8)
> ***OK***

12.11 Erzeugen einer Erhebung

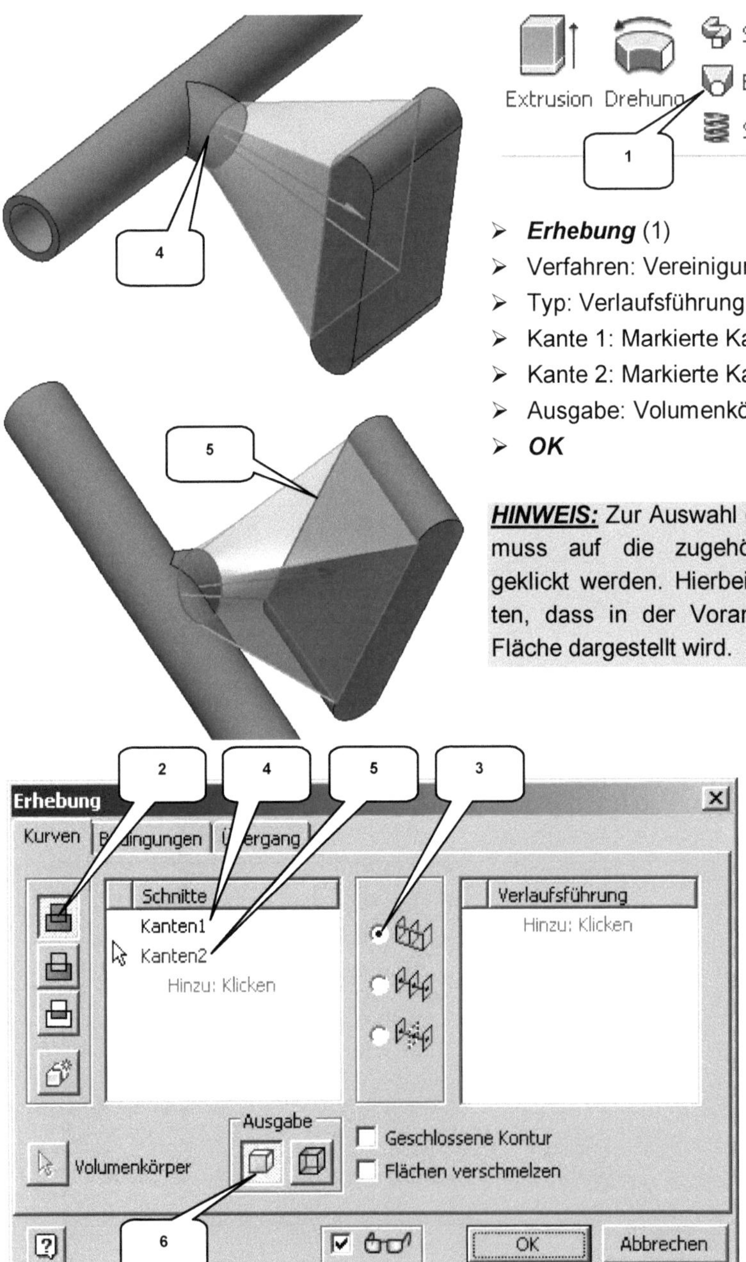

> ***Erhebung*** (1)
> Verfahren: Vereinigung (2)
> Typ: Verlaufsführung (3)
> Kante 1: Markierte Kante wählen (4)
> Kante 2: Markierte Kante wählen (5)
> Ausgabe: Volumenkörper (6)
> ***OK***

HINWEIS: Zur Auswahl der beiden Flächen, muss auf die zugehörige Flächenkante geklickt werden. Hierbei ist darauf zu achten, dass in der Voranzeige die korrekte Fläche dargestellt wird.

12.12 Erstellen einer weiteren 2D-Skizze

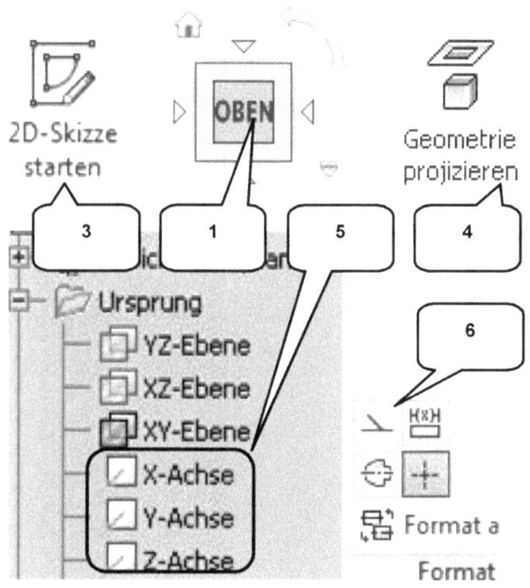

> **ViewCube-Ansicht: OBEN** (1)

> Markierte Seitenfläche wählen (2)

> **2D-Skizze starten** (3)

> **Geometrie projizieren** (4)
> X-, Y-, Z-Achse wählen (5)
> Markierte Fläche erneut wählen (2)
> **Taste: ESC**

> Die projizierten Achsen markieren

> **Konstruktion** (6)
> **Taste: ESC**

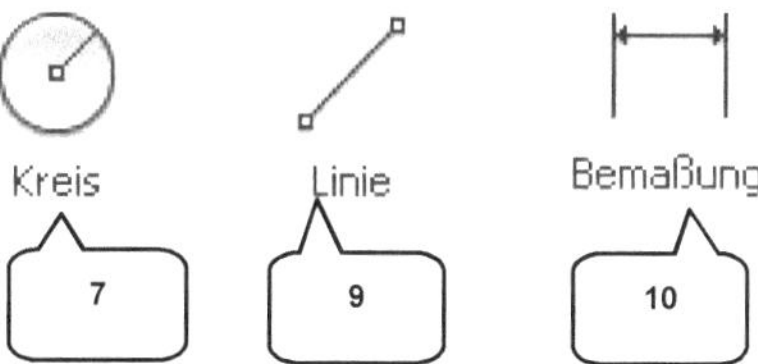

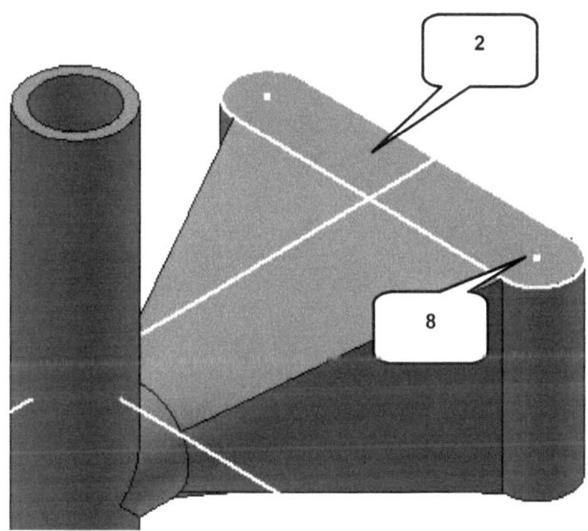

> **Kreis durch Mittelpunkt** (7)
> Kreis (D = 3mm) zeichnen (Kreismittel-
> punkt (8) liegt im Mittelpunkt der proji-
> zierten Kreiskante)
> **Taste: ESC**

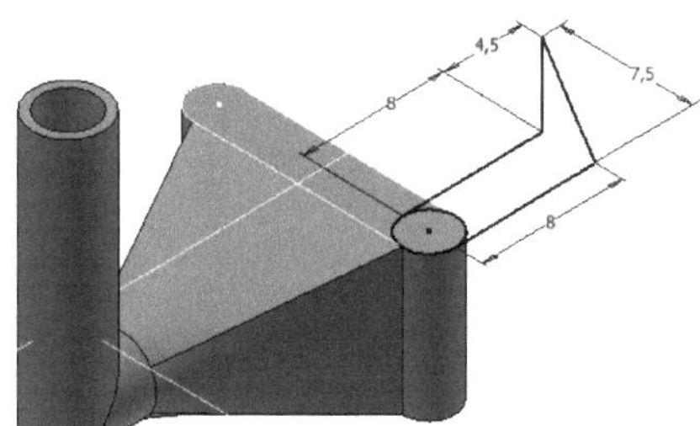

> **Linie** (9)
> Kontur aus 5 Linien zeichnen wie darge-
> stellt
> Senkrechte Linien sind tangential an die
> äußeren Kreispunkte anzuschließen
> **Taste: ESC**

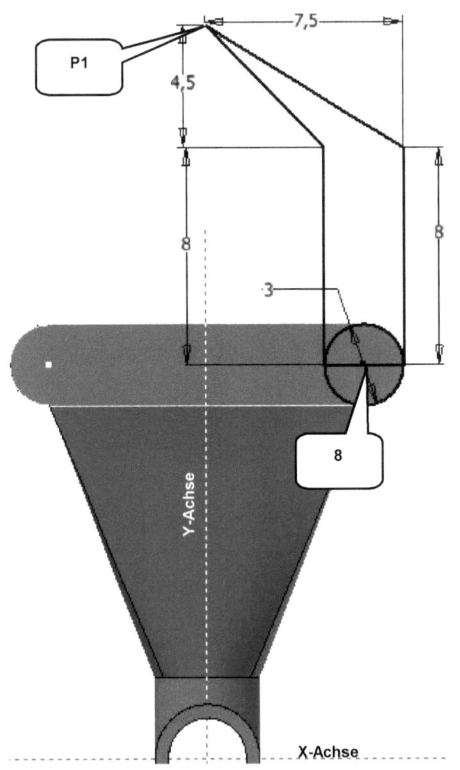

> ➢ ***Bemaßung*** (10)
> ➢ Linien bemaßen wie dargestellt
> ➢ ***Taste: ESC***
>
> ➢ ***Skizze fertig stellen***

HINWEIS: Die beiden senkrechten Linien starten jeweils an den äußeren Punkten des Kreises. An deren oberen Endpunkte schließen die beiden schrägen Linien an, welche sich dann im Punkt (P1) treffen.

12.13 Extrudieren des ersten Greiferzahns

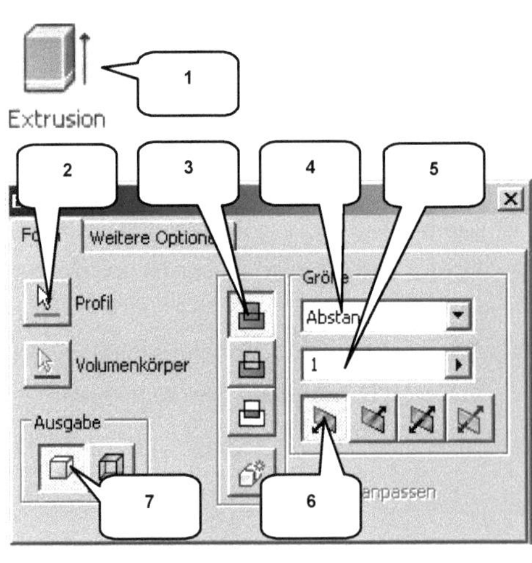

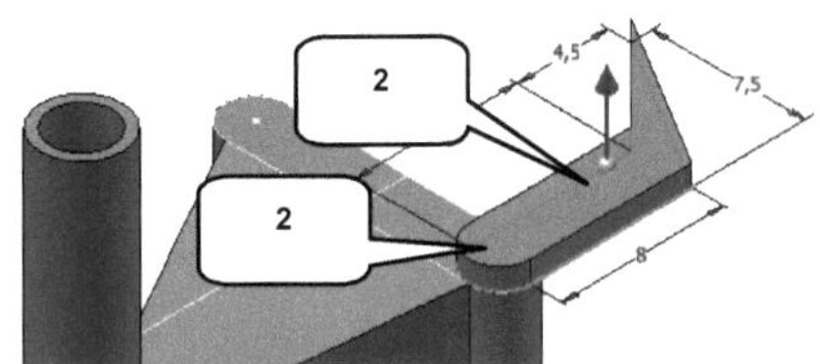

> ➢ ***Extrusion*** (1)
> ➢ Profil: Linienkontur und Kreis (2)
> ➢ Verfahren: Vereinigung (3)
> ➢ Größe: Abstand (4)
> ➢ Wert: [1] mm (5)
> ➢ Richtung: Richtung 1 (6)
> ➢ Ausgabe: Volumenkörper (7)
> ➢ ***OK***

12.14 Spiegeln des ersten Greiferzahns

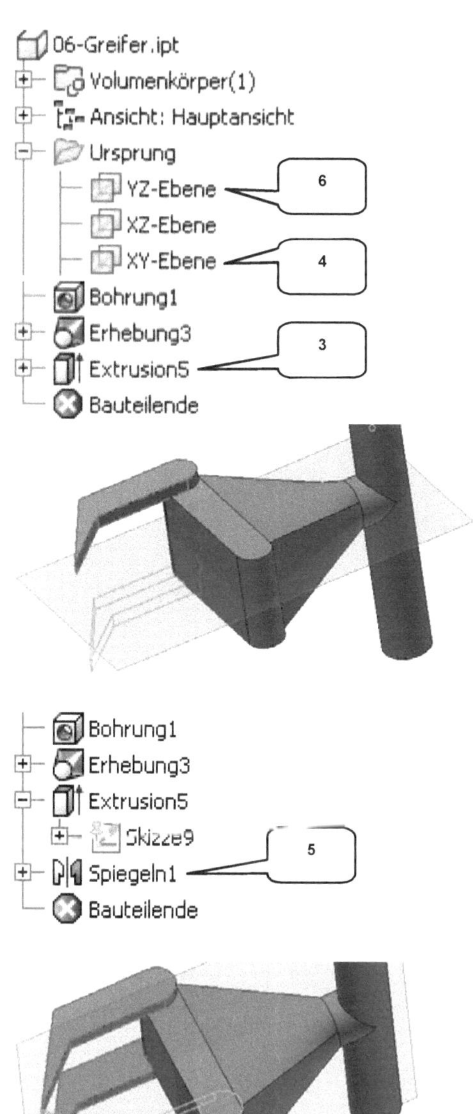

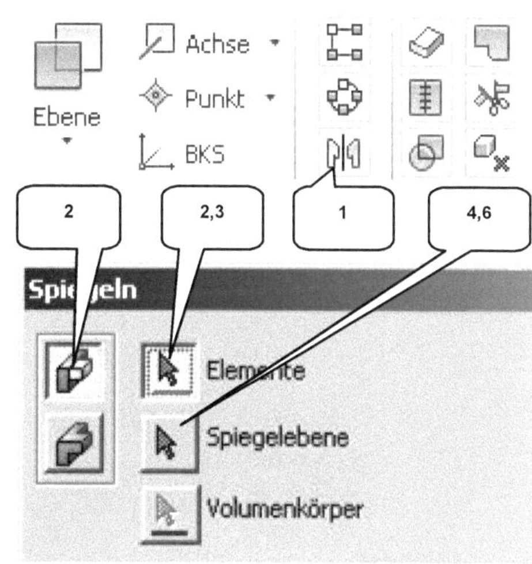

> **Spiegeln** (1)
> Option: Einzelne Elemente ... (2)
> Elemente: Letzte Extrusion (erster Greiferzahn) im Modellbaum wählen (3)
> Spiegelebene: XY-Ebene im Modellbaum wählen (4)
> *OK*

> **Spiegeln** (1)
> Option: Einzelne Elemente ... (2)
> Elemente: Zuletzt erzeugtes Spiegelelement im Modellbaum wählen (5)
> Spiegelebene: YZ-Ebene im Modellbaum wählen (6)
> *OK*

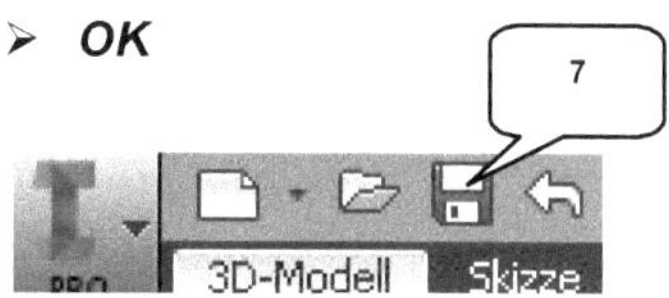

> *Speichern* (7)
> *Datei schließen*

13 Unterbaugruppe: Rad

13.1 Bauteil „07-1-Rad-Basisskizze" erstellen

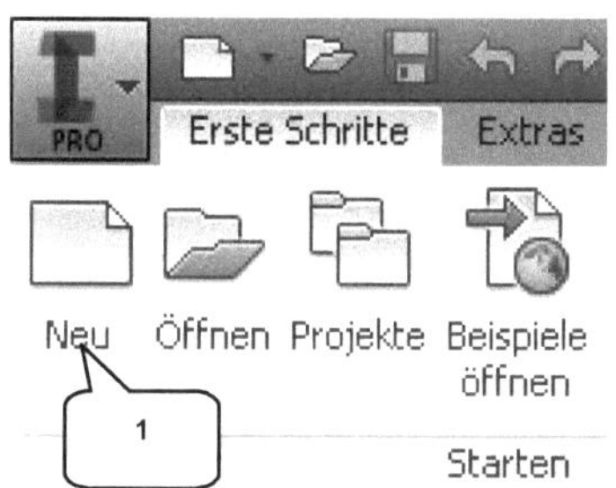

- ➢ **Neu** (1)
- ➢ Templates (2)
- ➢ Bauteil: Norm.ipt (3)
- ➢ **Erstellen** (4)

- ➢ **Speichern** (5)
- ➢ Dateiname: [07-1-Rad-Basisskizze] (6)
- ➢ **Speichern** (7)

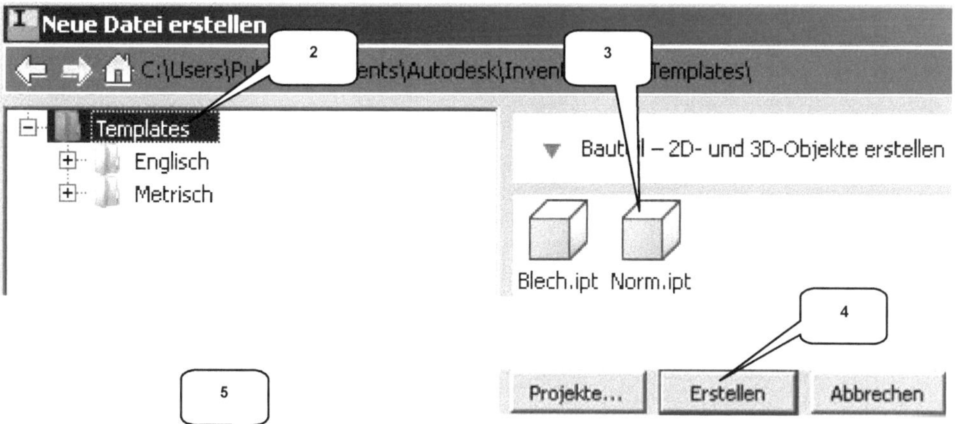

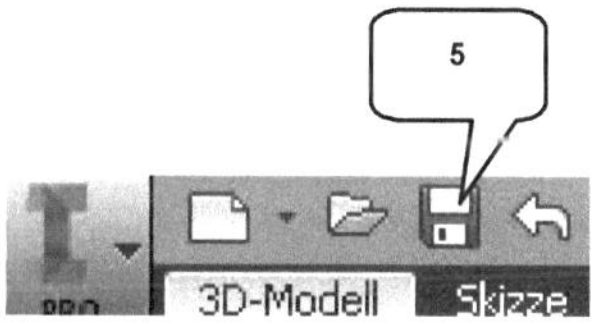

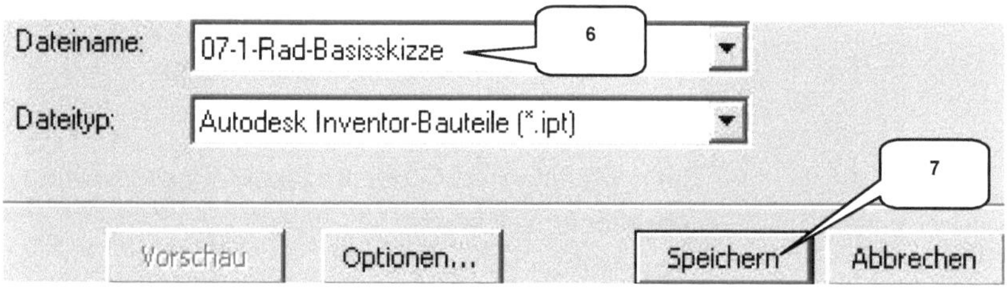

13.2 2D-Skizze auf XY-Ebene öffnen

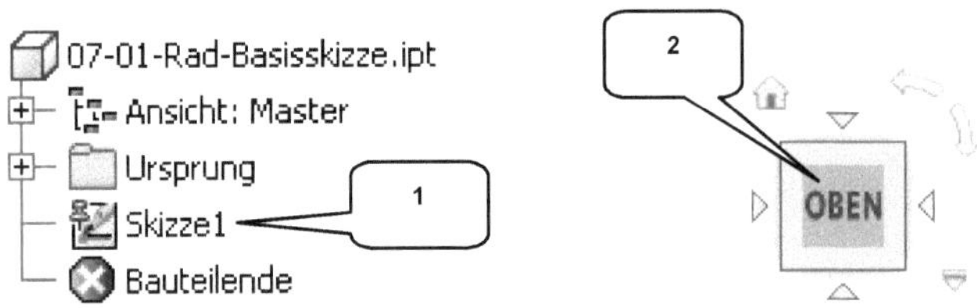

> ➢ „Skizze1" im Modellbaum doppelklicken (linke Maustaste) (1)

> ➢ **ViewCube-Ansicht: OBEN** (2)

13.3 Achsen projizieren und als Konstruktionsobjekte definieren

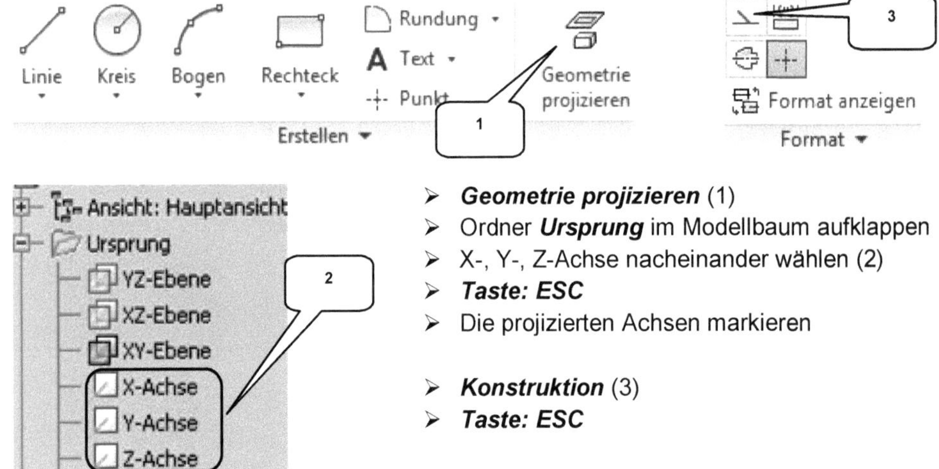

> ➢ **Geometrie projizieren** (1)
> ➢ Ordner **Ursprung** im Modellbaum aufklappen
> ➢ X-, Y-, Z-Achse nacheinander wählen (2)
> ➢ **Taste: ESC**
> ➢ Die projizierten Achsen markieren
>
> ➢ **Konstruktion** (3)
> ➢ **Taste: ESC**

13.4 Zeichnen der Basiskontur

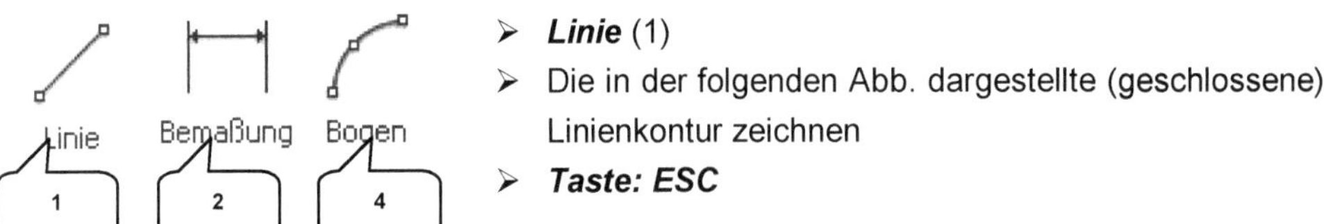

> ➢ **Linie** (1)
> ➢ Die in der folgenden Abb. dargestellte (geschlossene) Linienkontur zeichnen
> ➢ **Taste: ESC**

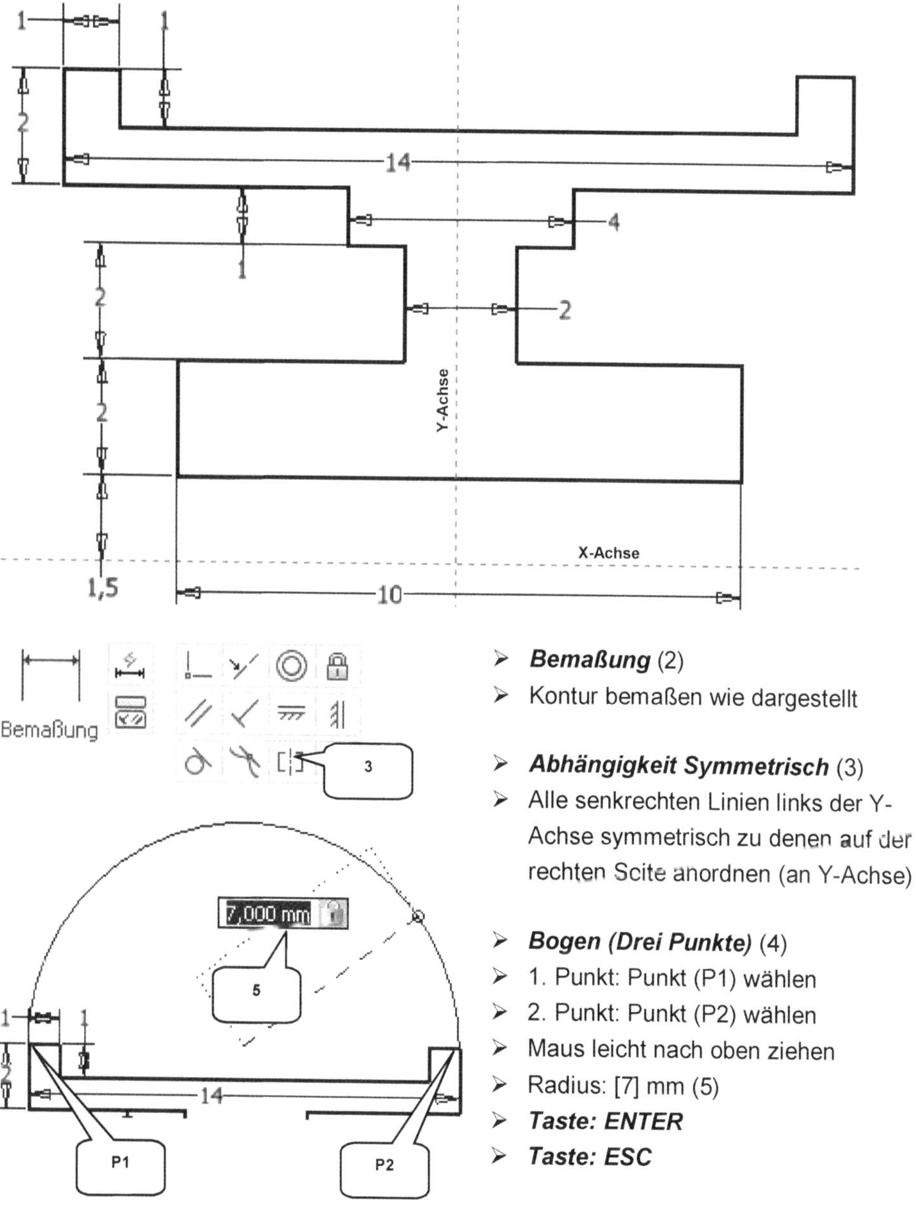

> ***Bemaßung*** (2)
> Kontur bemaßen wie dargestellt

> ***Abhängigkeit Symmetrisch*** (3)
> Alle senkrechten Linien links der Y-Achse symmetrisch zu denen auf der rechten Scite anordnen (an Y-Achse)

> ***Bogen (Drei Punkte)*** (4)
> 1. Punkt: Punkt (P1) wählen
> 2. Punkt: Punkt (P2) wählen
> Maus leicht nach oben ziehen
> Radius: [7] mm (5)
> ***Taste: ENTER***
> ***Taste: ESC***

HINWEIS: Die Kontur aus den 20 Linien muss geschlossen sein und symmetrisch zur Y-Achse angeordnet werden. Der Bogen muss sauber an den beiden Punkten (P1, P2) anschließen. Skizze **nicht** beenden!

13.5 Bauteile aus der Skizze heraus exportieren

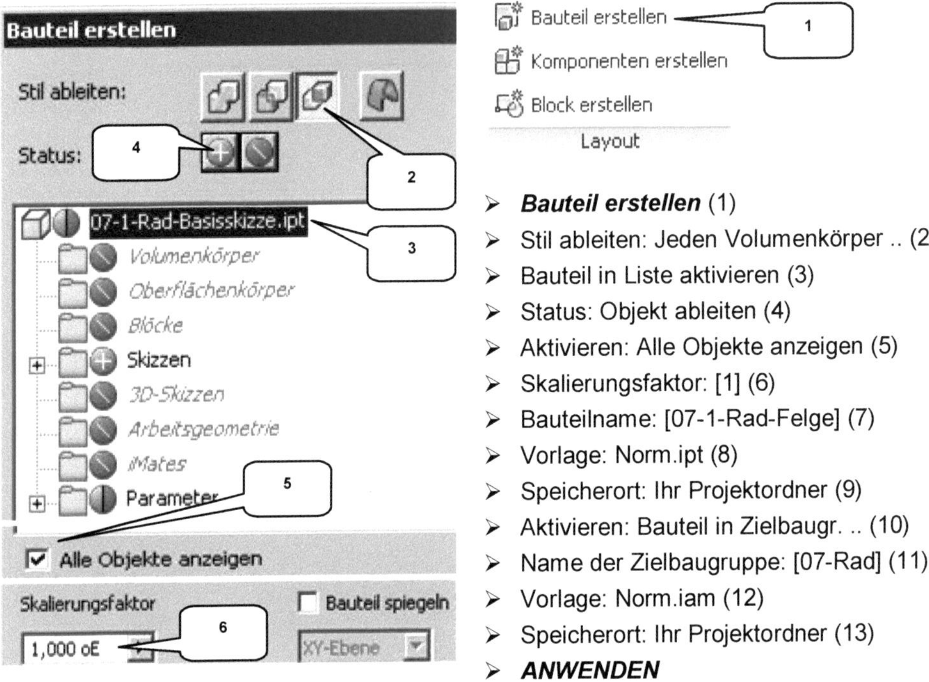

- ➢ **Bauteil erstellen** (1)
- ➢ Stil ableiten: Jeden Volumenkörper .. (2)
- ➢ Bauteil in Liste aktivieren (3)
- ➢ Status: Objekt ableiten (4)
- ➢ Aktivieren: Alle Objekte anzeigen (5)
- ➢ Skalierungsfaktor: [1] (6)
- ➢ Bauteilname: [07-1-Rad-Felge] (7)
- ➢ Vorlage: Norm.ipt (8)
- ➢ Speicherort: Ihr Projektordner (9)
- ➢ Aktivieren: Bauteil in Zielbaugr. .. (10)
- ➢ Name der Zielbaugruppe: [07-Rad] (11)
- ➢ Vorlage: Norm.iam (12)
- ➢ Speicherort: Ihr Projektordner (13)
- ➢ **ANWENDEN**

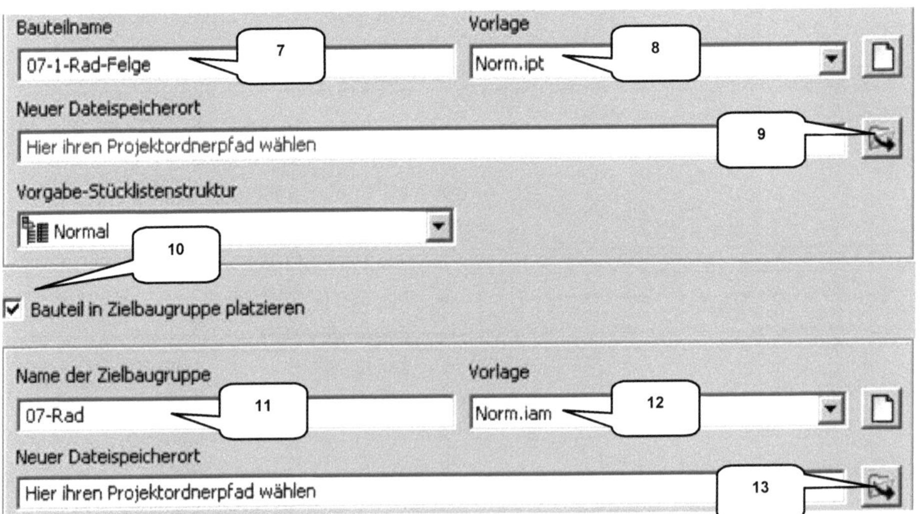

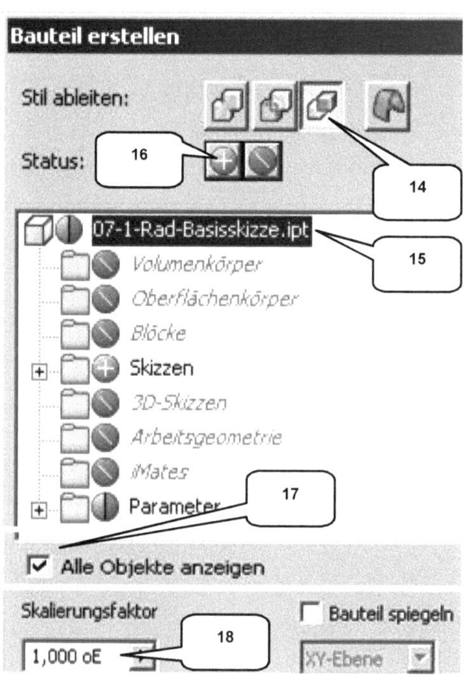

- ➢ Stil ableiten: Jeden Volumenk. .. (14)
- ➢ Bauteil in Liste aktivieren (15)
- ➢ Status: Objekt ableiten (16)
- ➢ Aktivieren: Alle Objekte anzeigen (17)
- ➢ Skalierungsfaktor: [1] (18)
- ➢ Bauteilname: [07-2-Rad-Reifen] (19)
- ➢ Vorlage: Norm.ipt (20)
- ➢ Speicherort: Ihr Projektordner (21)
- ➢ Aktivieren: Bauteil in Zielbaugr. .. (22)
- ➢ Name der Zielbaugruppe: [07-Rad] (23)
- ➢ Vorlage: Norm.iam (24)
- ➢ Speicherort: Ihr Projektordner (25)
- ➢ **OK**

HINWEIS: Das Bauteil [07-1-Rad-Felge] darf nur durch **Anwenden** bestätigt werden, sonst funktioniert der Befehl nicht.

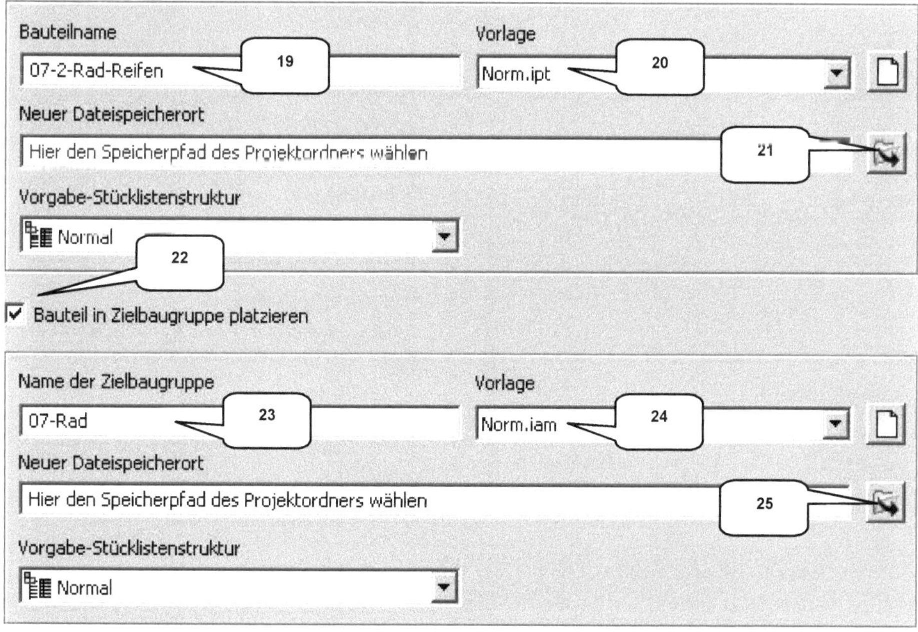

13.6 Felge und Reifen in Volumenkörper konvertieren

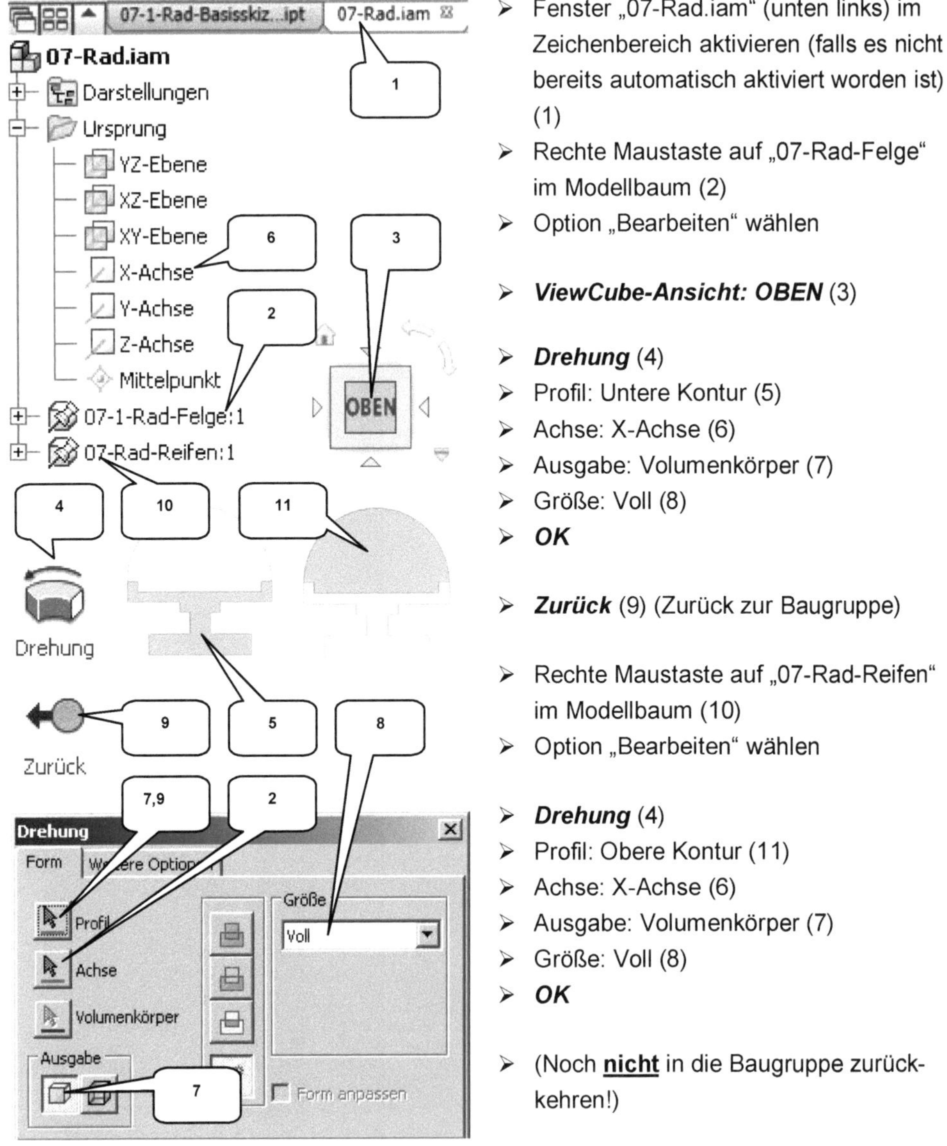

- ➢ Fenster „07-Rad.iam" (unten links) im Zeichenbereich aktivieren (falls es nicht bereits automatisch aktiviert worden ist) (1)
- ➢ Rechte Maustaste auf „07-Rad-Felge" im Modellbaum (2)
- ➢ Option „Bearbeiten" wählen

- ➢ **ViewCube-Ansicht: OBEN** (3)

- ➢ **Drehung** (4)
- ➢ Profil: Untere Kontur (5)
- ➢ Achse: X-Achse (6)
- ➢ Ausgabe: Volumenkörper (7)
- ➢ Größe: Voll (8)
- ➢ **OK**

- ➢ **Zurück** (9) (Zurück zur Baugruppe)

- ➢ Rechte Maustaste auf „07-Rad-Reifen" im Modellbaum (10)
- ➢ Option „Bearbeiten" wählen

- ➢ **Drehung** (4)
- ➢ Profil: Obere Kontur (11)
- ➢ Achse: X-Achse (6)
- ➢ Ausgabe: Volumenkörper (7)
- ➢ Größe: Voll (8)
- ➢ **OK**

- ➢ (Noch **nicht** in die Baugruppe zurück-kehren!)

HINWEIS: Sollte sich die X-Achse im Modellbaum nicht als Achse anwählen lassen, ist stattdessen die projizierte X-Achse im Zeichenbereich zu wählen.

13.7 Ebene und Skizze für Reifenprofil erzeugen

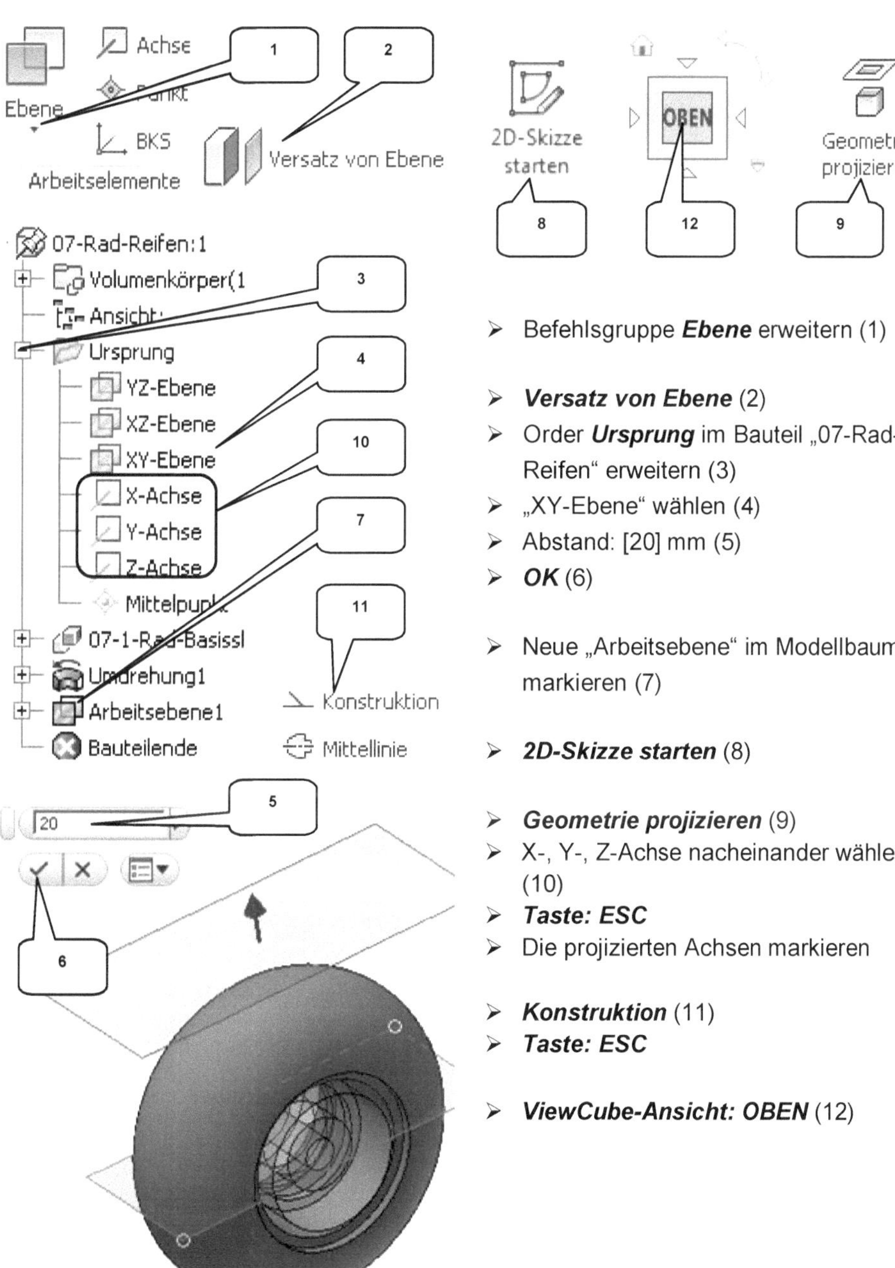

> Befehlsgruppe *Ebene* erweitern (1)

> *Versatz von Ebene* (2)

> Order *Ursprung* im Bauteil „07-Rad-Reifen" erweitern (3)

> „XY-Ebene" wählen (4)

> Abstand: [20] mm (5)

> *OK* (6)

> Neue „Arbeitsebene" im Modellbaum markieren (7)

> *2D-Skizze starten* (8)

> *Geometrie projizieren* (9)

> X-, Y-, Z-Achse nacheinander wählen (10)

> *Taste: ESC*

> Die projizierten Achsen markieren

> *Konstruktion* (11)

> *Taste: ESC*

> *ViewCube-Ansicht: OBEN* (12)

13.8 Basisskizze für Reifenprofil zeichnen

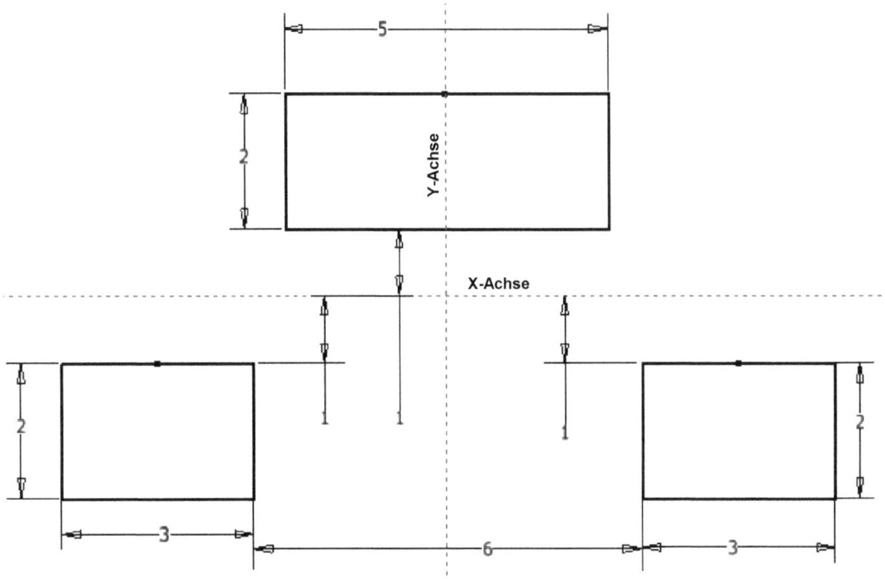

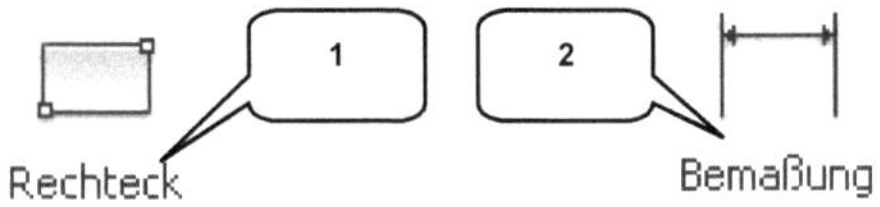

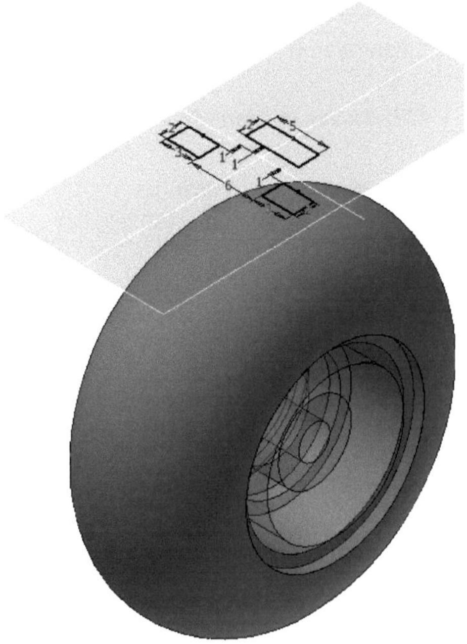

- ➢ **Rechteck** (1)
- ➢ Drei Rechtecke zeichnen wie dargestellt
- ➢ **Taste: ESC**

- ➢ **Bemaßung** (2)
- ➢ Lage und Größe der Rechtecke bemaßen wie dargestellt
- ➢ **Taste: ESC**

- ➢ **Skizze fertig stellen**

- ➢ (Das obere Rechteck symmetrisch zur Y-Achse zeichnen, die beiden unteren symmetrisch zu dieser anordnen (Abhängigkeit **Symmetrisch**).

13.9 Prägen des Reifenprofils

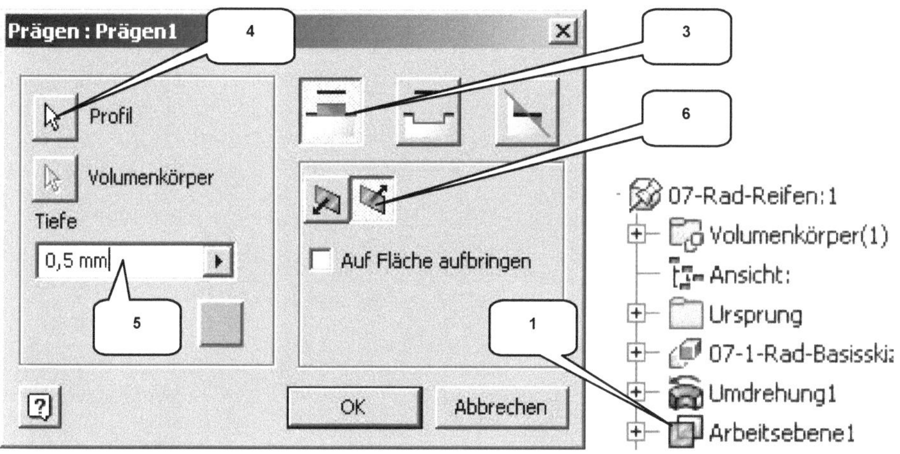

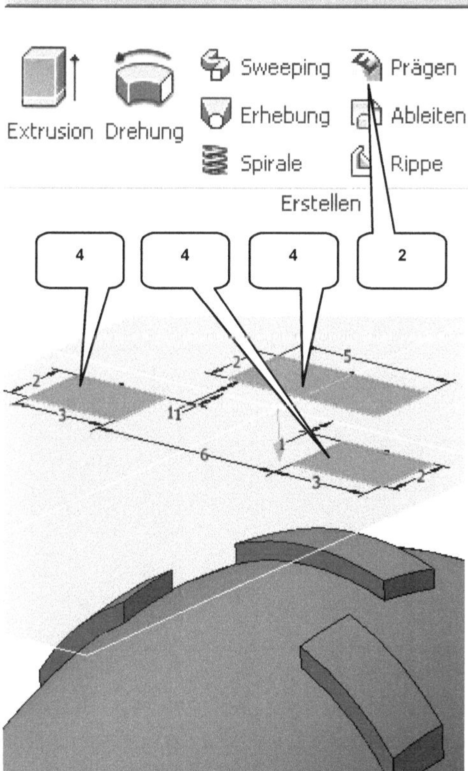

> Rechte Maustaste auf „Arbeitsebene1"
>   im Modellbaum (1)
> Option „Sichtbarkeit" deaktivieren

> **Prägen** (2)
> Option: Von Fläche prägen (3)
> Profil: Drei Rechtecke (4)
> Tiefe: [0,5] mm (5)
> Richtung: Richtung 2 (6)
> **OK**

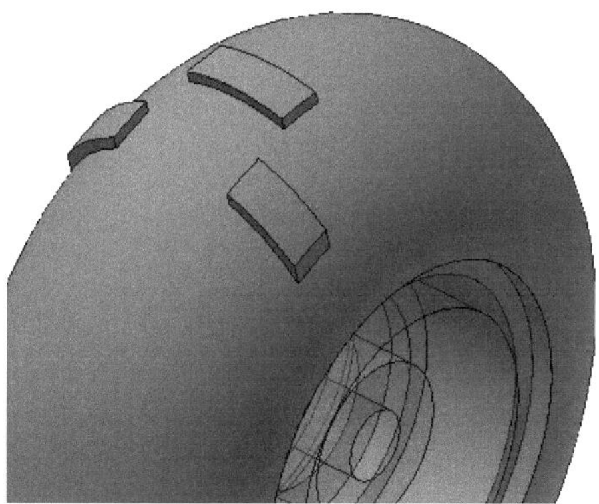

13.10 Prägung mittels runder Anordnung kopieren

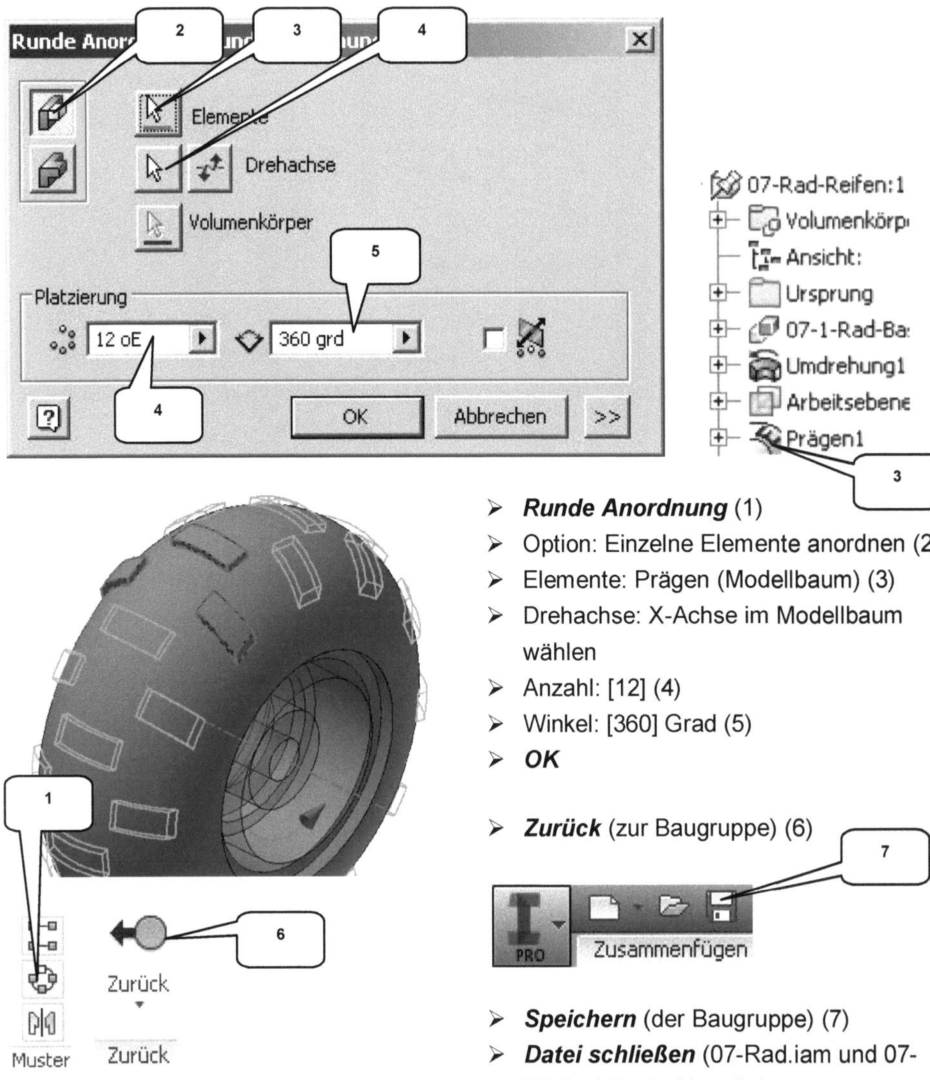

> **Runde Anordnung** (1)
> Option: Einzelne Elemente anordnen (2)
> Elemente: Prägen (Modellbaum) (3)
> Drehachse: X-Achse im Modellbaum wählen
> Anzahl: [12] (4)
> Winkel: [360] Grad (5)
> **OK**

> **Zurück** (zur Baugruppe) (6)

> **Speichern** (der Baugruppe) (7)
> **Datei schließen** (07-Rad.iam und 07-01-Rad-Basisskizze.ipt)

HINWEIS: Der Befehl **Speichern** öffnet ein gleichnamiges Fenster. Dort wird darauf hingewiesen, dass einige der Dateien neu sind und eine Erstspeicherung erforderlich ist. Dazu muss die Option **Ja für alle** aktiviert und dann mit **OK** bestätigt werden.

14 Unterbaugruppe: Hydraulikzylinder

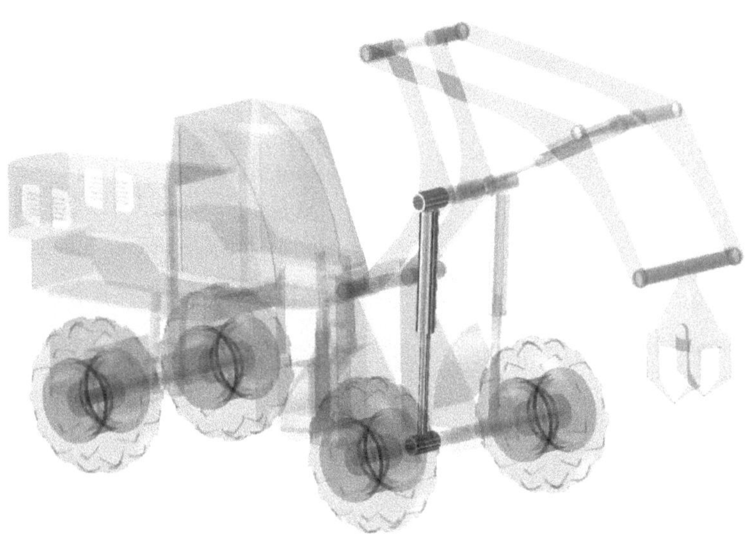

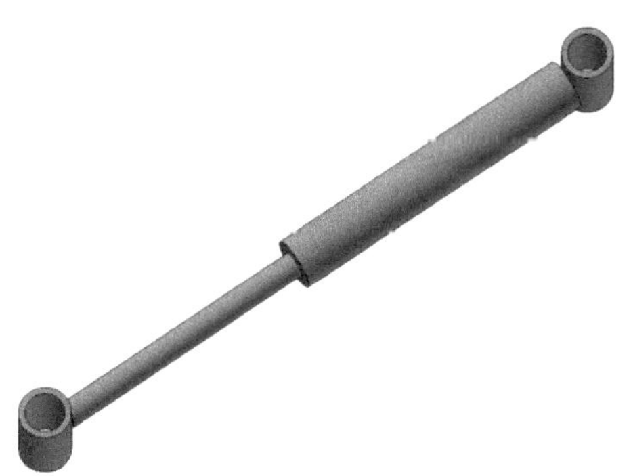

14.1 Bauteil „08-Hydraulikzylinder-Basisskizze" erstellen

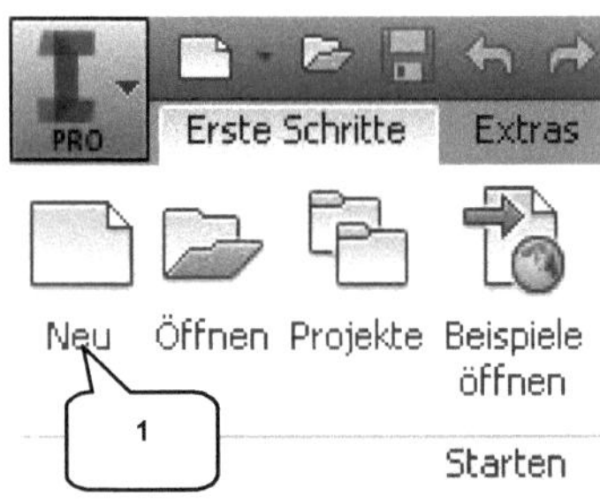

- ➢ **Neu** (1)
- ➢ Templates (2)
- ➢ Bauteil: Norm.ipt (3)
- ➢ **Erstellen** (4)

- ➢ **Speichern** (5)
- ➢ Dateiname:
  [08-Hydraulikzylinder-Basisskizze] (6)
- ➢ **Speichern** (7)

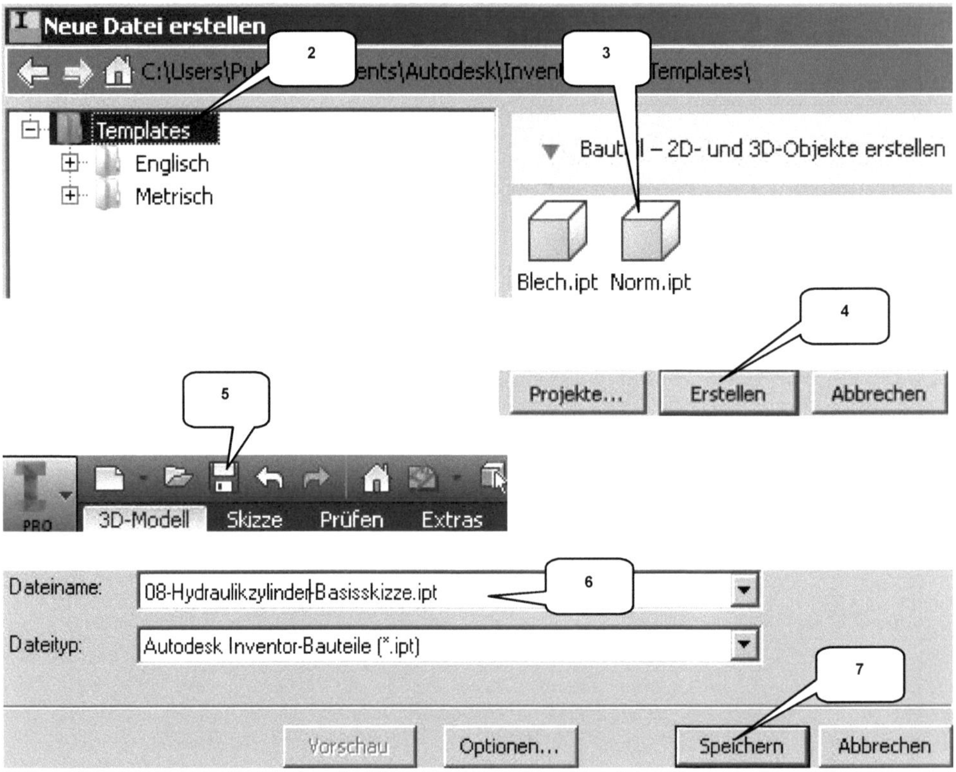

14.2 2D-Skizze auf XY-Ebene öffnen

> „Skizze1" im Modellbaum doppelklicken (1)

> ***ViewCube-Ansicht: OBEN*** (2)

14.3 Achsen projizieren und als Konstruktionsobjekte definieren

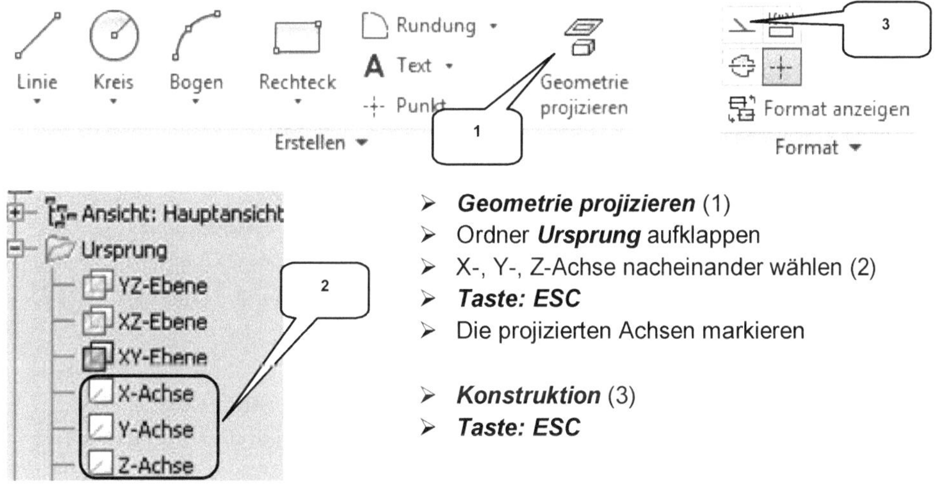

> ***Geometrie projizieren*** (1)
> Ordner ***Ursprung*** aufklappen
> X-, Y-, Z-Achse nacheinander wählen (2)
> ***Taste: ESC***
> Die projizierten Achsen markieren

> ***Konstruktion*** (3)
> ***Taste: ESC***

14.4 Zeichnen der Basisskizze

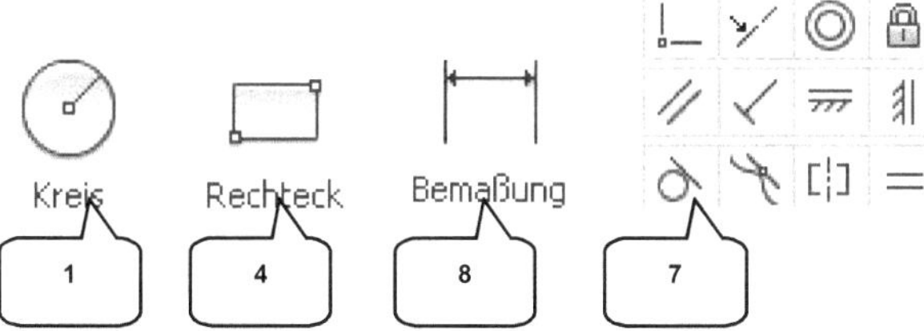

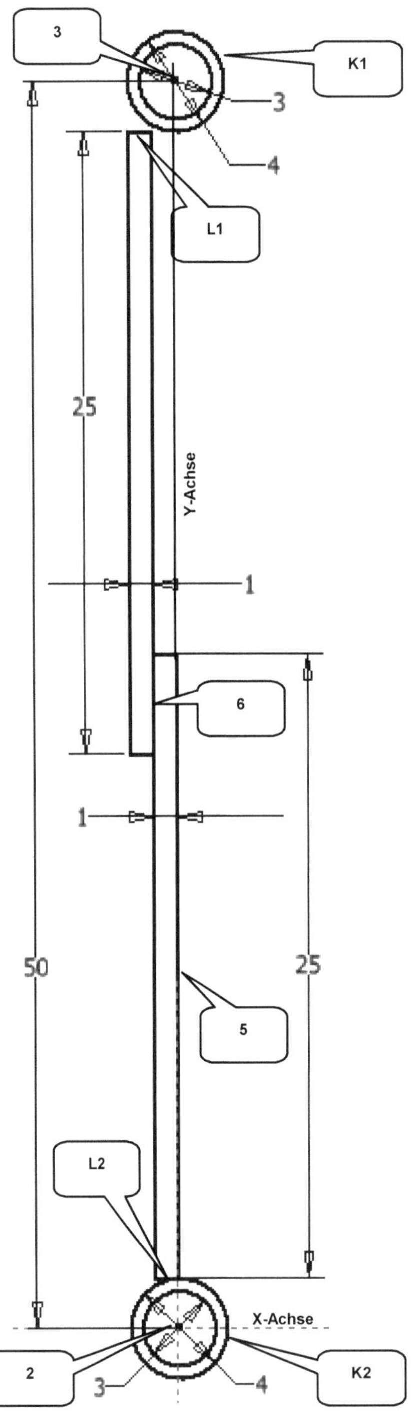

- ➢ **_Kreis_** (1)
- ➢ Zwei Kreise zeichnen (2), deren Mittelpunkte im Koordinatenursprung liegen (D1 = 3 mm, D2 = 4 mm)
- ➢ Zwei Kreise oberhalb der X-Achse zeichnen (3), deren Mittelpunkte auf der Y-Achse liegen (D1 = 3 mm, D2 = 4 mm)
- ➢ **_Taste: ESC_**

- ➢ **_Rechteck_** (4)
- ➢ Ein Rechteck zeichnen (1 x 25 mm), dessen rechte Senkrechte auf der projizierten Y-Achse liegt (5)
- ➢ Ein Rechteck zeichnen (1 x 25 mm), dessen rechte Senkrechte ein Teil auf der linken Senkrechten des ersten Rechtecks liegt (6)
- ➢ **_Taste: ESC_**

- ➢ **_Abhängigkeit Tangential_** (7)
- ➢ Kreis (K1) wählen (D = 4 mm)
- ➢ Linie (L1) wählen (L = 1 mm)
- ➢ **_Taste: ESC_**

- ➢ **_Abhängigkeit Tangential_** (7)
- ➢ Kreis (K2) wählen (D = 4 mm)
- ➢ Linie (L2) wählen (L = 1 mm)
- ➢ **_Taste: ESC_**

- ➢ **_Bemaßung_** (8)
- ➢ Alle Bemaßungen übernehmen wie dargestellt
- ➢ **_Taste: ESC_**

- ➢ (Die Skizze **nicht** verlassen!)

143

14.5 Bauteile aus der Skizze heraus exportieren

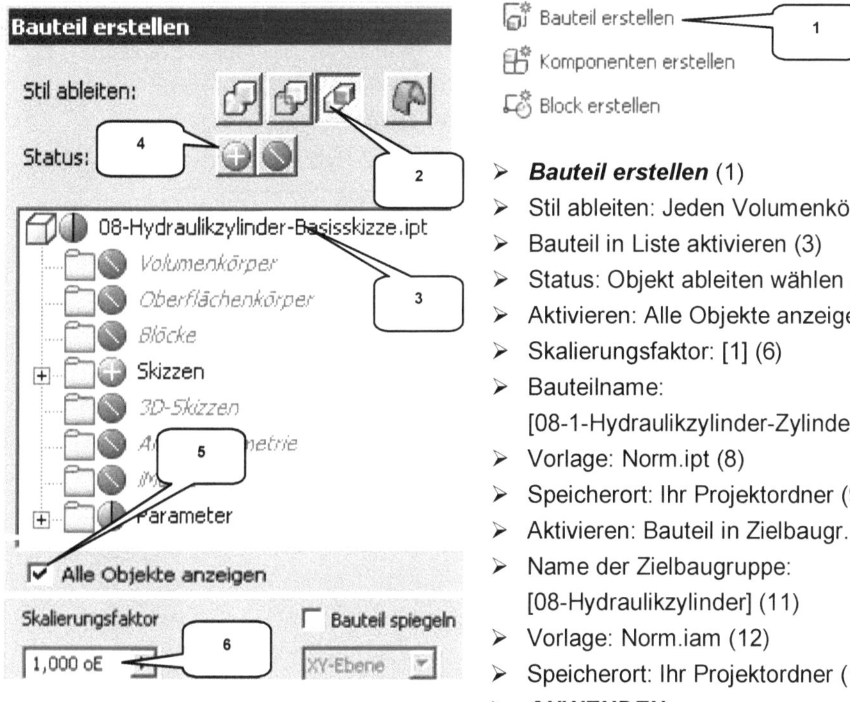

- ➢ **Bauteil erstellen** (1)
- ➢ Stil ableiten: Jeden Volumenkörper .. (2)
- ➢ Bauteil in Liste aktivieren (3)
- ➢ Status: Objekt ableiten wählen (4)
- ➢ Aktivieren: Alle Objekte anzeigen (5)
- ➢ Skalierungsfaktor: [1] (6)
- ➢ Bauteilname:
  [08-1-Hydraulikzylinder-Zylinder] (7)
- ➢ Vorlage: Norm.ipt (8)
- ➢ Speicherort: Ihr Projektordner (9)
- ➢ Aktivieren: Bauteil in Zielbaugr. .. (10)
- ➢ Name der Zielbaugruppe:
  [08-Hydraulikzylinder] (11)
- ➢ Vorlage: Norm.iam (12)
- ➢ Speicherort: Ihr Projektordner (13)
- ➢ **ANWENDEN**

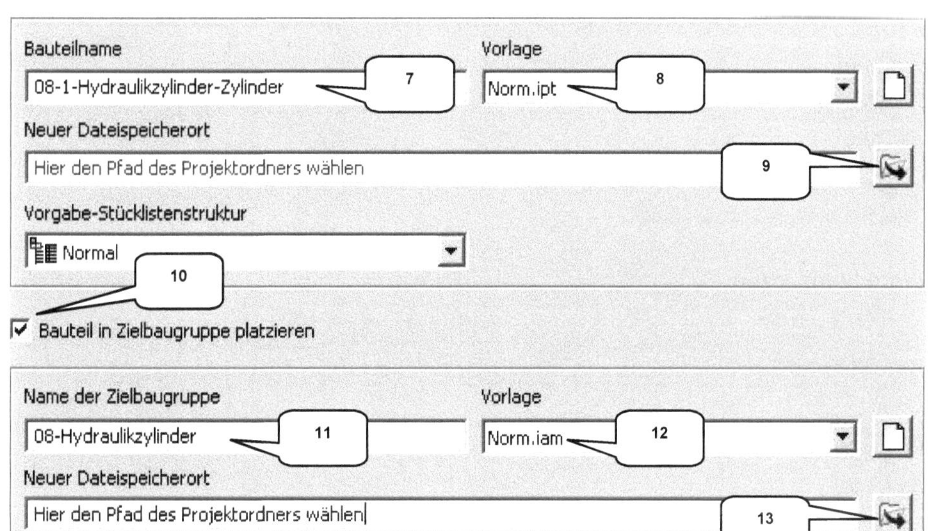

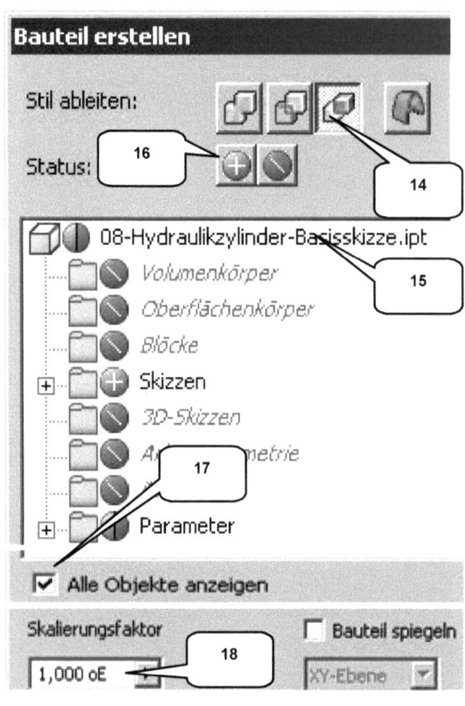

➢ Stil ableiten: Jeden Volumenk. .. (14)

➢ Bauteil in Liste aktivieren (15)

➢ Status: Objekt ableiten wählen (16)

➢ Aktivieren: Alle Objekte anzeigen (17)

➢ Skalierungsfaktor: [1] (18)

➢ Bauteilname:
[08-2-Hydraulikzylinder-Kolben] (19)

➢ Vorlage: Norm.ipt (20)

➢ Speicherort: Ihr Projektordner (21)

➢ Aktivieren: Bauteil in Zielbaugr. .. (22)

➢ Name der Zielbaugruppe:
[08-Hydraulikzylinder] (23)

➢ Vorlage: Norm.iam (24)

➢ Speicherort: Ihr Projektordner (25)

➢ *OK*

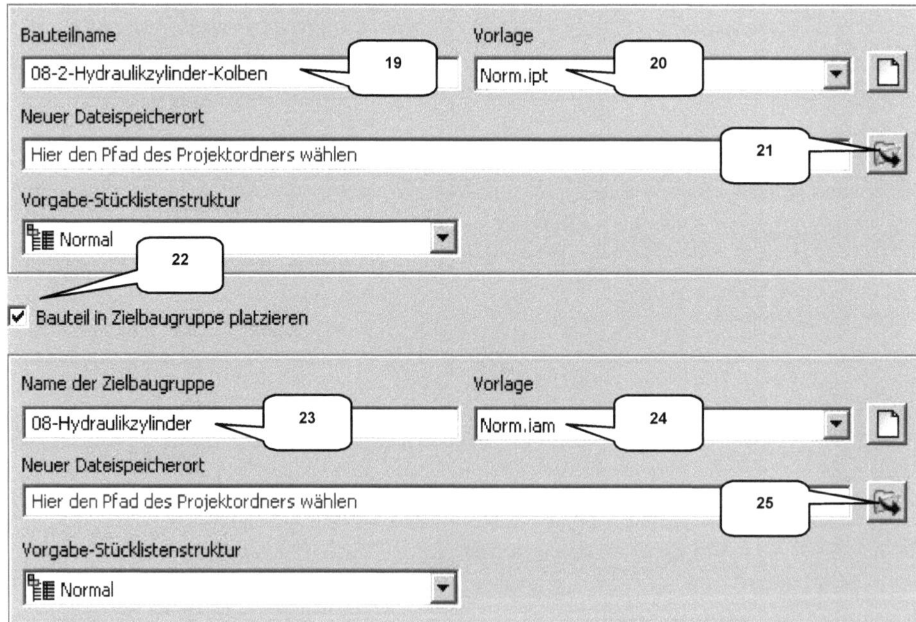

14.6 Bearbeiten des Zylinders

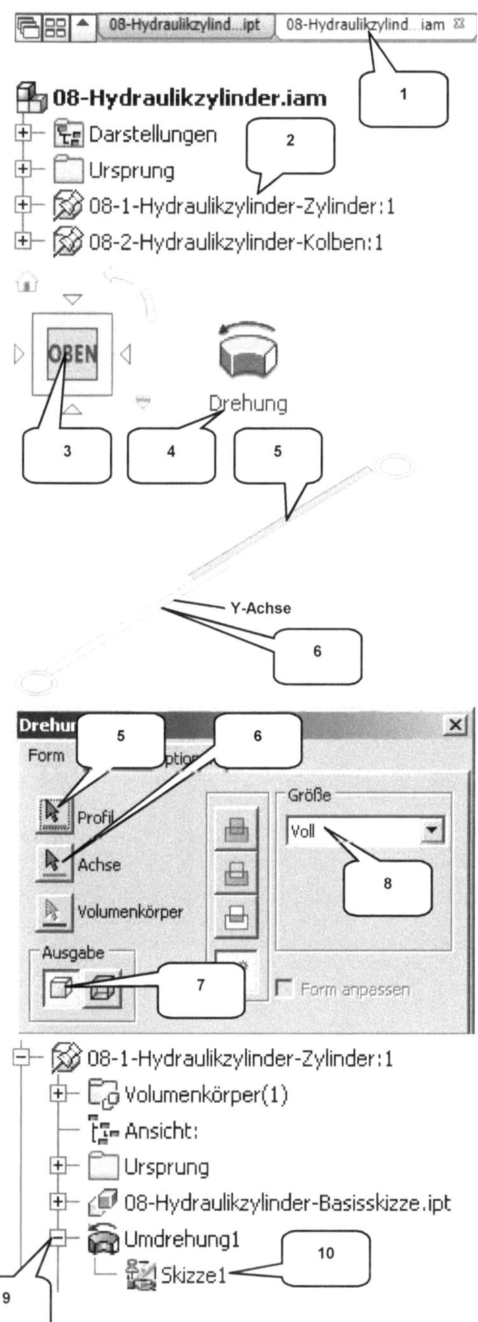

> Fenster „08-Hydraulikzylinder.iam" (unten links) im Zeichenbereich aktivieren (falls es nicht bereits automatisch aktiviert worden ist) (1)

> Rechte Maustaste auf „08-1-Hydraulikzylinder-Zylinder" im Modellbaum (2)

> Option „Bearbeiten" wählen

> ***ViewCube-Ansicht: OBEN*** (3)

> ***Drehung*** (4)

>

> Profil: Oberes Rechteck (5)

> Achse: Projizierte Y-Achse (Skizze) (6)

> Ausgabe: Volumenkörper (7)

> Größe: Voll (8)

> ***OK***

> „Umdrehung1" im Modellbaum erweitern (9)

> Rechte Maustaste auf die darin enthaltene Skizze (10)

> Option „Sichtbarkeit" aktivieren

HINWEIS: Sollte die Option „Sichtbarkeit" im Auswahlmenü der rechten Maustaste nicht vorhanden sein, oder der folgende Befehl zurückgewiesen werden, kann alternativ die Option „Skizze wieder verwenden" gewählt werden.

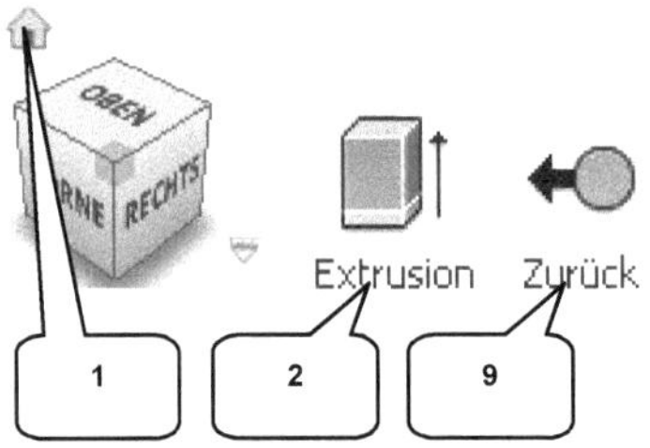

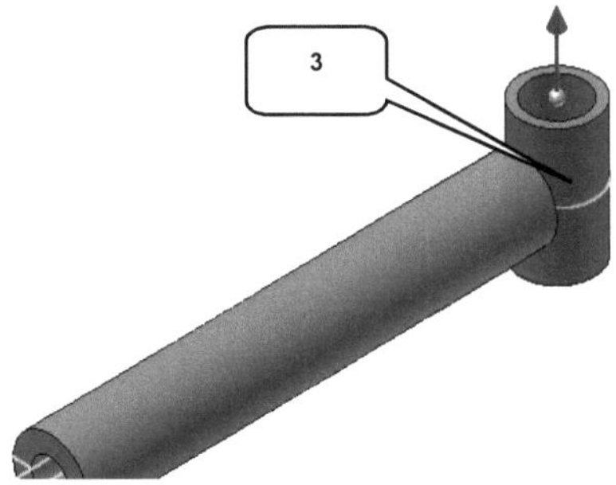

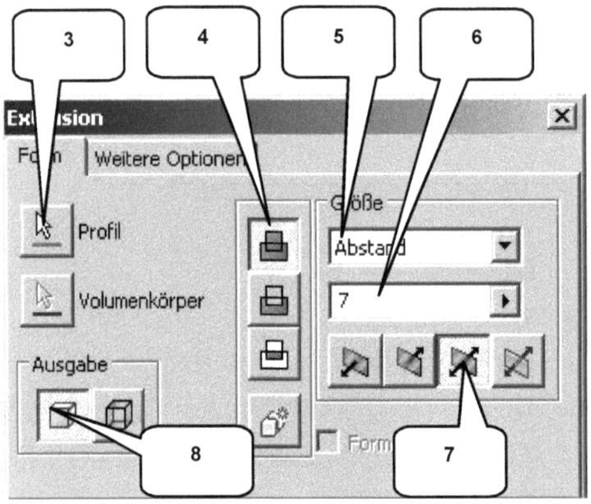

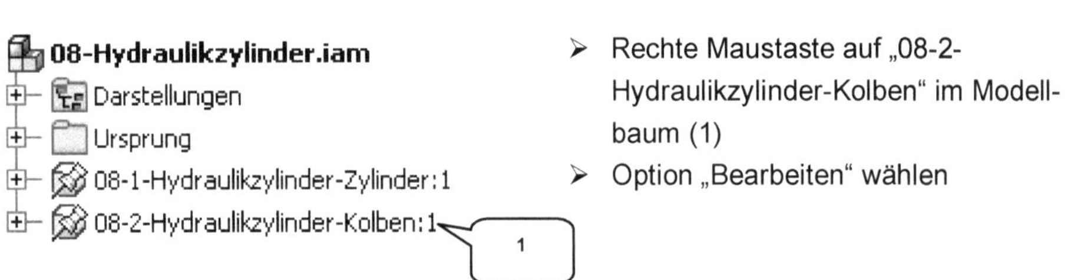

> **ViewCube-Ansicht: Haussymbol** (1)

> **Extrusion** (2)
> Profil: Kreisring (3)
> Verfahren: Vereinigung (4)
> Größe: Abstand (5)
> Wert: [7] mm (6)
> Richtung: Symmetrisch (7)
> Ausgabe: Volumenkörper (8)
> **OK**

> Rechte Maustaste auf die reaktivierte Skizze im Modellbaum
> „Sichtbarkeit" deaktivieren

> **Zurück** (9) (zum Baugruppenbereich)

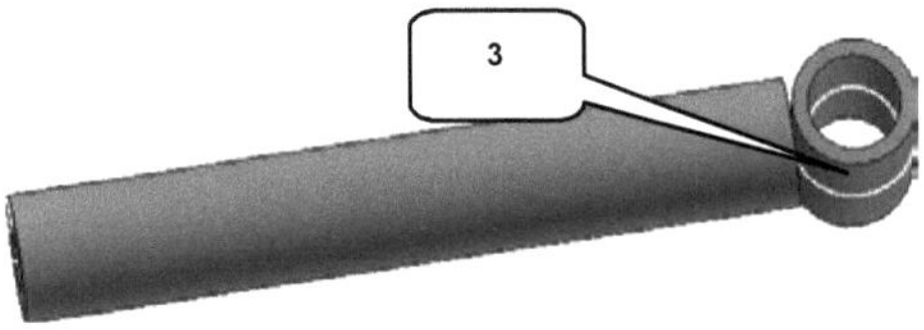

HINWEIS: Extrudiert werden soll der Bereich zwischen den beiden Kreisen D1 = 3 mm und D2 = 4 mm, welcher sich _nicht_ im Koordinatenursprung, sondern 50 mm oberhalb der X-Achse befindet (3).

14.7 Bearbeiten des Kolbens

> Rechte Maustaste auf „08-2-Hydraulikzylinder-Kolben" im Modellbaum (1)
> Option „Bearbeiten" wählen

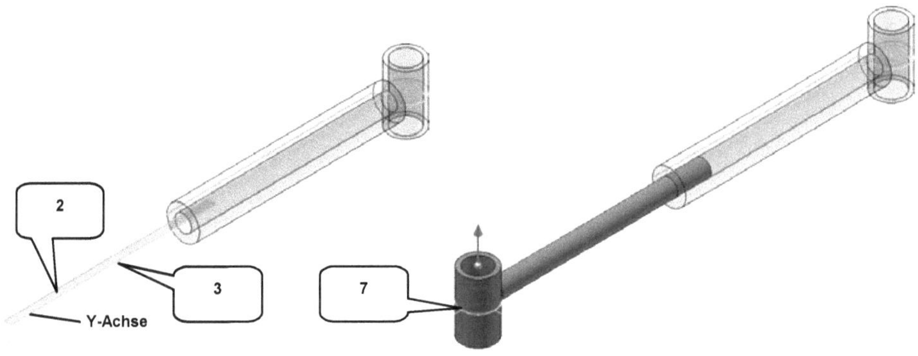

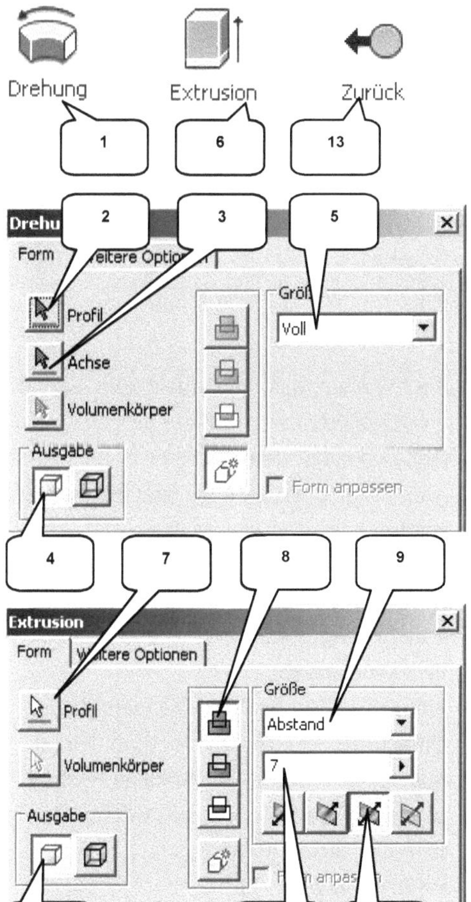

- ***Drehung*** (1)
- ➤ Profil: Unteres Rechteck wählen (2)
- ➤ Achse: Projizierte Y-Achse (Skizze) (3)
- ➤ Ausgabe: Volumenkörper (4)
- ➤ Größe: Voll (5)
- ➤ ***OK***

- ➤ „Umdrehung1" im Modellbaum erweitern
- ➤ Rechte Maustaste auf die darin enthaltene Skizze
- ➤ Option „Sichtbarkeit" wählen (alternativ „Skizze wieder verwenden")

- ➤ ***Extrusion*** (6)
- ➤ Profil: Kreisring (zw. D = 3 mm und D = 4 mm) am Koordinatenursprung (7)
- ➤ Verfahren: Vereinigung (8)
- ➤ Größe: Abstand (9)
- ➤ Wert: [7] mm (10)
- ➤ Richtung: Symmetrisch (11)
- ➤ Ausgabe: Volumenkörper (12)
- ➤ ***OK***

- ➤ Rechte Maustaste auf die reaktivierte Skizze im Modellbaum
- ➤ „Sichtbarkeit" deaktivieren

- ➤ ***Zurück*** (13) (zum Baugruppenbereich)

14.8 Setzen der Abhängigkeiten zwischen Kolben und Zylinder

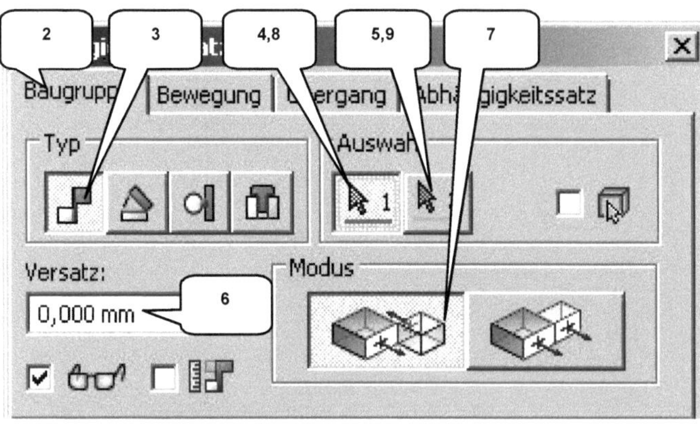

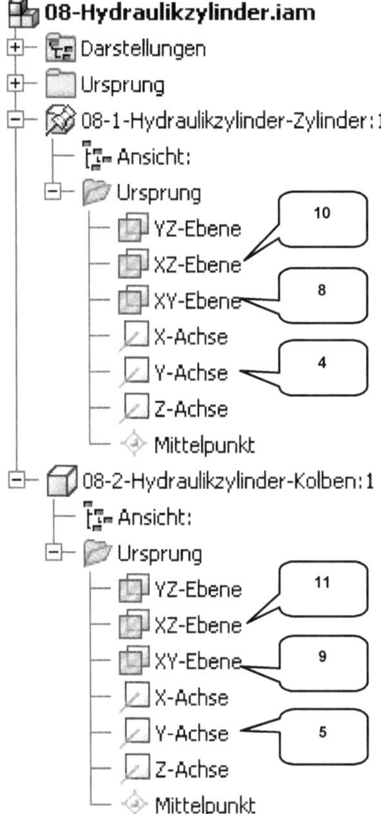

- ➢ Rechte Maustaste im Modellbaum auf „08-2-Hydraulikzylinder-Kolben"
- ➢ Option „Fixiert" deaktivieren
- ➢ (Das Bauteil Kolben kann jetzt frei bewegt werden.)

- ➢ ***Abhängig machen*** (1)
- ➢ Reiter: Baugruppe (2)
- ➢ Typ: Passend (3)
- ➢ Auswahl1: Y-Achse des Zylinders (Ordner ***Ursprung***, Bauteil „Zylinder") wählen (4)
- ➢ Auswahl2: Y-Achse des Kolbens (Ordner ***Ursprung***, Bauteil „Kolben") wählen (5)
- ➢ Versatz: [0] mm (6)
- ➢ Modus: Passend (7)
- ➢ ***ANWENDEN***

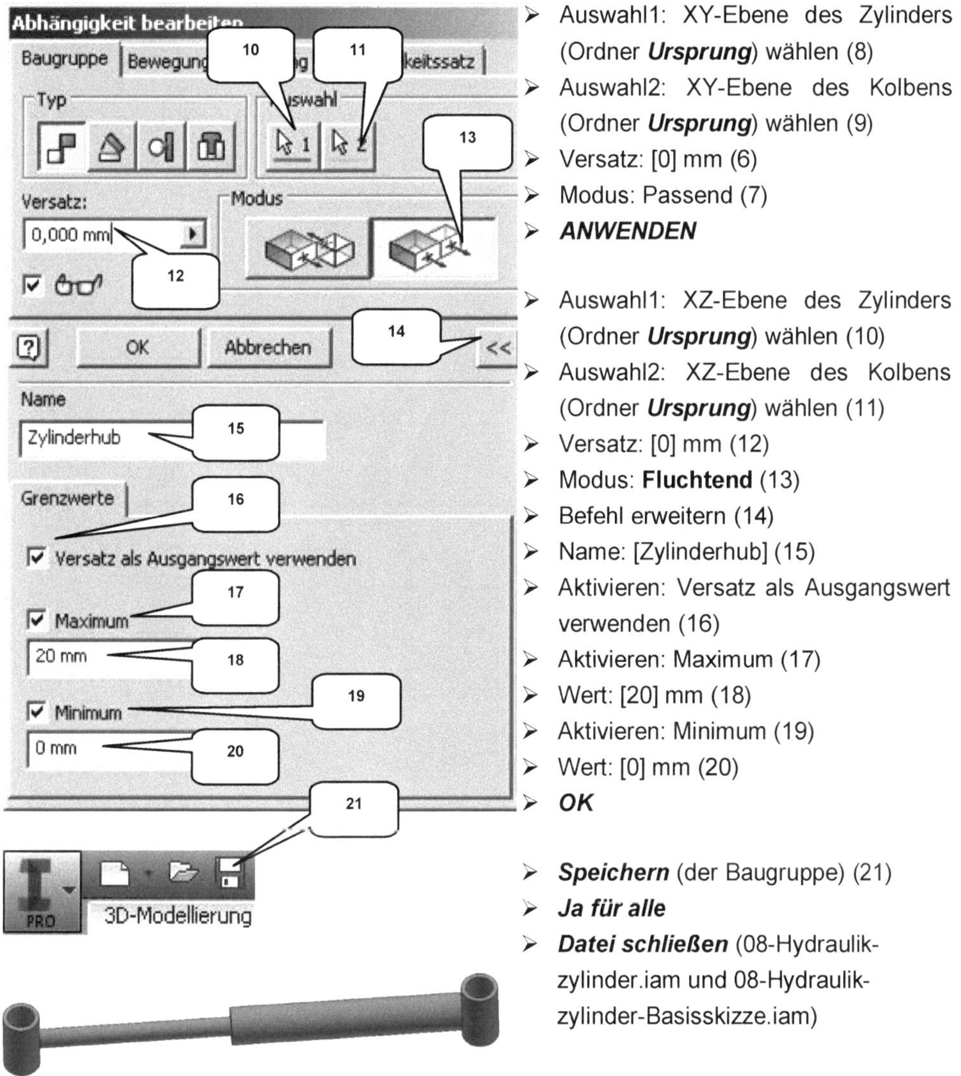

> Auswahl1: XY-Ebene des Zylinders (Ordner *Ursprung*) wählen (8)
> Auswahl2: XY-Ebene des Kolbens (Ordner *Ursprung*) wählen (9)
> Versatz: [0] mm (6)
> Modus: Passend (7)
> *ANWENDEN*

> Auswahl1: XZ-Ebene des Zylinders (Ordner *Ursprung*) wählen (10)
> Auswahl2: XZ-Ebene des Kolbens (Ordner *Ursprung*) wählen (11)
> Versatz: [0] mm (12)
> Modus: **Fluchtend** (13)
> Befehl erweitern (14)
> Name: [Zylinderhub] (15)
> Aktivieren: Versatz als Ausgangswert verwenden (16)
> Aktivieren: Maximum (17)
> Wert: [20] mm (18)
> Aktivieren: Minimum (19)
> Wert: [0] mm (20)
> *OK*

> *Speichern* (der Baugruppe) (21)
> *Ja für alle*
> *Datei schließen* (08-Hydraulik-zylinder.iam und 08-Hydraulik-zylinder-Basisskizze.iam)

HINWEIS: Der Kolben kann jetzt bei gedrückter linker Maustaste in den Zylinder geschoben werden; er schnellt zurück, sobald die Maustaste wieder losgelassen wird.

15 Hauptbaugruppe: Holzrückmaschine

- Hauptbaugruppe: Holzrückmaschine -

15.1 Baugruppe „00-Holzrueckmaschine" erstellen

> ➢ **Neu** (1)
> ➢ Templates (2)
> ➢ Bauteil: Norm.iam (3)
> ➢ **Erstellen** (4)
>
> ➢ **Speichern** (5)
> ➢ Dateiname:
>   [00-Holzrueckmaschine] (6)
> ➢ **Speichern** (7)

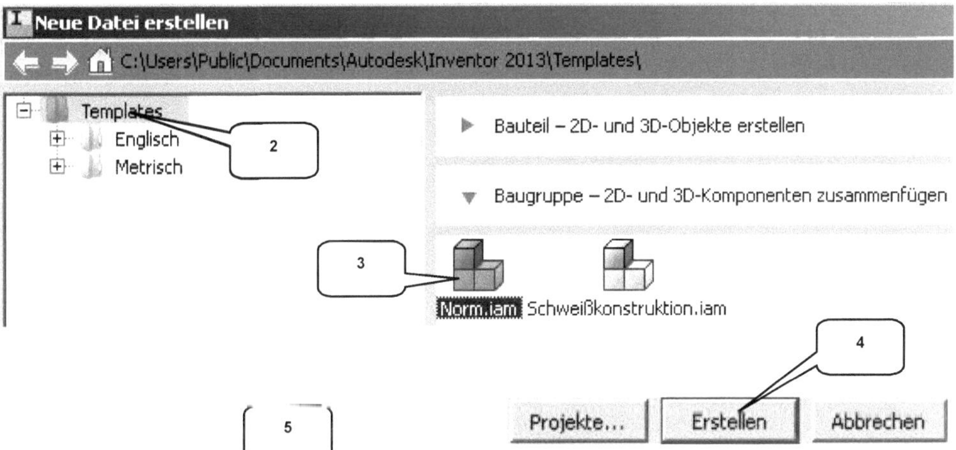

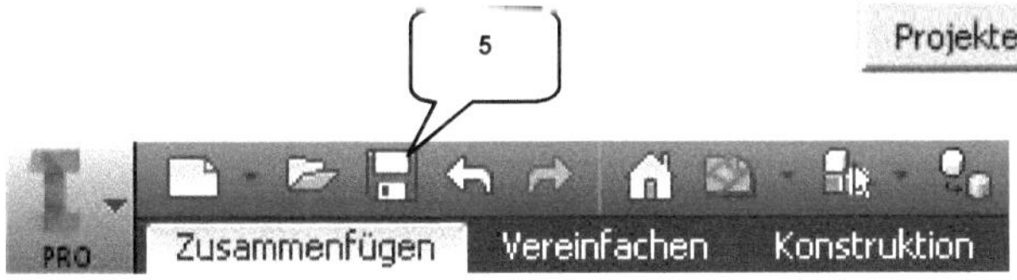

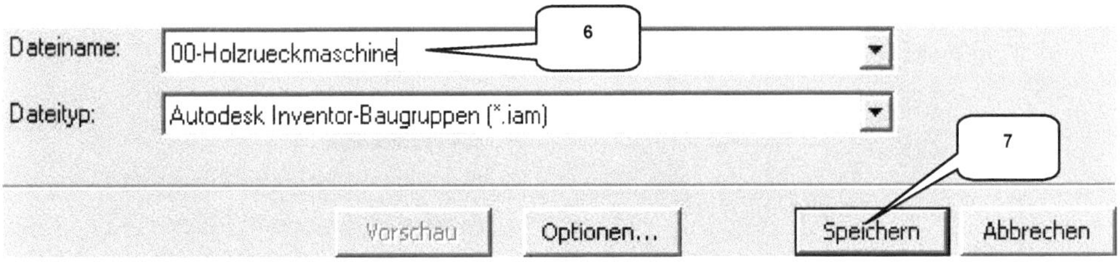

15.2 Platzieren der ersten Bauteile

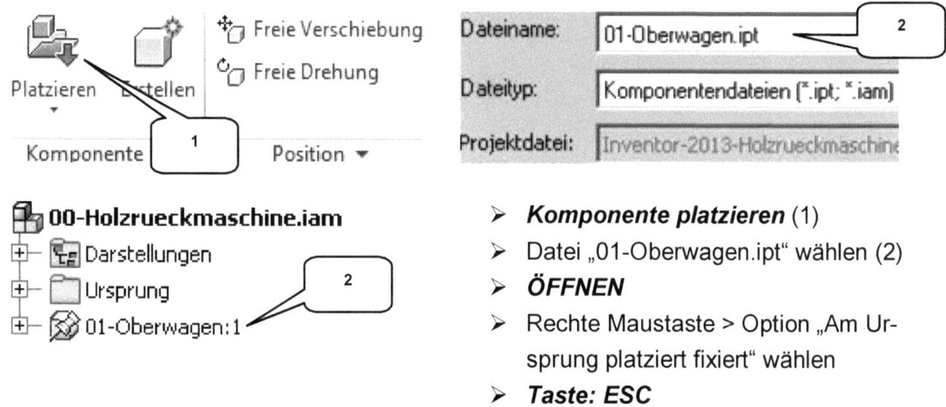

> ***Komponente platzieren*** (1)
> Datei „01-Oberwagen.ipt" wählen (2)
> ***ÖFFNEN***
> Rechte Maustaste > Option „Am Ursprung platziert fixiert" wählen
> ***Taste: ESC***

HINWEIS: Ein Bauteil in einer Baugruppe sollte stets auf den Koordinatenursprung der Baugruppe bezogen platziert und dort fixiert werden.

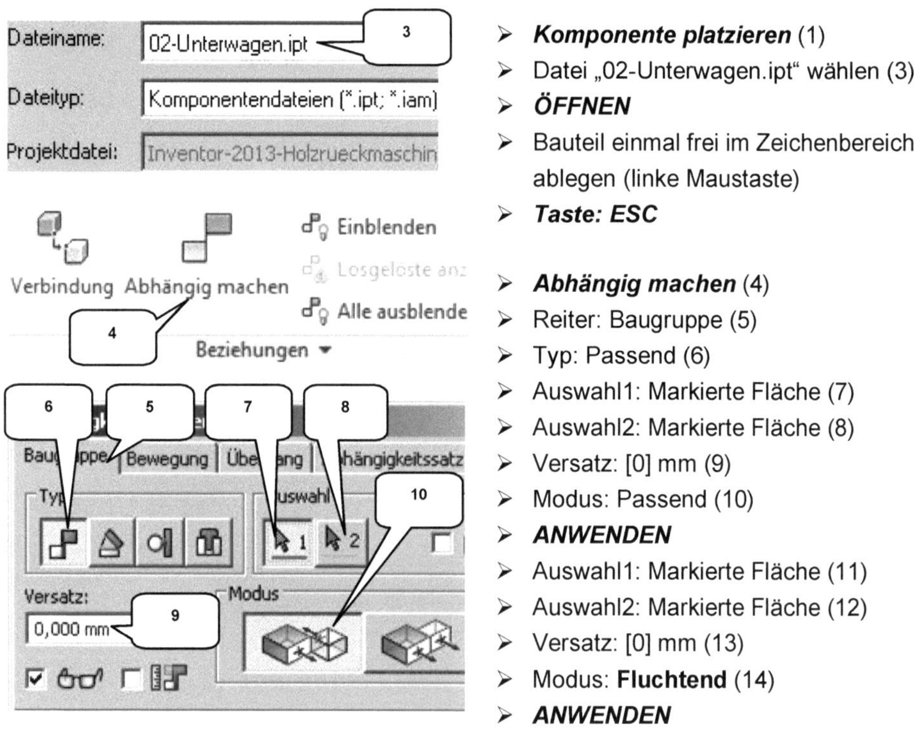

> ***Komponente platzieren*** (1)
> Datei „02-Unterwagen.ipt" wählen (3)
> ***ÖFFNEN***
> Bauteil einmal frei im Zeichenbereich ablegen (linke Maustaste)
> ***Taste: ESC***
>
> ***Abhängig machen*** (4)
> Reiter: Baugruppe (5)
> Typ: Passend (6)
> Auswahl1: Markierte Fläche (7)
> Auswahl2: Markierte Fläche (8)
> Versatz: [0] mm (9)
> Modus: Passend (10)
> ***ANWENDEN***
> Auswahl1: Markierte Fläche (11)
> Auswahl2: Markierte Fläche (12)
> Versatz: [0] mm (13)
> Modus: **Fluchtend** (14)
> ***ANWENDEN***

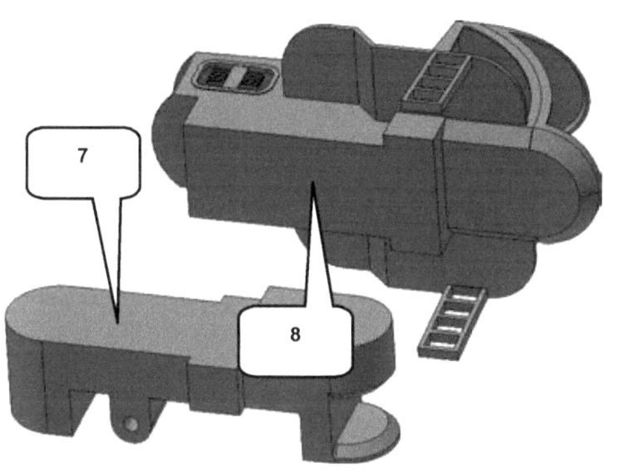

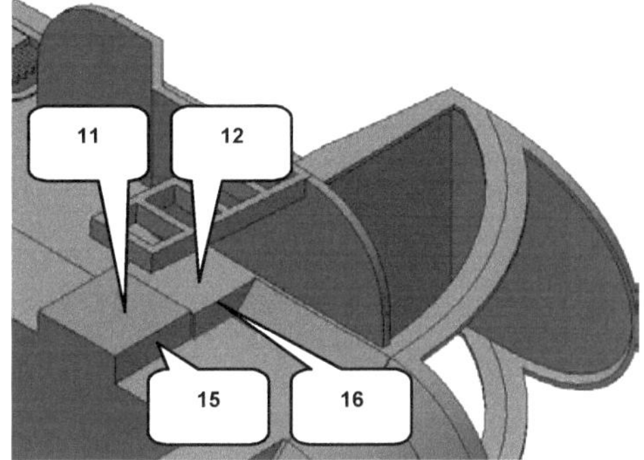

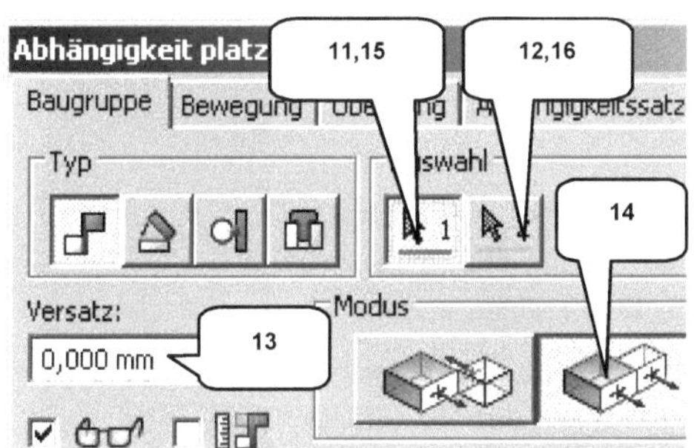

> Auswahl1: Markierte Fläche (15)
> Auswahl2: Markierte Fläche (16)
> Versatz: [0] mm (13)
> Modus: **Fluchtend** (14)
> *OK*

15.3 *Weitere Bauteile in die Baugruppe einfügen*

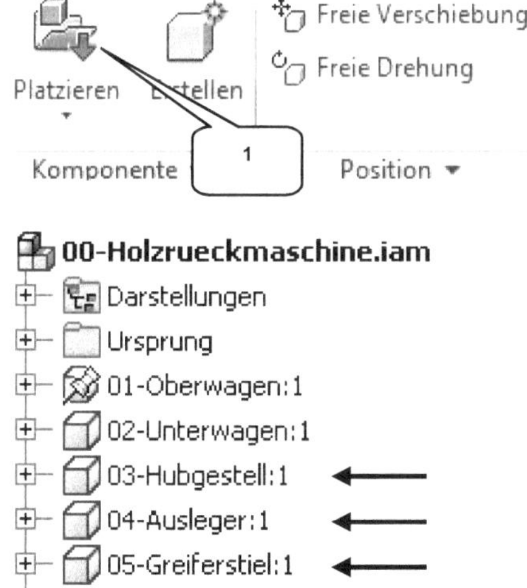

> *Komponente platzieren* (1)
> Bei gedrückter *Taste: STRG* die folgen-
  den vier Bauteile mit der linken Maustaste auswählen:
> 03-Hubgestell.ipt
> 04-Ausleger.ipt
> 05-Greiferstil.ipt
> 06-Greifer.ipt
> *ÖFFNEN*

> Komponenten einmal frei im Zeichenbe-
  reich ablegen (linke Maustaste)
> *Taste: ESC*

15.4 Bauteil „03-Hubgestell" mit Abhängigkeiten versehen

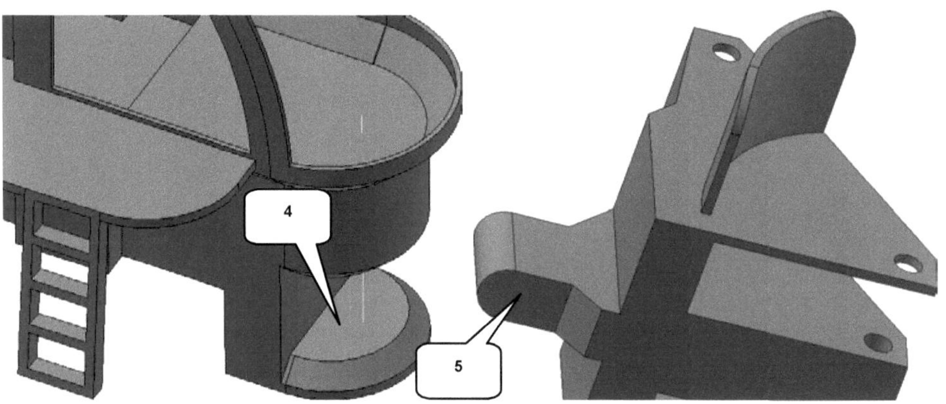

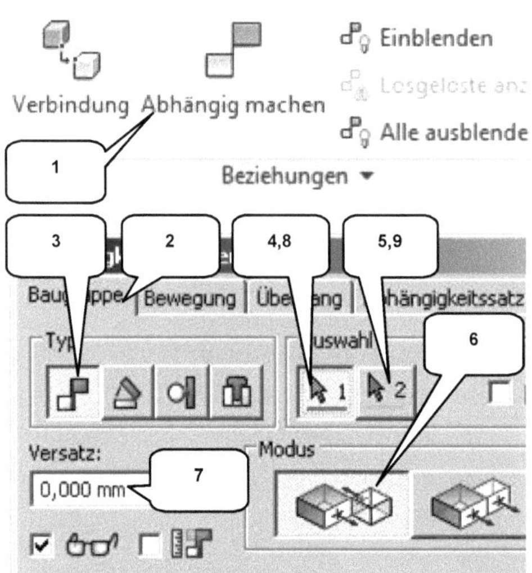

- ➤ **Abhängig machen** (1)
- ➤ Reiter: Baugruppe (2)
- ➤ Typ: Passend (3)
- ➤ Auswahl1: Markierte Fläche (4)
- ➤ Auswahl2: Markierte Fläche (5)
- ➤ Versatz: [0] mm (6)
- ➤ Modus: Passend (7)
- ➤ **ANWENDEN**
- ➤ Auswahl1: Arbeitsachse (8)
- ➤ Auswahl2: Markierte Rundung (9)
- ➤ Versatz: [0] mm (6)
- ➤ Modus: Passend (7)
- ➤ **OK**

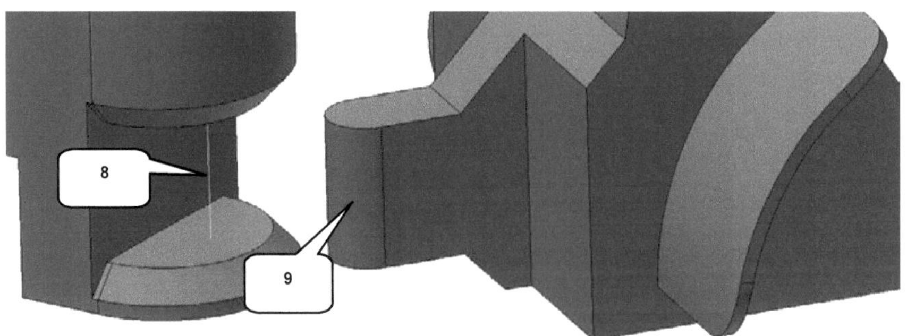

15.5 Schraubenverbindungen einfügen

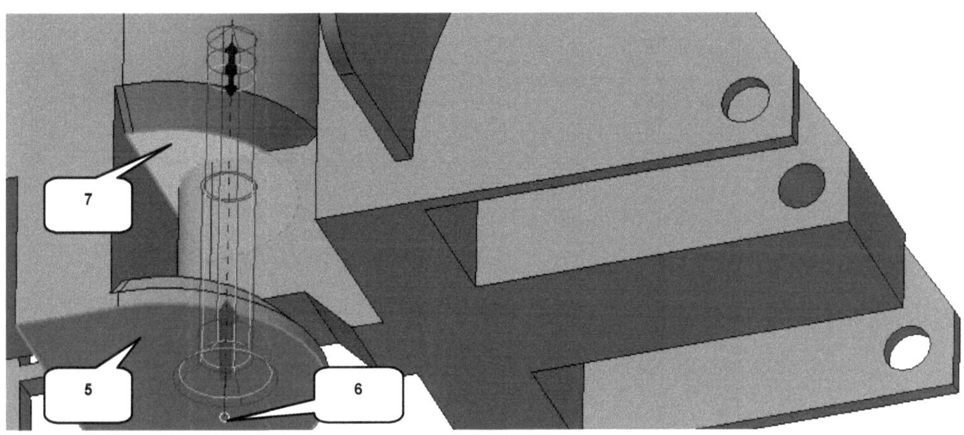

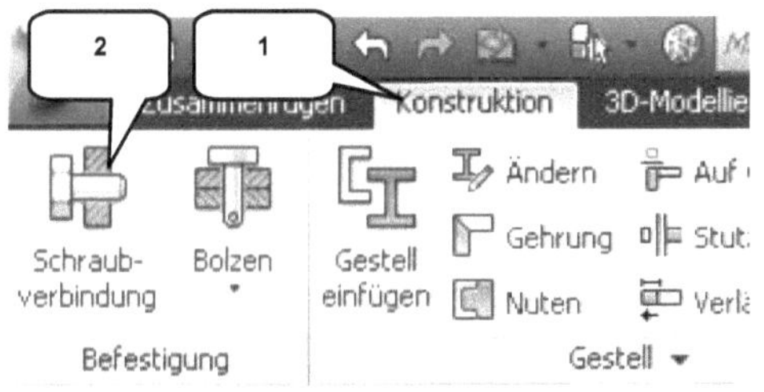

> Register **Konstruktion** öffnen (1)

> **Schraubenverbindung** (2)
> Typ: Nicht durchgehend (3)
> Platzierung: Konzentrisch (4)
> Startebene: Markierte Fläche (5)
> Runde Referenz: Markierte Achse (6)
> Sackloch-Startebene: Fläche (7)
> Gewinde: ISO Metrisches Profil (8)
> Durchmesser: [3] mm (9)
> Zum Hinzufügen einer Schraube.. (10)
> Auswahl: DIN EN ISO 10642 (11)
> **OK > OK**

> Schraube „DIN EN ISO 10642 M3x20"
> sollte in der Vorschau erscheinen (12)

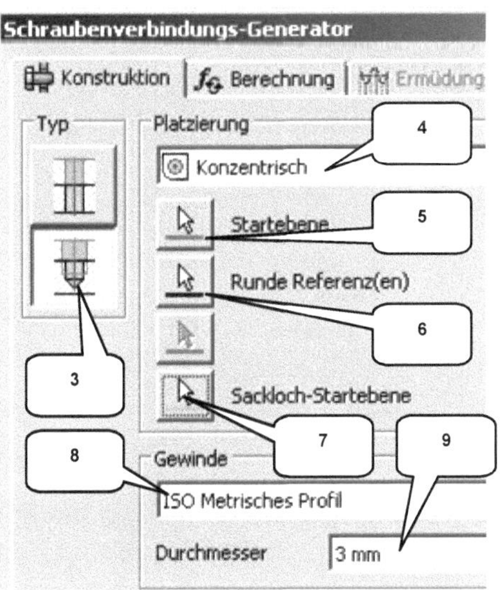

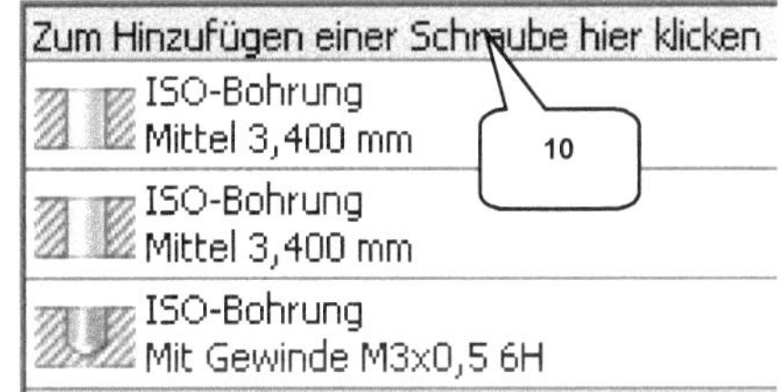

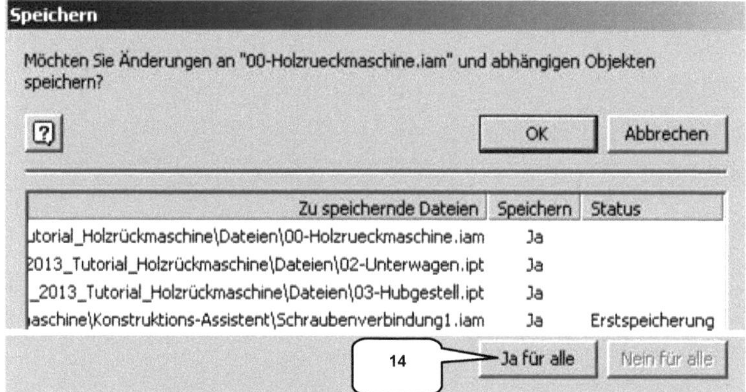

> **Speichern** (13)
> Ja für alle (14)
> **OK**

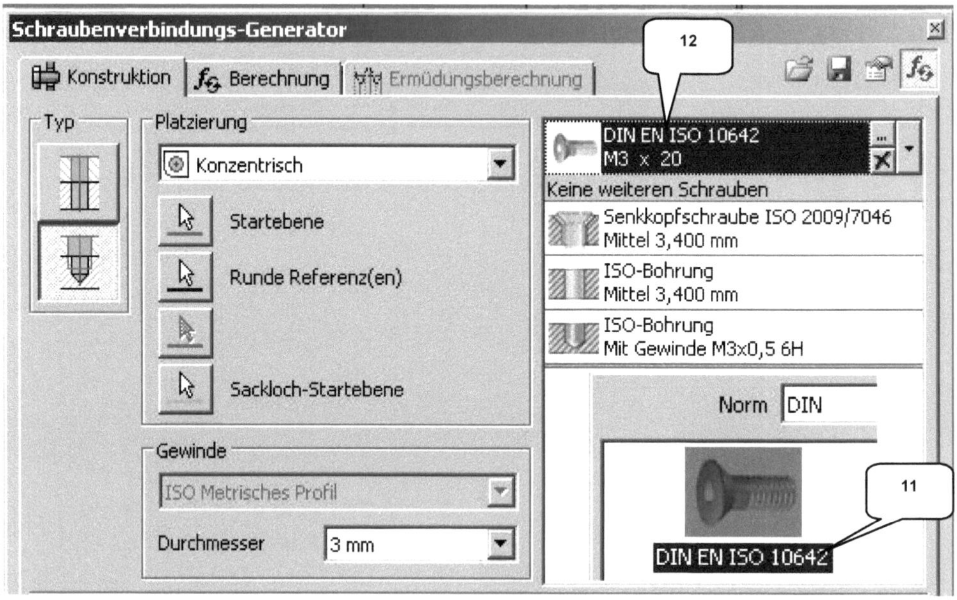

HINWEIS: Dieser Befehl fügt Schraubenverbindungen in Baugruppen ein und fügt den Bauteilen „02-Unterwagen.ipt" und „03-Hubgestellt.ipt" alle für die Schraubenverbindung notwendigen (Gewinde-) Bohrungen hinzu.

15.6 Bauteil „04-Ausleger" mit Abhängigkeiten versehen

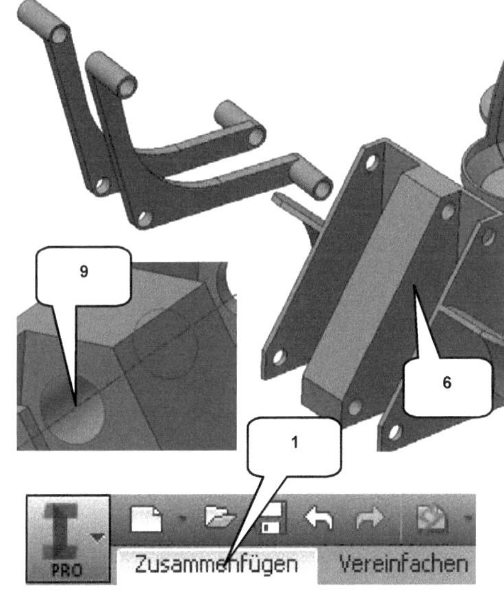

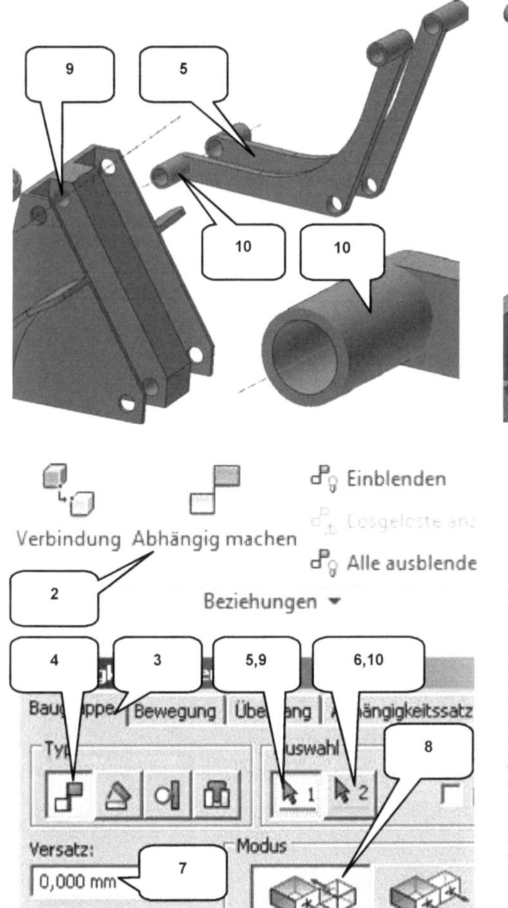

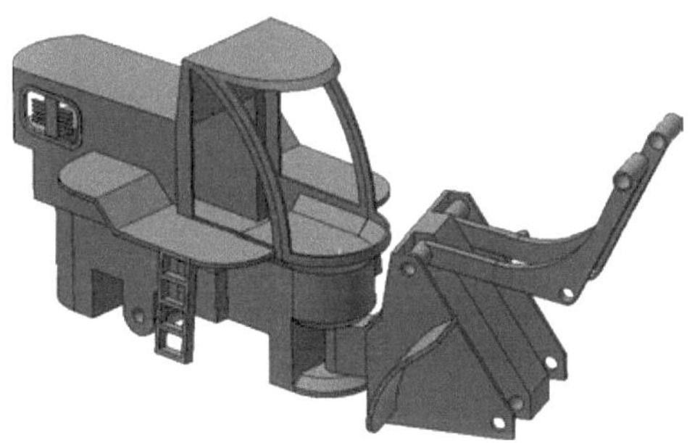

> Register **Zusammenfügen** öffnen (1)

> **Abhängig machen** (2)
> Reiter: Baugruppe (3)
> Typ: Passend (4)
> Auswahl1:
> Markierte Fläche (Ausleger) (5)
> Auswahl2:
> Markierte Fläche (Hubgestell) (6)
> Versatz: [0] mm (7)
> Modus: Passend (8)
> **ANWENDEN**

> Auswahl1:
> Zylinderfläche Bohrung (Hubgestell) (9)
> Auswahl2:
> Zylinderfläche (Ausleger) (10)
> Versatz: [0] mm (7)
> Modus: Passend (6) > **OK**

15.7 Bauteil „05-Greiferstiel" mit Abhängigkeiten versehen

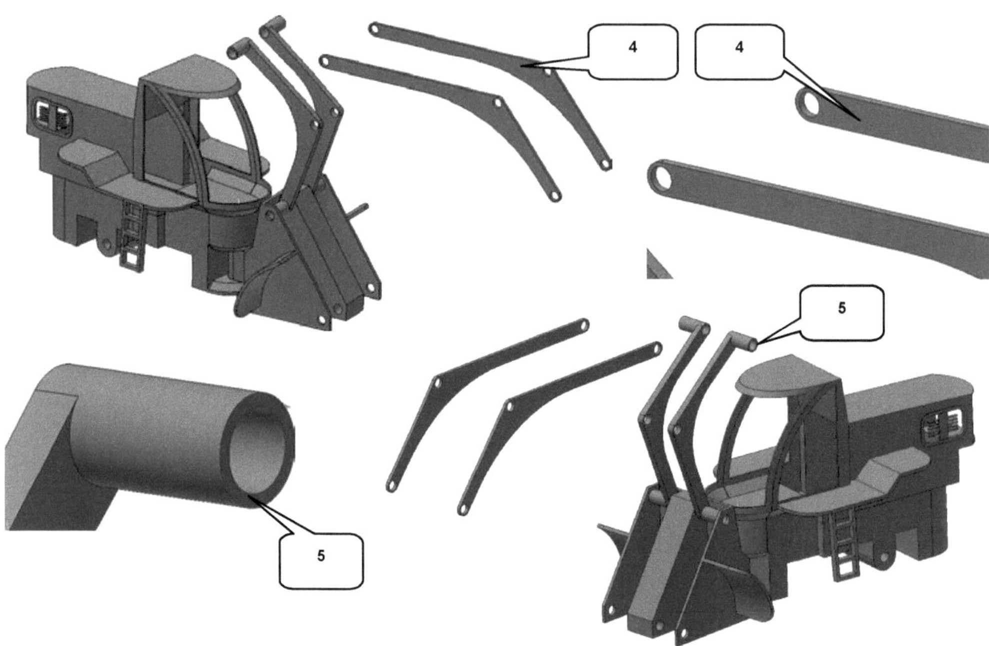

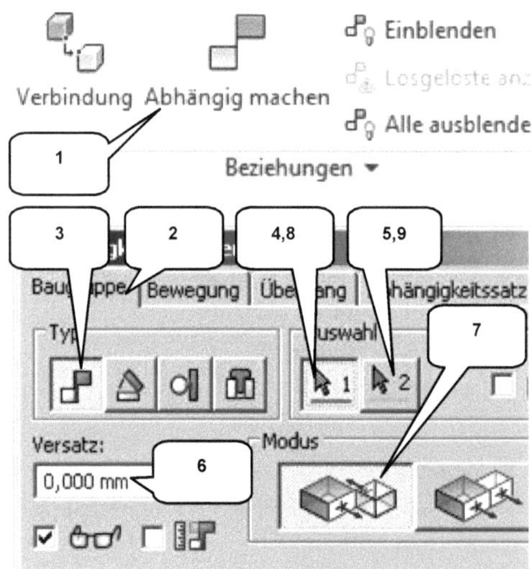

- ➤ **Abhängig machen** (1)
- ➤ Reiter: Baugruppe (2)
- ➤ Typ: Passend (3)
- ➤ Auswahl1: Markierte Fläche (innere Fläche Greiferstiel) (4)
- ➤ Auswahl2: Markierte Fläche (Stirnfläche Ausleger) (5)
- ➤ Versatz: [0] mm (6)
- ➤ Modus: Passend (7)
- ➤ **ANWENDEN**
- ➤ Auswahl1: Zylinderfläche (Ausleger) (Hubgestell) (8)
- ➤ Auswahl2: Zylinderfläche Bohrung (Greiferstiel) (9)
- ➤ Versatz: [0] mm (6)
- ➤ Modus: Passend (7)
- ➤ **OK**

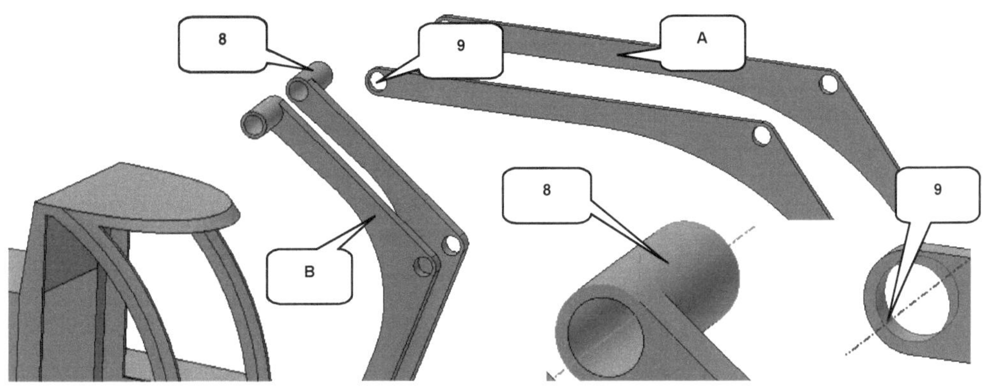

HINWEIS: Der Greiferstiel hat eine lange und eine kurze Seite. Die lange Seite (A) ist die Seite, welche mit dem Ausleger (B) verbunden werden muss (8,9).

15.8 Bauteil „06-Greifer" mit Abhängigkeiten versehen

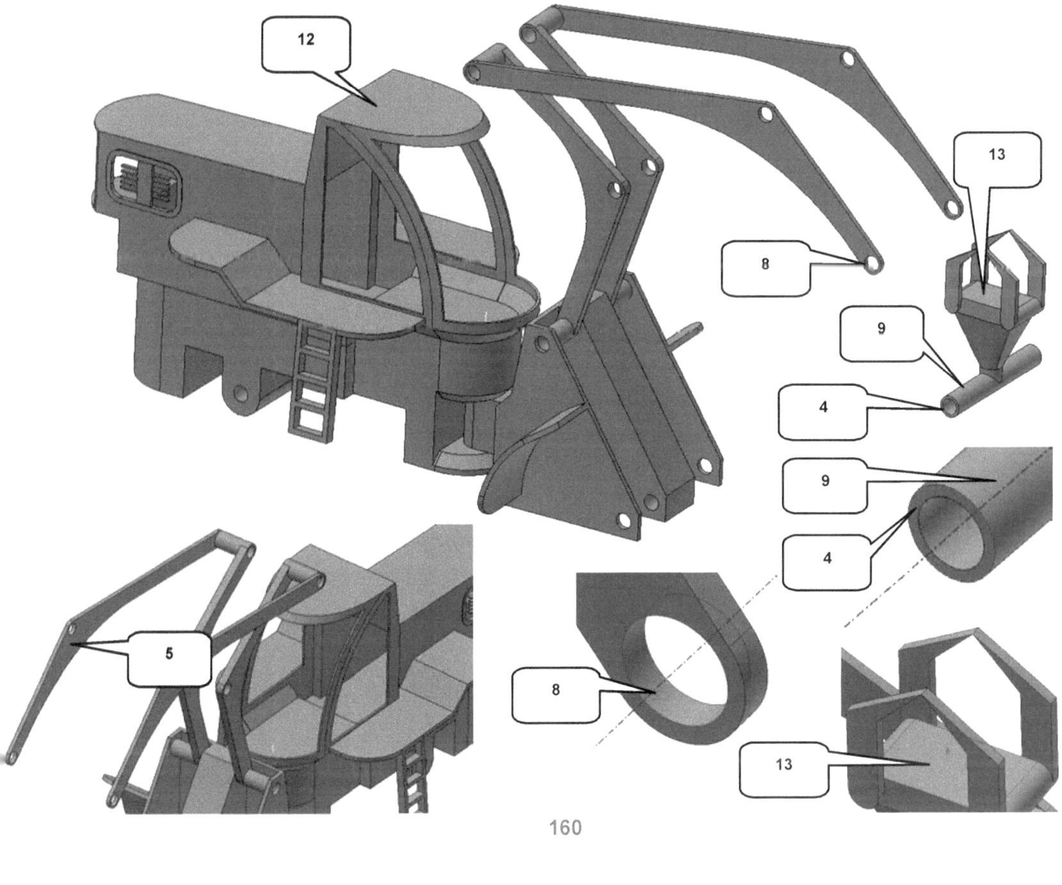

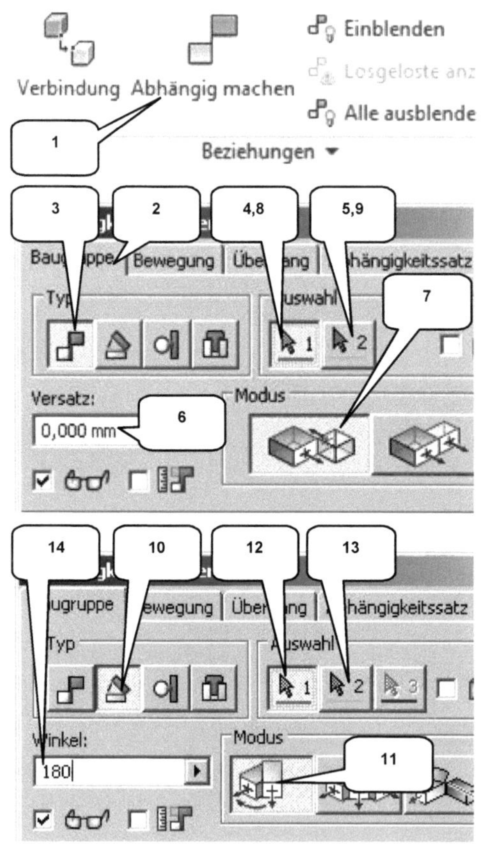

- ➢ *Abhängig machen* (1)
- ➢ Reiter: Baugruppe (2)
- ➢ Typ: Passend (3)
- ➢ Auswahl1: Markierte Fläche (Stirnfläche Greifer) (4)
- ➢ Auswahl2: Markierte Fläche (innere Fläche Greiferstiel) (5)
- ➢ Versatz: [0] mm (6)
- ➢ Modus: Passend (7)
- ➢ *ANWENDEN*
- ➢ Auswahl1: Zylinderfläche (Bohrung Ausleger) (8)
- ➢ Auswahl2: Zylinderfläche (Greifer) (9)
- ➢ Versatz: [0] mm (6)
- ➢ Modus: Passend (7)
- ➢ *ANWENDEN*
- ➢ Typ: **Winkel** (10)
- ➢ Modus: Gerichteter Winkel (11)
- ➢ Auswahl1: Markierte Fläche (Dach Oberwagen) (12)
- ➢ Auswahl2: Markierte Fläche (Greifer) (13)
- ➢ Winkel: [180] Grad (14)
- ➢ *OK*

15.9 Unterbaugruppen „08-Hydraulikzylinder" einfügen

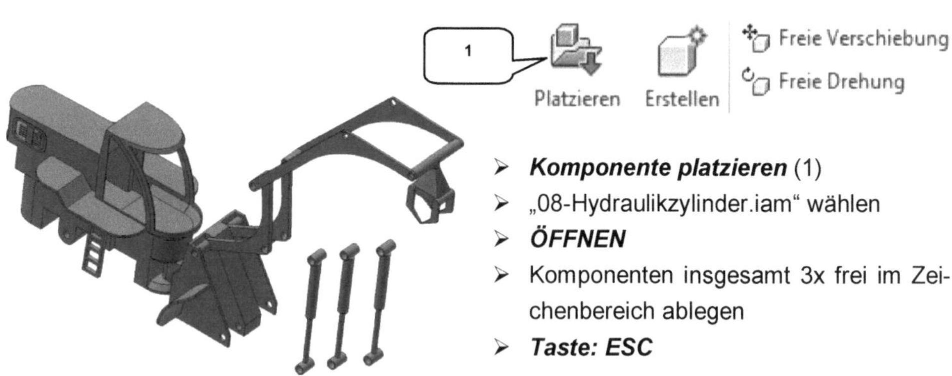

- ➢ *Komponente platzieren* (1)
- ➢ „08-Hydraulikzylinder.iam" wählen
- ➢ *ÖFFNEN*
- ➢ Komponenten insgesamt 3x frei im Zeichenbereich ablegen
- ➢ *Taste: ESC*

15.10 Befestigen der unteren beiden Hydraulikzylinder

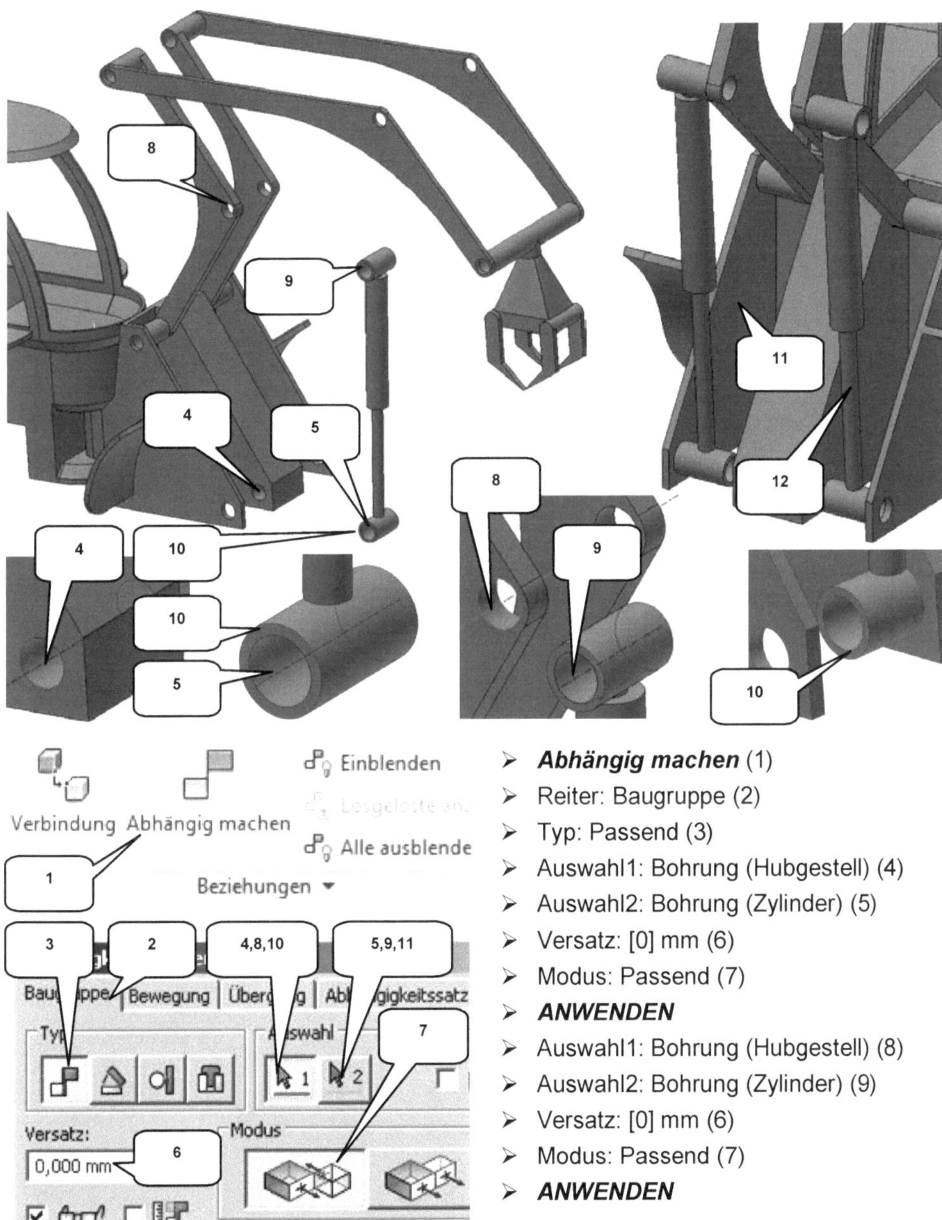

> ***Abhängig machen*** (1)
> Reiter: Baugruppe (2)
> Typ: Passend (3)
> Auswahl1: Bohrung (Hubgestell) (4)
> Auswahl2: Bohrung (Zylinder) (5)
> Versatz: [0] mm (6)
> Modus: Passend (7)
> ***ANWENDEN***
> Auswahl1: Bohrung (Hubgestell) (8)
> Auswahl2: Bohrung (Zylinder) (9)
> Versatz: [0] mm (6)
> Modus: Passend (7)
> ***ANWENDEN***

- ➢ Auswahl1: Stirnfläche (Zylinder) (10)
- ➢ Auswahl2: Innenflä. (Hubgestell) (11)
- ➢ Versatz: [0] mm (6)

- ➢ Modus: Passend (7)
- ➢ **OK**

HINWEIS: Der zweite Hydraulikzylinder kann äquivalent zwischen Hubgestell und Ausleger befestigt werden. Position (12) zeigt dessen Lage und Ausrichtung.

15.11 Befestigen des oberen Hydraulikzylinders

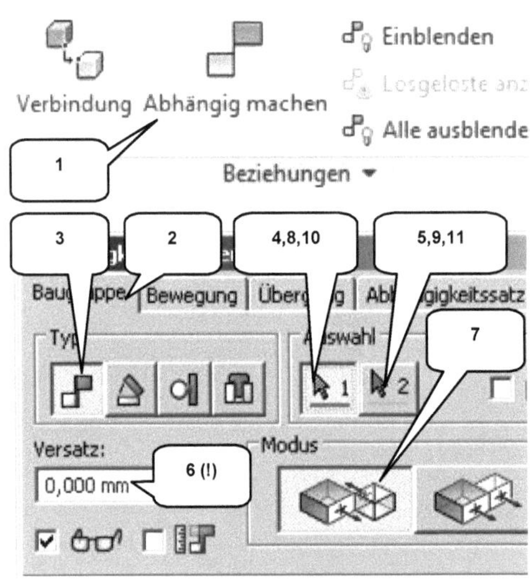

- ➢ **Abhängig machen** (1)
- ➢ Reiter: Baugruppe (2)
- ➢ Typ: Passend (3)
- ➢ Auswahl1: Bohrung (Greiferstiel) (4)
- ➢ Auswahl2: Bohrung (Zylinder) (5)
- ➢ Versatz: [0] mm (6)
- ➢ Modus: Passend (7)
- ➢ **ANWENDEN**
- ➢ Auswahl1: Stirnfläche (Zylinder) (8)
- ➢ Auswahl2: Innenfläche (Greiferstiel) (9)
- ➢ Versatz: [**10,5**] mm (6) **!!!**
- ➢ Modus: Passend (7)
- ➢ **ANWENDEN**
- ➢ Auswahl1: Bohrung (oberer Zyl.) (10)
- ➢ Auswahl2: Bohrung (unterer Zyl.) (11)
- ➢ Versatz: [0] mm (6)
- ➢ Modus: Passend (7)
- ➢ **OK**

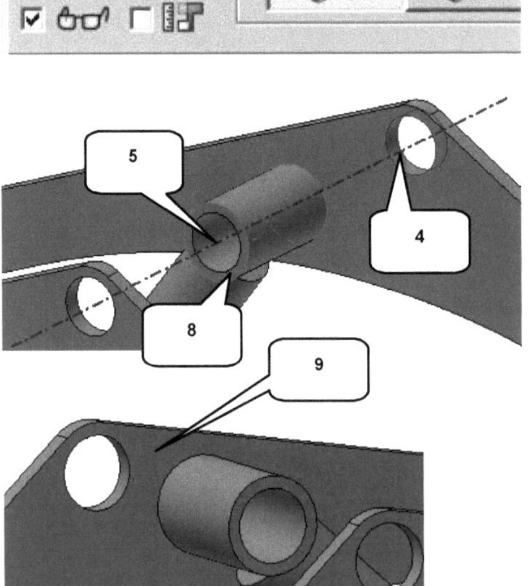

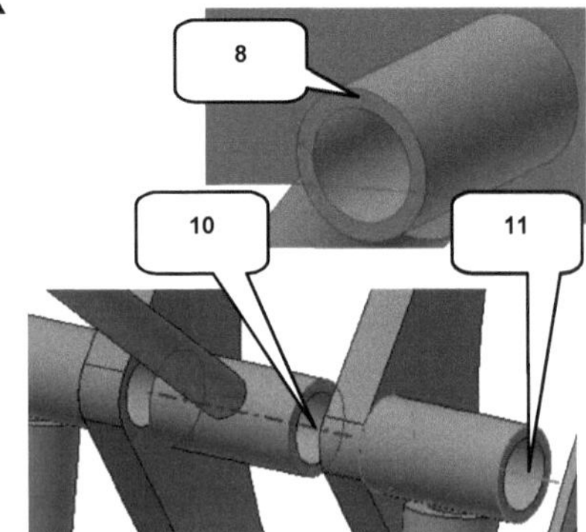

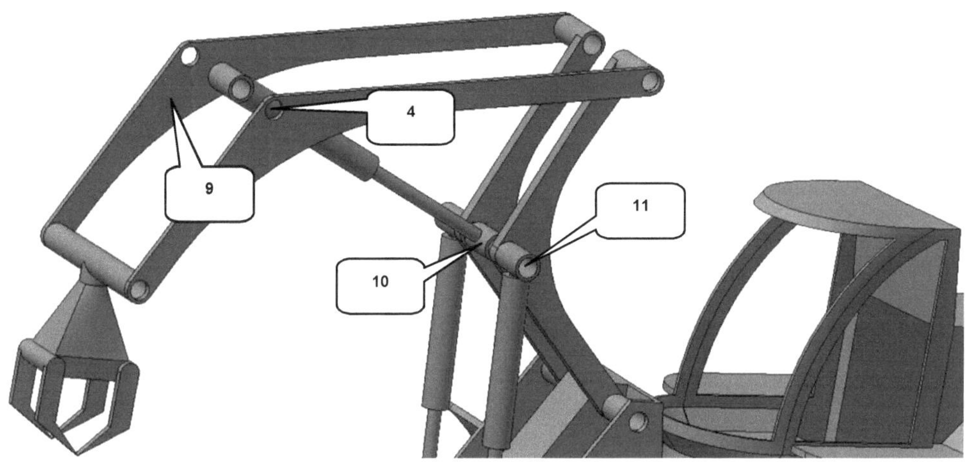

15.12 Alle drei Zylinder flexibel machen

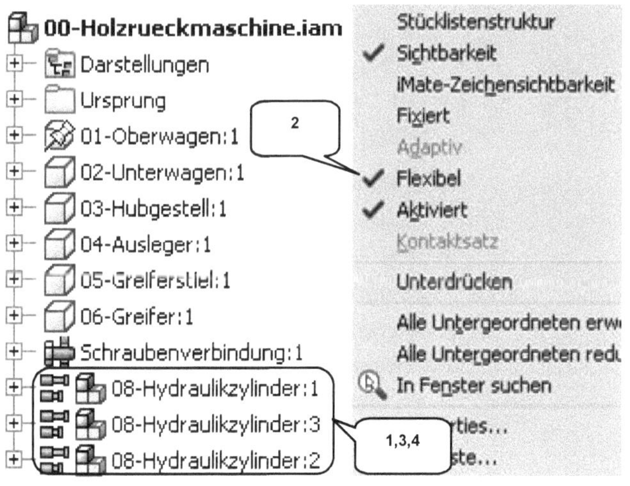

- Rechte Maustaste auf 1. Hydraulikzylinder (1)
- „Flexibel" aktivieren (2)
- Rechte Maustaste auf 2. Hydraulikzylinder (3)
- „Flexibel" aktivieren (2)
- Rechte Maustaste auf 3. Hydraulikzylinder (4)
- „Flexibel" aktivieren (2)

HINWEIS: Wird eine Baugruppe (Unterbaugruppe) in eine andere Baugruppe (Hauptbaugruppe) eingefügt, so wird die Unterbaugruppe als ein unbewegliches Objekt behandelt. Soll sie auch innerhalb der Hauptbaugruppe ihre volle Beweglichkeit behalten, muss die Option „Flexibel" aktiviert werden. Sie wird im Modellbaum dann mit dem Symbol gekennzeichnet.

15.13 Platzieren und Positionieren der Räder

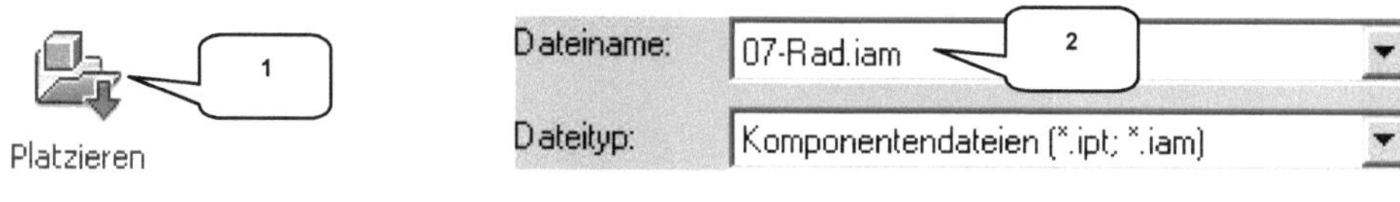

- ➤ **Komponente platzieren** (1)
- ➤ Dateiname: 07-Rad.iam (2)
- ➤ **ÖFFNEN**
- ➤ Unterbaugruppe insgesamt 4x frei im Zeichenbereich ablegen
- ➤ **Taste: ESC**

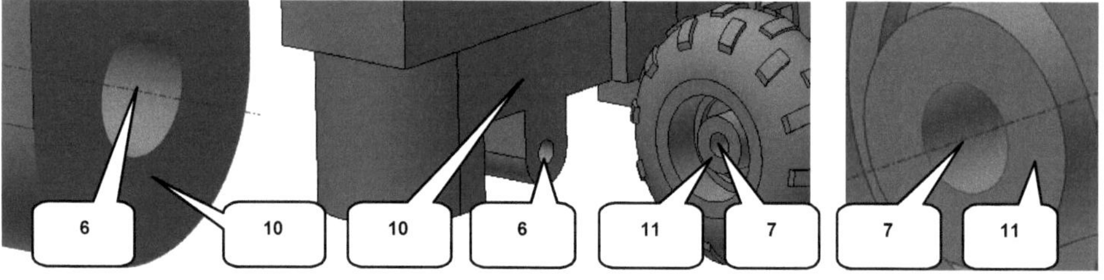

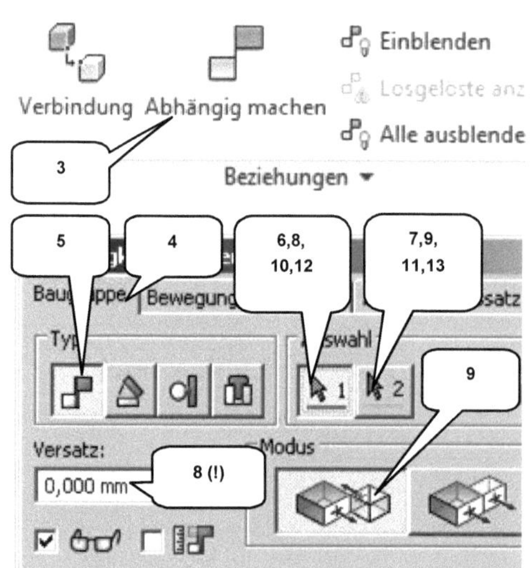

- ➤ **Abhängig machen** (3)
- ➤ Reiter: Baugruppe (4)
- ➤ Typ: Passend (5)
- ➤ Auswahl1: Bohrung (Unterwagen) (6)
- ➤ Auswahl2: Bohrung (Rad) (7)
- ➤ Versatz: [0] mm (8)
- ➤ Modus: Passend (9)
- ➤ **ANWENDEN**
- ➤ Auswahl1: Fläche (Unterwagen) (10)
- ➤ Auswahl2: Fläche (Rad) (11)
- ➤ Versatz: [5] mm (8) **!!!**
- ➤ Modus: Passend (9)
- ➤ **OK**

Dieselben Abhängigkeiten für das zweite Hinterrad auf der gegenüberliegenden Seite wiederholen.

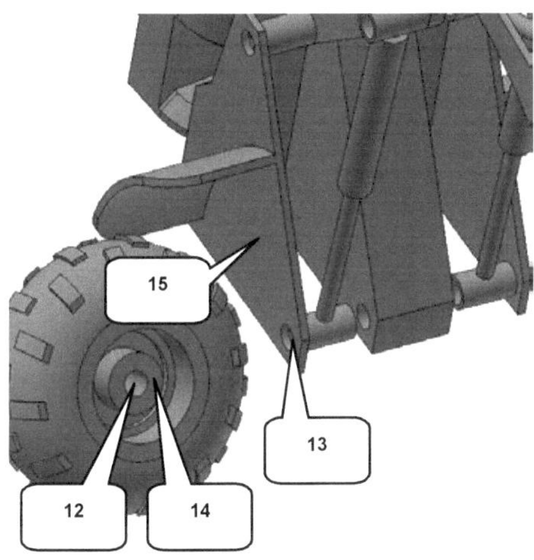

- ➤ **_Abhängig machen_** (3)
- ➤ Reiter: Baugruppe (4)
- ➤ Typ: Passend (5)
- ➤ Auswahl1: Bohrung (Rad) (12)
- ➤ Auswahl2: Bohrung (Hubgestell) (13)
- ➤ Versatz: [0] mm (8)
- ➤ Modus: Passend (9)
- ➤ **_ANWENDEN_**
- ➤ Auswahl1: Fläche (Rad) (14)
- ➤ Auswahl2: Fläche (Hubgestell) (15)
- ➤ Versatz: **[5]** mm (8) **!!!**
- ➤ Modus: Passend (9)
- ➤ **_OK_**

Dieselben Abhängigkeiten für das zweite Vorderrad auf der gegenüberliegenden Seite wiederholen.

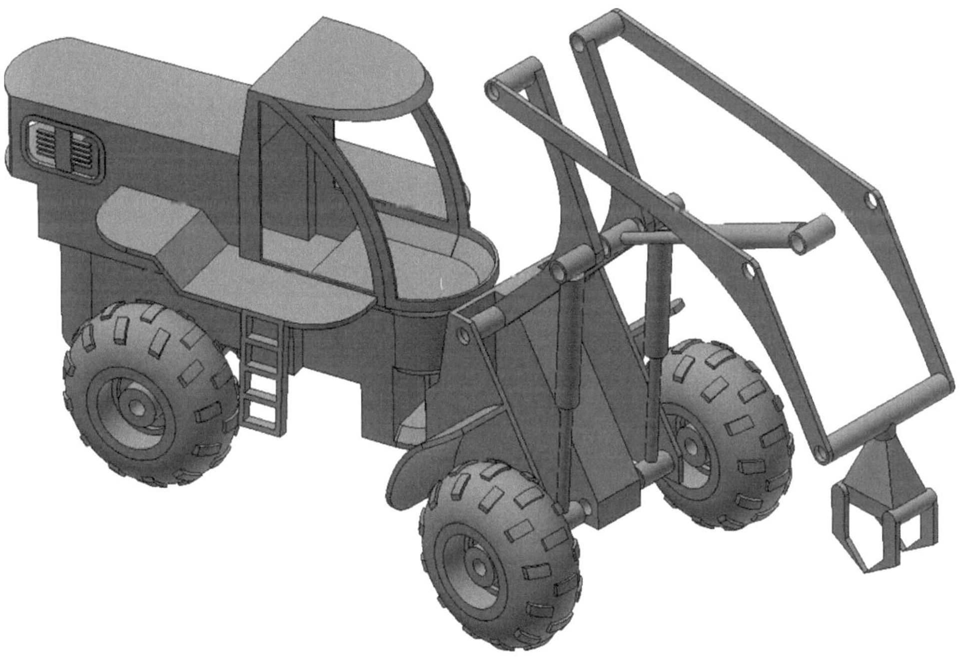

15.14 Radachsen aus der Baugruppe heraus erzeugen

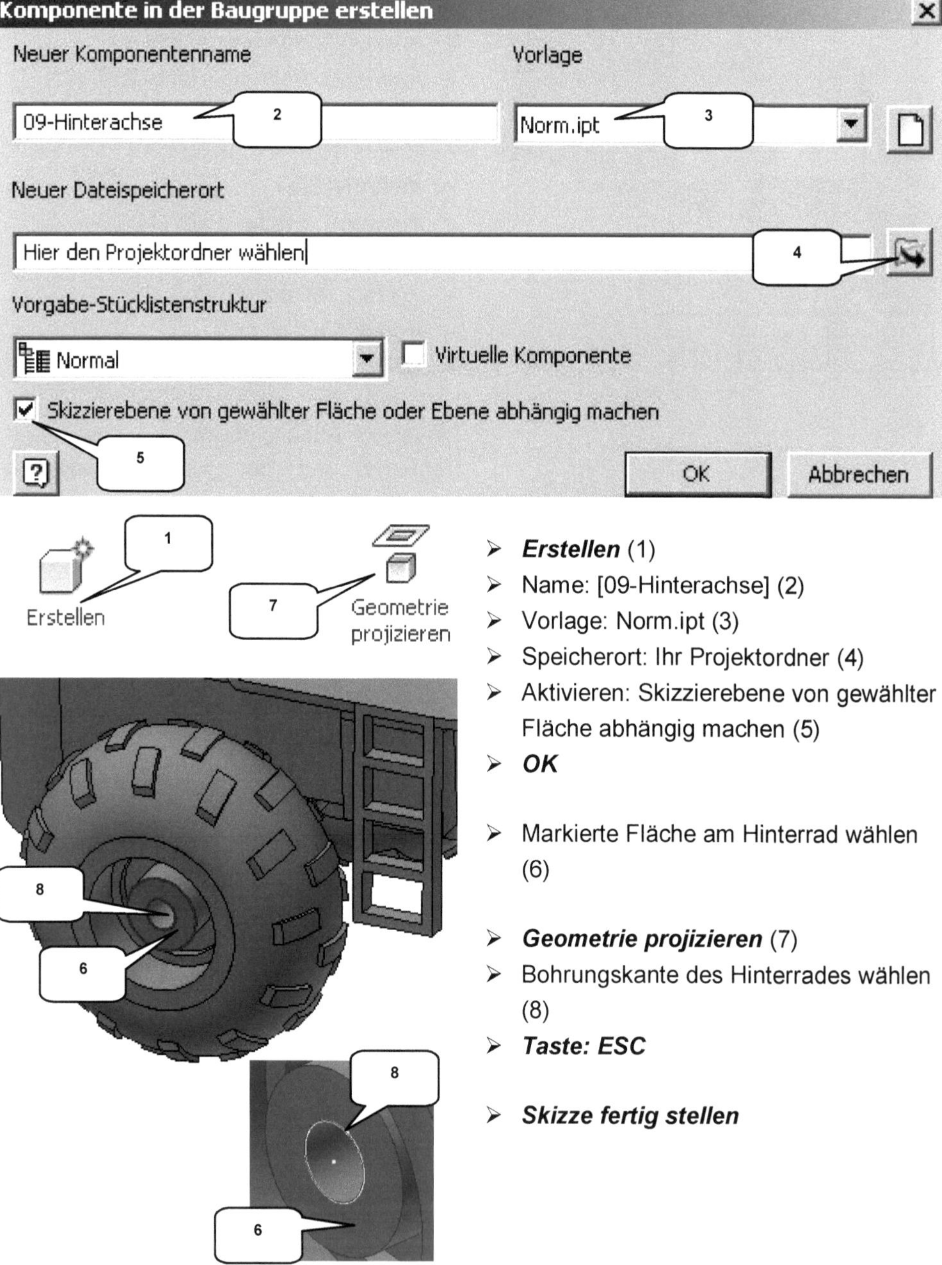

> ***Erstellen*** (1)
> Name: [09-Hinterachse] (2)
> Vorlage: Norm.ipt (3)
> Speicherort: Ihr Projektordner (4)
> Aktivieren: Skizzierebene von gewählter Fläche abhängig machen (5)
> ***OK***

> Markierte Fläche am Hinterrad wählen (6)

> ***Geometrie projizieren*** (7)
> Bohrungskante des Hinterrades wählen (8)
> ***Taste: ESC***

> ***Skizze fertig stellen***

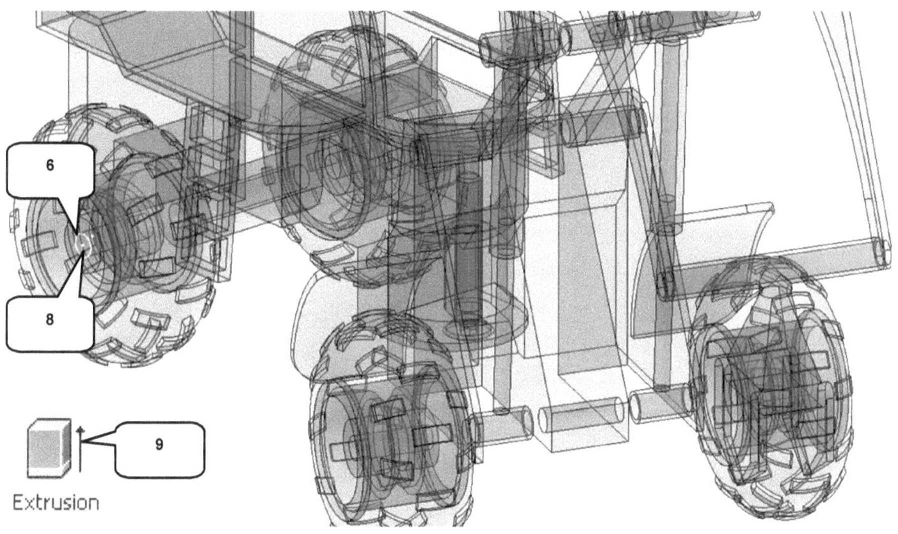

> ➢ *Extrusion* (9)
>
> ➢ Profil: Projizierte Kreiskante (8)
>
> ➢ Größe: Bis (10)
>
> ➢ Endfläche: Fläche am gegenüberlie-
> genden Hinterrad (11)

> ➢ Aktivieren: Element an gedehnter
> Flächen enden lassen (12)
>
> ➢ Ausgabe: Volumenkörper (13)
>
> ➢ *OK*
>
> ➢ *Zurück* (14)

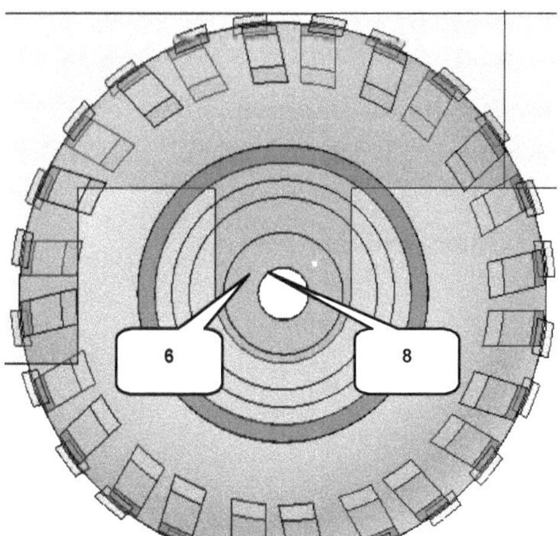

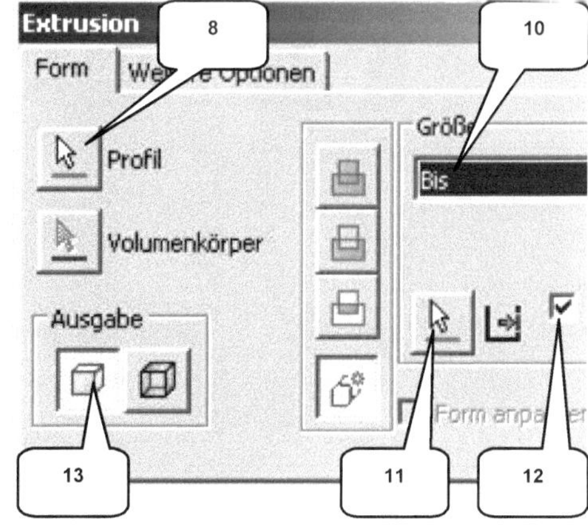

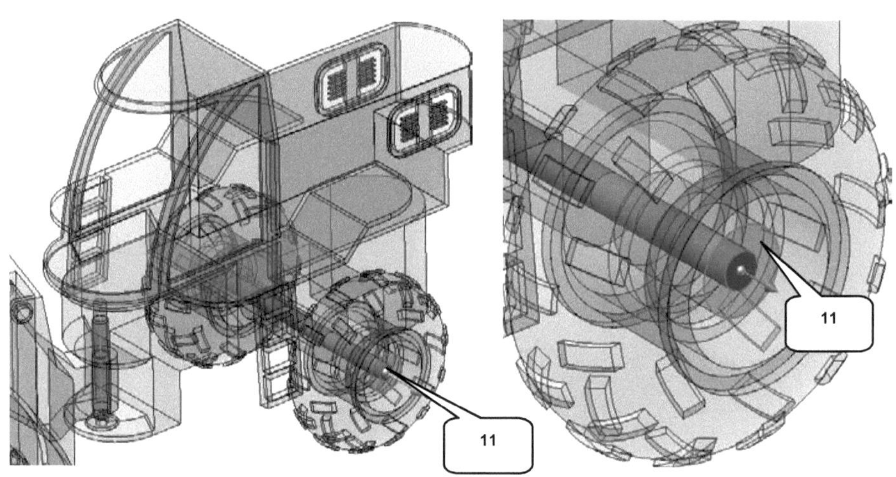

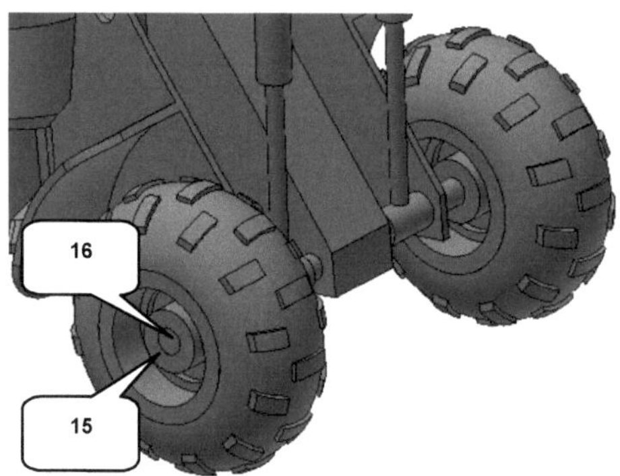

- ➢ **Erstellen** (1)
- ➢ Name: [10-Vorderachse]
- ➢ Vorlage: Norm.ipt (3)
- ➢ Speicherort: Ihr Projektordner (4)
- ➢ Aktivieren: Skizzierebene von gewählter Fläche abhängig machen (5)
- ➢ **OK**

- ➢ Markierte Fläche am Vorderrad wählen (15)

- ➢ **Geometrie projizieren** (7)
- ➢ Bohrungskante des Vorderrades wählen (16)
- ➢ **Taste: ESC**

- ➢ **Skizze fertig stellen**

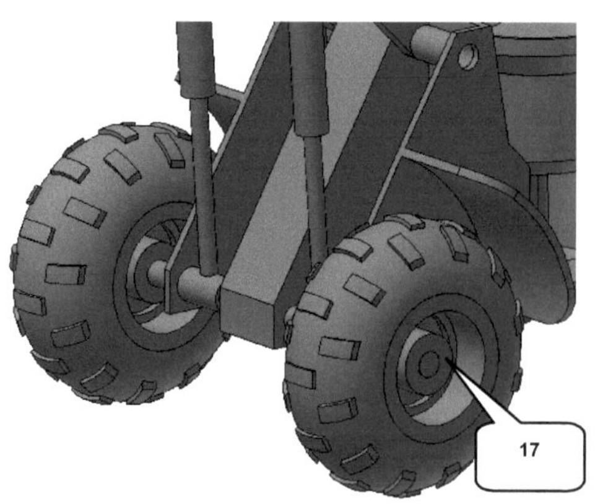

> ***Extrusion*** (9)
> Profil: Projizierte Kreiskante (16)
> Größe: Bis (10)
> Endfläche: Fläche am gegenüberliegenden Hinterrad (17)

> Aktivieren: Element an gedehnter Flächen enden lassen (12)
> Ausgabe: Volumenkörper (13)
> ***OK***

> ***Zurück*** (14)

HINWEIS: Werden Bauteile aus einer Baugruppe heraus erzeugt (Befehl: Erstellen), werden diese automatisch mit einer „Adaptivität" versehen (Symbol: ⟳). Sie sind damit von den Komponenten abhängig, auf denen sie erzeugt wurden. Form und Länge der Achsen sind in unserem Beispiel abhängig von Form und Abstand der Räder: Änderungen werden automatisch übernommen. Wird die Adaptivität entfernt, dann besteht zwischen den Komponenten keine Verknüpfung mehr.

15.15 Bolzen für Greifersystem aus der Baugruppe heraus erstellen

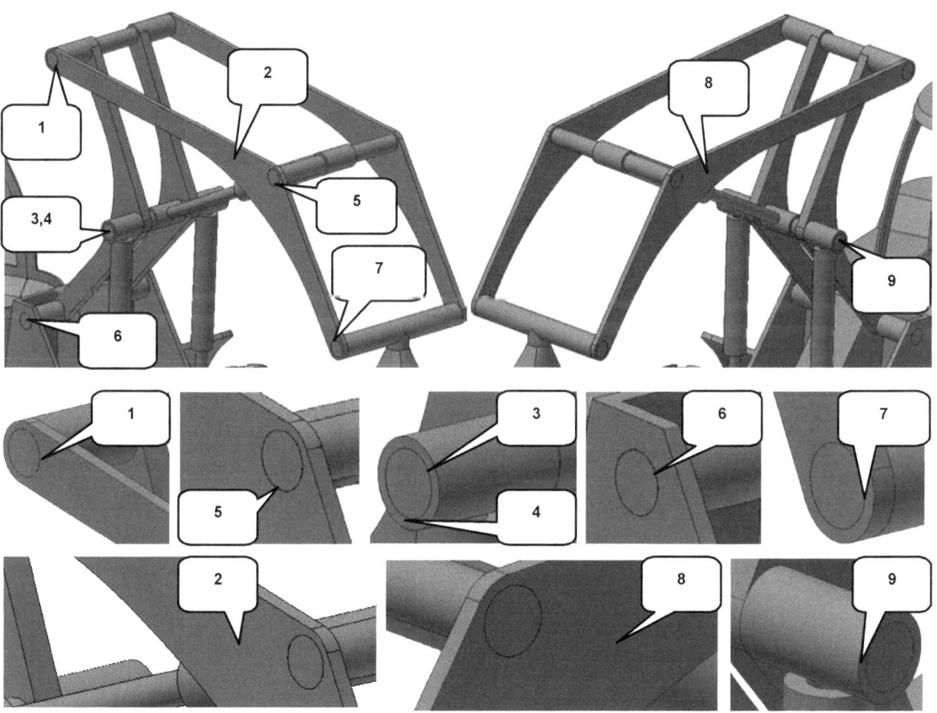

170

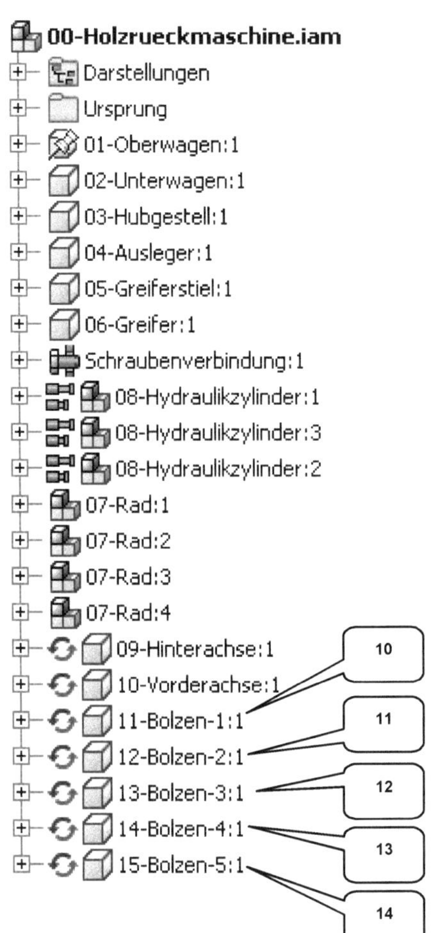

- ➢ Fünf weitere Bauteile (Bolzen für Greifersystem) mittels erstellen

- ➢ Bauteil 1:
- ➢ Name: [11-Bolzen-1] (10)
- ➢ Basisfläche: Markierte Fläche (2)
- ➢ Projizieren: Bohrungskante (6)
- ➢ Extrudieren bis Fläche (8)

- ➢ Bauteil 2:
- ➢ Name: [12-Bolzen-2] (11)
- ➢ Basisfläche: Markierte Fläche (2)
- ➢ Projizieren: Bohrungskante (1)
- ➢ Extrudieren bis Fläche (8)

- ➢ Bauteil 3:
- ➢ Name: [13-Bolzen-3] (12)
- ➢ Basisfläche: Markierte Fläche (2)
- ➢ Projizieren: Bohrungskante (5)
- ➢ Extrudieren bis Fläche (8)

- ➢ Bauteil 4:
- ➢ Name: [14-Bolzen-4] (13)
- ➢ Basisfläche: Markierte Fläche (2)
- ➢ Projizieren: Bohrungskante (7)
- ➢ Extrudieren bis Fläche (8)

- ➢ Bauteil 5:
- ➢ Name: [15-Bolzen-5] (14)
- ➢ Basisfläche: Markierte Fläche (4)
- ➢ Projizieren: Bohrungskante (3)
- ➢ Extrudieren bis Fläche (9)

- ➢ *Speichern*
- ➢ *Ja für alle*
- ➢ *OK*

15.16 Bauteil „01-Oberwagen" aus der Baugruppe heraus bearbeiten

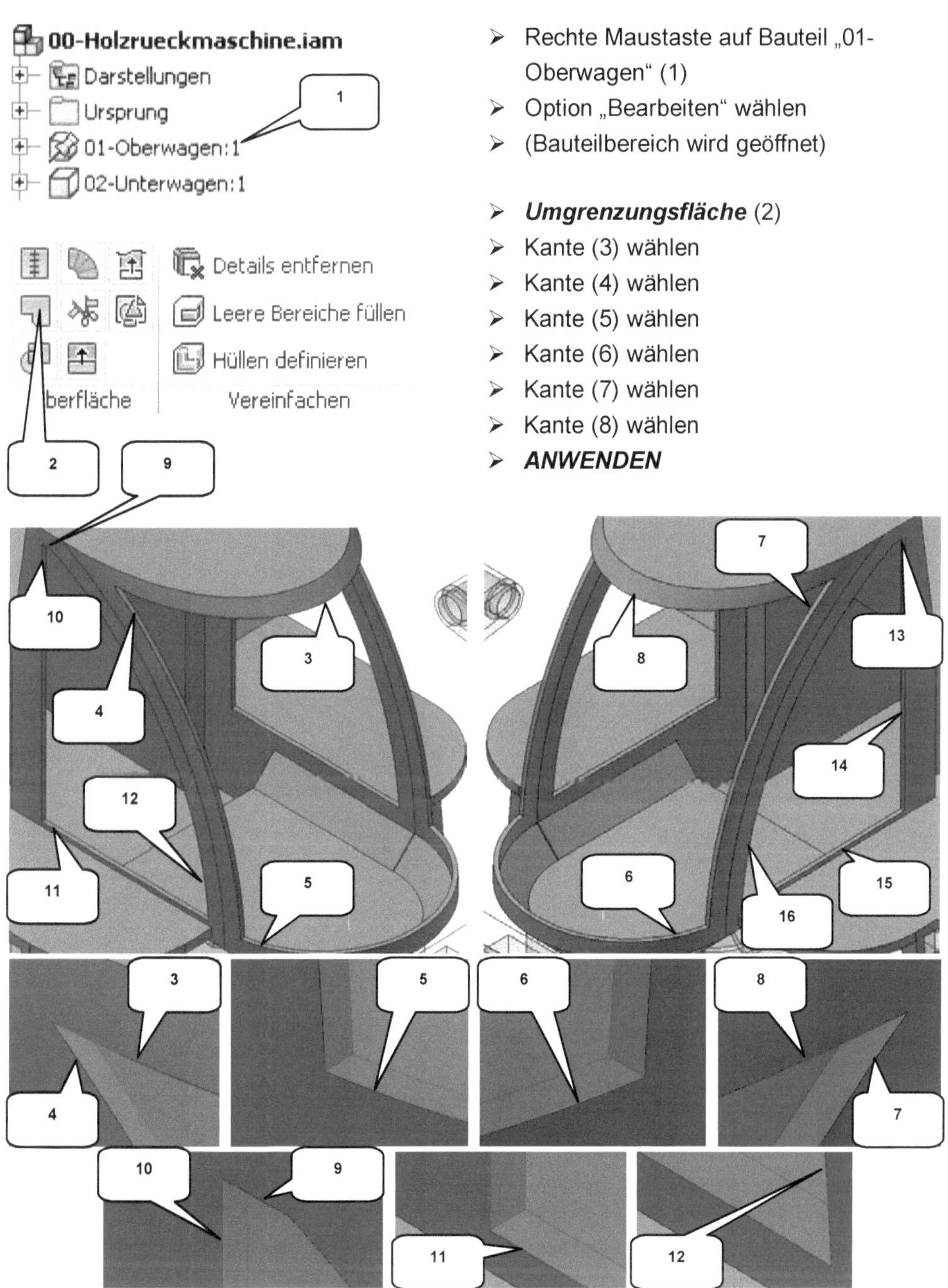

> Rechte Maustaste auf Bauteil „01-Oberwagen" (1)
> Option „Bearbeiten" wählen
> (Bauteilbereich wird geöffnet)

> *Umgrenzungsfläche* (2)
> Kante (3) wählen
> Kante (4) wählen
> Kante (5) wählen
> Kante (6) wählen
> Kante (7) wählen
> Kante (8) wählen
> *ANWENDEN*

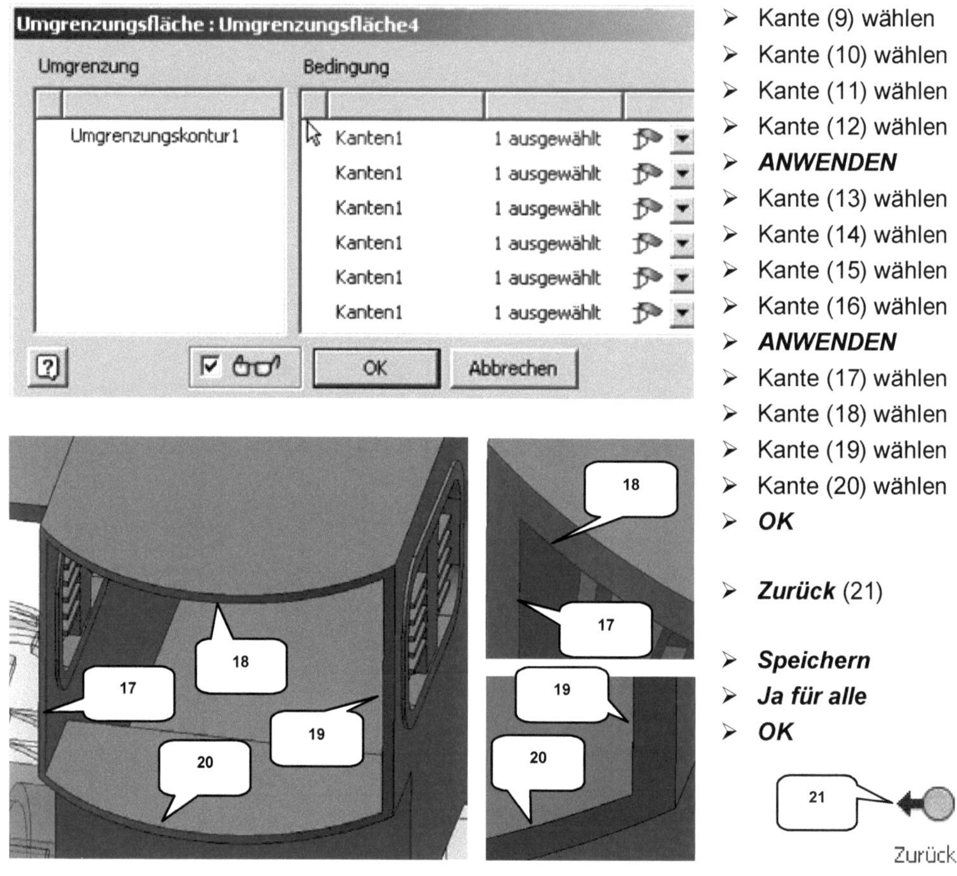

> Kante (9) wählen
> Kante (10) wählen
> Kante (11) wählen
> Kante (12) wählen
> *ANWENDEN*
> Kante (13) wählen
> Kante (14) wählen
> Kante (15) wählen
> Kante (16) wählen
> *ANWENDEN*
> Kante (17) wählen
> Kante (18) wählen
> Kante (19) wählen
> Kante (20) wählen
> *OK*

> *Zurück* (21)

> *Speichern*
> *Ja für alle*
> *OK*

HINWEIS: Der Befehl ***Umgrenzungsfläche*** erzeugt ein reines Flächenelement ohne Masse und Volumen. Hier können Linien einer 2D- oder 3D-Skizze oder vorhandene Körperkanten verwendet werden. Für die drei Fenster im Bereich des Fahrerhäuschens sind jeweils die äußeren Körperkanten des Volumenkörpers zu wählen. Für die hintere Abdeckung des Oberwagens sind jeweils die inneren Kanten zu verwenden.

15.17 Farben zuweisen und Modellbaum strukturieren

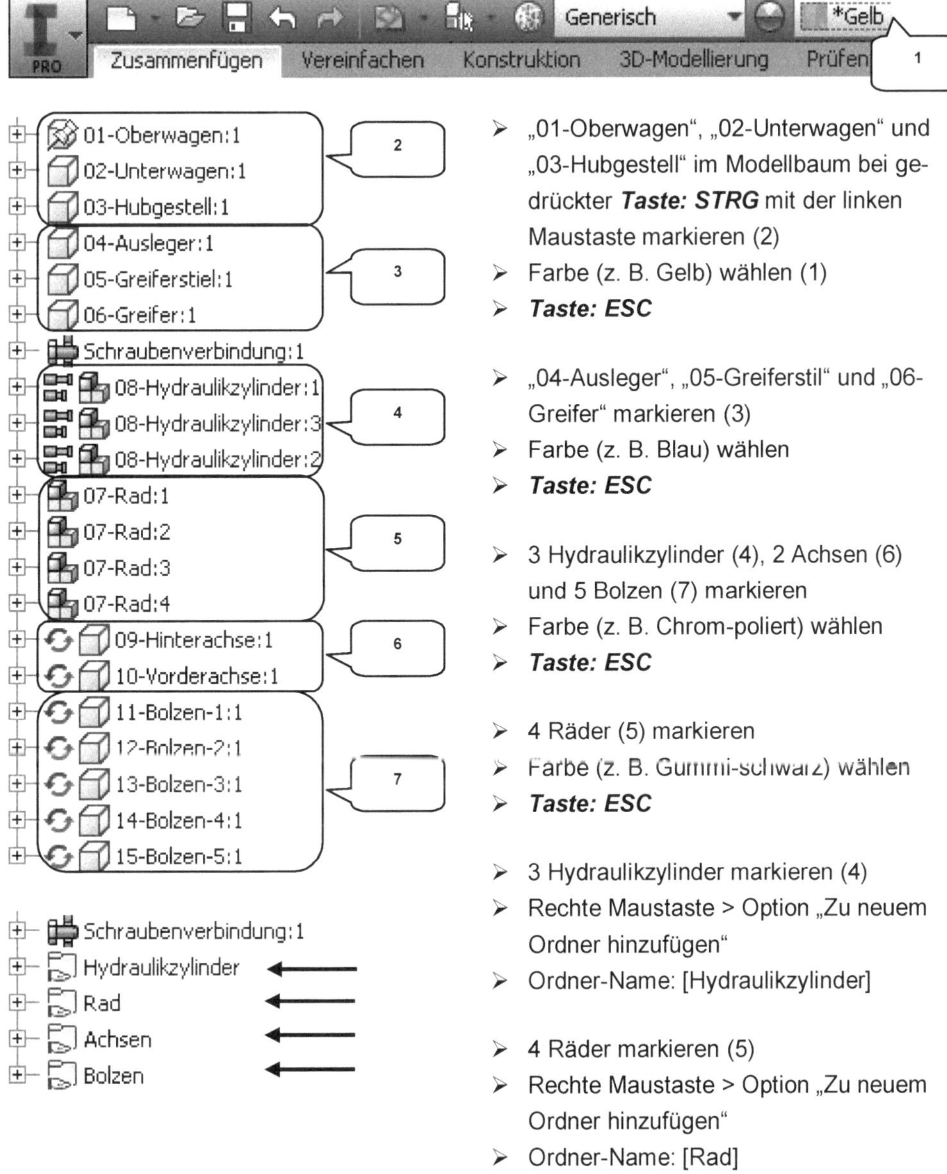

- „01-Oberwagen", „02-Unterwagen" und „03-Hubgestell" im Modellbaum bei gedrückter **Taste: STRG** mit der linken Maustaste markieren (2)
- Farbe (z. B. Gelb) wählen (1)
- **Taste: ESC**

- „04-Ausleger", „05-Greiferstil" und „06-Greifer" markieren (3)
- Farbe (z. B. Blau) wählen
- **Taste: ESC**

- 3 Hydraulikzylinder (4), 2 Achsen (6) und 5 Bolzen (7) markieren
- Farbe (z. B. Chrom-poliert) wählen
- **Taste: ESC**

- 4 Räder (5) markieren
- Farbe (z. B. Gummi-schwarz) wählen
- **Taste: ESC**

- 3 Hydraulikzylinder markieren (4)
- Rechte Maustaste > Option „Zu neuem Ordner hinzufügen"
- Ordner-Name: [Hydraulikzylinder]

- 4 Räder markieren (5)
- Rechte Maustaste > Option „Zu neuem Ordner hinzufügen"
- Ordner-Name: [Rad]

➢ 2 Achsen markieren (6)	➢ 5 Bolzen markieren (7)
➢ Rechte Maustaste > Option „Zu neuem Ordner hinzufügen"	➢ Rechte Maustaste > Option „Zu neuem Ordner hinzufügen"
➢ Ordner-Name: [Achsen]	➢ Ordner-Name: [Bolzen]

15.18 Rendern der Hauptbaugruppe

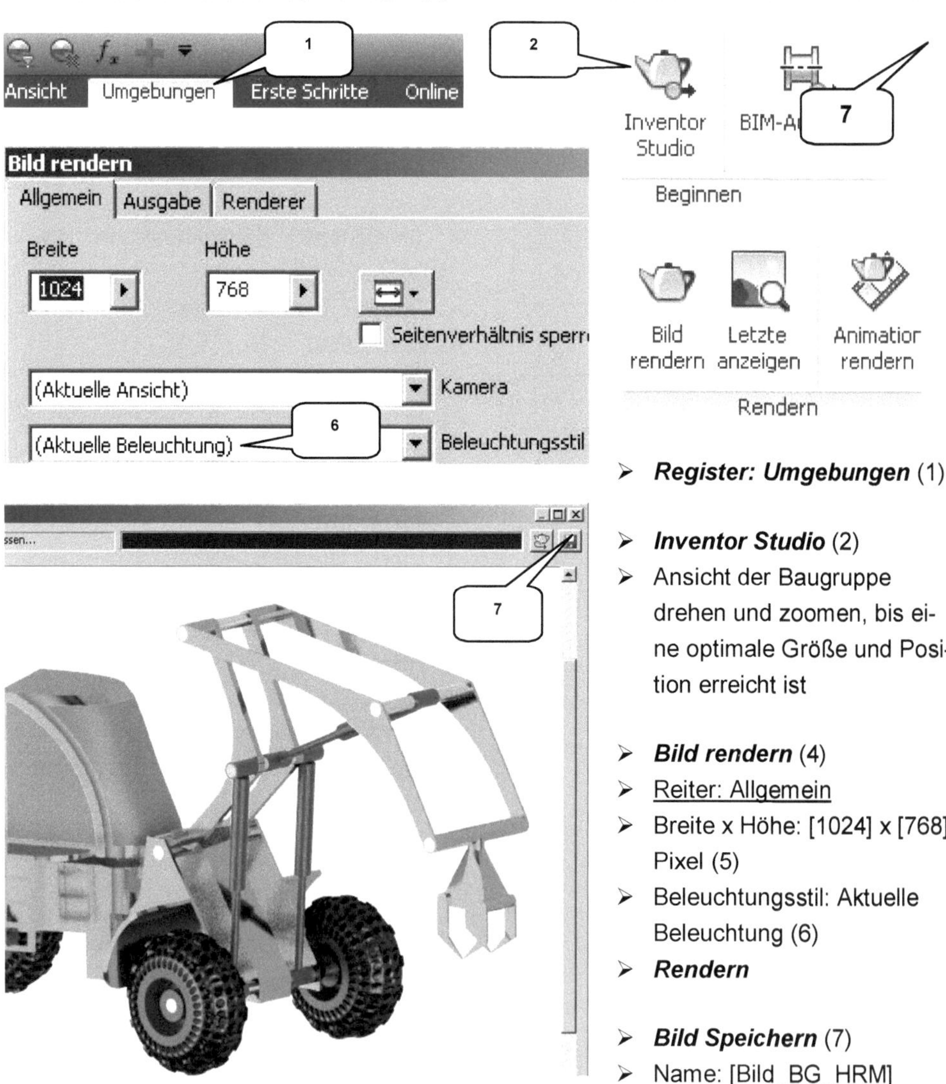

➢ **Register: Umgebungen** (1)

➢ **Inventor Studio** (2)

➢ Ansicht der Baugruppe drehen und zoomen, bis eine optimale Größe und Position erreicht ist

➢ **Bild rendern** (4)

➢ Reiter: Allgemein

➢ Breite x Höhe: [1024] x [768] Pixel (5)

➢ Beleuchtungsstil: Aktuelle Beleuchtung (6)

➢ **Rendern**

➢ **Bild Speichern** (7)

➢ Name: [Bild_BG_HRM]

➢ **OK**

16 Schlusswort

Der Autor des Buches hofft, dass Sie bei der Arbeit mit dem Programm und dem Übungs-projekt viel Spaß hatten.

Der Inhalt des Buches wurde sorgfältig geprüft. Leider können Fehler nicht ausgeschlossen werden.

Wenn Ihnen während der Arbeit mit dem Buch Fehler auffallen sollten, oder wenn Sie Ideen zur Verbesserung des Inhaltes haben, ist Ihnen der Autor für jeden Hinweis per E-Mail dankbar.

Konstruktive Anmerkungen können jederzeit an **schlieder@cad-trainings.de** gesendet werden.

Vielen Dank.

*

2D-Skizze auf der neuen Ebene erzeugen	63
2D-Skizze auf der XZ-Ebene erzeugen	104
2D-Skizze auf der XZ-Ebene erzeugen	113
2D-Skizze auf neuer Ebene erstellen	92
2D-Skizze auf neuer Ebene erzeugen	120
2D-Skizze auf XY-Ebene öffnen	37
2D-Skizze auf XY-Ebene öffnen	71
2D-Skizze auf XY-Ebene öffnen	84
2D-Skizze auf XY-Ebene öffnen	99
2D-Skizze auf XY-Ebene öffnen	109
2D-Skizze auf XY-Ebene öffnen	131
2D-Skizze auf XY-Ebene öffnen	142
2D-Skizze auf XZ-Ebene erzeugen	76
2D-Skizze auf XZ-Ebene erzeugen	86
2D-Skizze für den Lüftungsbereich (Maschinenraum) zeichnen	58

A

Abhängigkeiten setzen	39
Achsen projizieren und als Konstruktionsobjekte definieren	37
Achsen projizieren und als Konstruktionsobjekte definieren	45
Achsen projizieren und als Konstruktionsobjekte definieren	71
Achsen projizieren und als Konstruktionsobjekte definieren	76
Achsen projizieren und als Konstruktionsobjekte definieren	84
Achsen projizieren und als Konstruktionsobjekte definieren	87
Achsen projizieren und als Konstruktionsobjekte definieren	99
Achsen projizieren und als Konstruktionsobjekte definieren	104
Achsen projizieren und als Konstruktionsobjekte definieren	109
Achsen projizieren und als Konstruktionsobjekte definieren	120
Achsen projizieren und als Konstruktionsobjekte definieren	131
Achsen projizieren und als Konstruktionsobjekte definieren	142
Achsen und Linienkonturen projizieren	50
Aktivierung von Autodesk® Inventor® 2016	12
Alle drei Zylinder flexibel machen	164
Anforderungen an das Betriebssystem	10

A

Anwendungsoptionen (empfohlene Einstellungen) 22
Arbeitsbereich 18
Aufbau einer Holzrückmaschine 34
Ausgerichtete Bemaßungen erzeugen 41

B

Basiskontur des Schutzblechs zeichnen 55
Basiskontur mittels Zylinder erzeugen 118
Basisskizze für Reifenprofil zeichnen 137
Baugruppe „00-Holzrueckmaschine" erstellen 152
Bauteil „01-Oberwagen" aus der Baugruppe heraus bearbeiten 172
Bauteil „01-Oberwagen" erstellen 36
Bauteil „02-Unterwagen" erstellen 70
Bauteil „03-Hubgestell" erstellen 83
Bauteil „03-Hubgestell" mit Abhängigkeiten versehen 155
Bauteil „04-Ausleger" erstellen 98
Bauteil „04-Ausleger" mit Abhängigkeiten versehen 158
Bauteil „05-Greiferstiel" erstellen 108
Bauteil „05-Greiferstiel" mit Abhängigkeiten versehen 159
Bauteil „06-Greifer" erstellen 117
Bauteil „06-Greifer" mit Abhängigkeiten versehen 160
Bauteil „07-1-Rad-Basisskizze" erstellen 130
Bauteil „08-Hydraulikzylinder-Basisskizze" erstellen 141
Bauteil: Ausleger 97
Bauteil: Greifer 116
Bauteil: Greiferstiel 107
Bauteil: Hubgestell 82
Bauteil: Oberwagen 35
Bauteil: Unterwagen 69
Bauteile aus der Skizze heraus exportieren 133
Bauteile aus der Skizze heraus exportieren 144
Bearbeiten des Kolbens 147
Bearbeiten des Zylinders 146
Befestigen der unteren beiden Hydraulikzylinder 162
Befestigen des oberen Hydraulikzylinders 163
Befestigungsbohrungen für die Zylinderbolzen einfügen 90
Bemaßen der Bogenabstände 52

B

Bemaßen der Linienabstände	74
Bogen aus drei Punkten	43
Bohren der Greiferführung	124
Bohren der hinteren Antriebswellenlagerung	81
Bolzen für Greifersystem aus der Baugruppe heraus erstellen	170

D

Deaktivieren der Arbeitsebene	122
Die ersten Schritte	19
Download des Programms	10
Drehen der Skizzenkontur um die neu erzeugte Arbeitsachse	94

E

Ebene und Skizze für Reifenprofil erzeugen	136
Eine um eine Kante geneigte Ebene erzeugen	62
Erstellen der Lüftungsöffnung	60
Erstellen einer neuen 2D-Skizze	50
Erstellen einer weiteren 2D-Skizze	126
Erstellen eines Einzelbenutzerprojekts	32
Erzeugen des Projektordners	8
Erzeugen einer Achse als Schnittlinie zweier Ebenen	80
Erzeugen einer Arbeitsachse	94
Erzeugen einer Ebene mit Versatz	80
Erzeugen einer Ebene mit Versatz	120
Erzeugen einer Erhebung	125
Erzeugen einer neuen 2D-Skizze auf der XZ-Ebene	44
Erzeugen einer neuen Ebene	55
Erzeugen einer versetzten Ebene	92
Erzeugen eines Hohlkörpers	49
Extrudieren der Basiskontur	44
Extrudieren der Basiskontur	75
Extrudieren der Basiskontur	86
Extrudieren der Basiskontur	112
Extrudieren der beiden äußeren Kreisringe	102
Extrudieren der Differenzkontur	106
Extrudieren der Fenster (Differenz)	54

E

Extrudieren der Schnittmengenkontur	78
Extrudieren der Schnittmengenkontur	90
Extrudieren der Skizzengeometrie	122
Extrudieren der Subtraktionsgeometrie	115
Extrudieren der Zwischenbereiche	103
Extrudieren des Differenzkörpers	47
Extrudieren des ersten Greiferzahns	127
Extrudieren des oberen Leiterbereiches	65
Extrudieren des Schutzblechs	57

F

Farben zuweisen und Modellbaum strukturieren	174
Fasen des unteren Fahrerkabinenbereiches	48
Fasen des vorderen Bereiches	78
Felge und Reifen in Volumenkörper konvertieren	135

G

Grundlegendes zum Buch	8

H

Hauptbaugruppe: Holzrückmaschine	151
Hauptmenü	15
Horizontale und vertikale Bemaßungen setzen	40

I

Installation von Autodesk® Inventor® 2016	9
Installation von Autodesk® Inventor® 2016	12
Installationsvoraussetzungen	11

K

Kanten projizieren, Basiskontur des Schutzblechs zeichnen	93

M

Modellbaum (Browser) — 17
Multifunktionsleiste — 16

O

Oberen Bereich der Aufstiegsleiter zeichnen — 64
Oberen Leiterbereich mittels rechteckiger Anordnung kopieren — 66

P

Platzieren der ersten Bauteile — 153
Platzieren und Positionieren der Räder — 165
Prägen des Reifenprofils — 138
Prägung mittels runder Anordnung kopieren — 139
Programmaufbau — 14
Programmaufbau und Programmoberfläche — 14
Programmhilfe und Neue Funktionen — 19

R

Radachsen aus der Baugruppe heraus erzeugen — 167
Rechteck zeichnen und bemaßen — 52
Rendern der Hauptbaugruppe — 175
Runden der inneren Kante — 103
Runden der inneren Kante — 113
Runden der letzten Extrusion — 123
Runden des hinteren Bereiches — 79
Runden des Schutzblechs — 95

S

Schlusswort — 176
Schnellzugriff-Werkzeuge — 16
Schraubenverbindungen einfügen — 156
Schutzblech abrunden — 57
Schutzblech spiegeln — 96
Setzen der Abhängigkeiten — 72
Setzen der Abhängigkeiten zwischen Kolben und Zylinder — 149

S

Skizze wieder verwenden 102
Spiegeln des ersten Greiferzahns 128
Spiegeln des Volumenkörpers 68
Startbildschirm 18
Stutzen der Kontur und Schließen der Skizze 53
Systemanforderungen 9

T

Trennen des Volumenkörpers 67

U

Unterbaugruppe: Hydraulikzylinder 140
Unterbaugruppe: Rad 129
Unterbaugruppen „08-Hydraulikzylinder" einfügen 161

V

Videos und Lernprogramme 20
Vollständiges Abrunden der Fahrerkabine 47

W

Weitere Bauteile in die Baugruppe einfügen 154
Winkelmaße erzeugen 42

Z

Zeichnen der Basiskontur 72
Zeichnen der Basiskontur 85
Zeichnen der Basiskontur 100
Zeichnen der Basiskontur 110
Zeichnen der Basiskontur 121
Zeichnen der Basiskontur 131
Zeichnen der Basiskonturen für die Fensteraussparungen 51
Zeichnen der Basisskizze 142
Zeichnen der ersten Linien 38

Zeichnen der Schnittmengengeometrie   87

Zeichnen der Schnittmengenkontur   77

Zeichnen der Subtraktionsgeometrie   105

Zeichnen der Subtraktionsgeometrie   114

Zeichnen und Bemaßen der Skizzenkontur   45

Zielgruppe und Aufbau des Buches   8

Zusatzmodule (empfohlene Einstellungen)   21